应用型人才培养系列教材

电子实训

DIANZI SHIXUN

主 编 黄雄华

副主编 陈乐珠

参 编 赵 辉 余竹依

西安电子科技大学出版社

内 容 简 介

本书介绍了电子实训中常用的基本仪器和元器件以及电路组装的基本工艺和基本步骤等内容,包括基本电子元器件的特性、使用、识别,芯片的封装技术,常用测试仪器的使用方法,电路设计软件的使用方法,电路板的制作工艺,电子产品的组装流程与调试工艺等。

本书由企业工程师和高校电子实训教学一线教师共同编写,兼顾电子实训教学实际和企业对应用型人才的需求,突出应用,注重与企业生产一线工艺的无缝衔接。本书可作为学生的电子实训教材,也可作为职业学校电子类专业学生的教材,以及电子生产企业一线操作人员的培训教材。

图书在版编目(CIP)数据

电子实训 / 黄雄华主编. -- 西安 : 西安电子科技大学出版社,
2025. 6. -- ISBN 978-7-5606-7556-5

Ⅰ. TN

中国国家版本馆 CIP 数据核字第 2025RX3711 号

策 划 陈 婷
责任编辑 陈 婷
出版发行 西安电子科技大学出版社(西安市太白南路 2 号)
电 话 (029)88202421 88201467 邮 编 710071
网 址 www.xduph.com 电子邮箱 xdupfxb001@163.com
经 销 新华书店
印刷单位 咸阳华盛印务有限责任公司
版 次 2025 年 6 月第 1 版 2025 年 6 月第 1 次印刷
开 本 787 毫米×1092 毫米 1/16 印 张 12.5
字 数 294 千字
定 价 35.00 元
ISBN 978-7-5606-7556-5
XDUP 7857001-1
*** 如有印装问题可调换 ***

前言

PREFACE

当今，科学技术发展迅速，高科技电子产品层出不穷，现代电子企业需要不断提高产品质量和可靠性，因此需要大量的熟练掌握电子工艺技能的人才。在实践中，传统的电子工艺实训内容仍然是学生在学习现代先进加工工艺过程中需要掌握的基本知识。为此，本书作者根据新时代对技能人才的需求和自身多年从事电子工艺教学的经验，结合现代工艺流程和理论教学编写了本书。本书力图帮助学生较全面地掌握电子工艺基本技能，并与社会需求紧密衔接，既为学生进一步学习奠定基础，也帮助其快速适应现实中的生产环境。

本书包括传统的电子工艺的相关内容，既有传统元器件的识别与判别、手工焊接，又加入了表面贴装元器件的识别与判别、回流焊表面贴焊技术、使用 Altium Designer 软件设计 PCB 图、制作 PCB 电路板和数控钻孔技术，还有较为先进的激光电路板加工技术。本书在编写过程中，既考虑了知识的归纳汇总，也考虑了技能的训练和提高，同时紧密联系生产实践操作过程，加强了实操内容。

本书以具体的设备为基础，以实操为主线安排内容，目的是使学生能接触到更多的设备，得到更好的实操训练，从而激发学生更大的学习兴趣，使其掌握更多的实用技能。

韶关学院黄雄华博士担任本书主编，统筹全书的章节安排，并负责编写了第 3 章、第 7 章；汕尾职业技术学院陈乐珠老师担任副主编，对全书进行技术性审核，并负责编写了第 4 章、第 5 章；深圳中兴新思公司赵辉工程师和韶关学院余竹依老师担任参编，其中赵辉负责编写第 1 章、第 2 章和第 6 章，余竹依负责编写第 8 章。4 位编者均有丰富的企业工作经验，在本书的编写过程中，融合了企业生产实践的一些方法和规范。

本书在编著过程中得到了中山大学戴宪华教授的诸多指导，也得到了韶关学院李丹峰副院长的诸多支持，在此一并表示诚挚的谢意。

由于时间紧迫，书中难免有不足之处，敬请广大读者提出宝贵意见和建议。

作　者

2025 年 1 月

目　录

CONTENTS

第 1 章　电子实训安全用电 1

1.1　触电的危害 1

1.2　用电安全防护 5

1.3　安全常识 7

1.4　实训用电安全 8

第 2 章　电子元器件基本知识 9

2.1　电阻器 9

2.2　电容器 16

2.3　电感器 19

2.4　半导体器件 25

2.5　集成电路 31

第 3 章　封装基础 33

3.1　封装基本概念 33

3.2　主要封装技术简介 35

第 4 章　电路设计软件 Altium Designer 22 39

4.1　Altium Designer 22 入门 39

4.2　利用 Altium Designer 22 绘制原理图 45

4.3　利用 Altium Designer 22 绘制 PCB 图 51

4.4　管理元器件和元件库 55

第 5 章　焊接 61

5.1　焊接基础 61

5.2　手工焊接 66

5.3　贴片元件焊接 70

第6章　常用测试仪器及其使用方法 75

　6.1　信号发生器 75

　6.2　电压测量仪器 82

　6.3　频率、时间测量仪器 84

　6.4　信号分析仪器 90

第7章　印制电路板设计与制作 132

　7.1　概述 132

　7.2　PCB 制板工艺流程 136

　7.3　PCB 制板常见设备 154

第8章　电子产品的组装流程与调试工艺 179

　8.1　电子产品的组装流程 179

　8.2　电子产品的调试工艺 188

　8.3　电子产品的组装与调试案例 189

参考文献 193

第1章 电子实训安全用电

电是人们生活中不可或缺的重要能源，应用于人们生活的方方面面。如果不注意用电安全，不仅会导致电源中断、设备损坏，甚至会造成人身伤害，给生活和工作带来很大的影响。从开始使用电能源起，科技工作者就为了减少、防止电气事故而做出了不懈的努力，在长期实践中积累总结了一系列安全用电的经验。

人体是导电的，一旦有电流通过，将会受到不同程度的伤害。触电种类、方式及条件不同，受伤害的后果就不一样。因此，无论在生活、学习或工作中，都要了解安全用电的知识，掌握安全用电的方法。在实验实训中，这一点尤为重要。应该在掌握必要知识的同时，总结安全事故的经验教训，警示后来人，防患于未然。

1.1 触电的危害

1.1.1 触电的种类和方式

1. 人体触电的种类

人体触电是指人体触及带电体后，电流对人体造成的伤害。触电有两种类型：电击和电伤。

1) 电击

电击是指电流通过人体时所造成的内伤。电击可使肌肉抽搐，内部组织损伤，造成人体发热、发麻、神经麻痹等，严重的会使人昏迷、窒息，甚至心脏停止跳动、血液循环终止而导致死亡。100 mA 的工频电流即可造成致命电击。人们通常所说的触电指的是电击，大部分触电死亡事故都是由电击造成的。

2) 电伤

电伤是指在电流本身及其热效应、化学效应、机械效应的作用下造成的人体外伤，常见的有灼伤、烙伤和皮肤金属化等。灼伤是由电流热效应引起的，主要是电弧造成的皮肤红肿、烧焦或皮下组织损伤；烙伤是由电流热效应或力效应引起的，是指皮肤被电器发热部分烫伤，或由于人体与带电体紧密接触而留下肿块、硬块；皮肤金属化是由于电流热效应和化学效应导致熔化的金属微粒渗入皮肤表层，使受伤部位带金属色且留下硬块。

2. 人体触电的方式

1) 单相触电

人体的一部分接触带电体的同时，另一部分由于与大地或零线(中性线)相接，电流经人体到达大地或零线形成回路，如图 1-1 所示，这种触电叫作单相触电。人体在接触电气线路或设备时，若不采用防护措施，一旦电气线路或设备绝缘损坏漏电，将引起间接的单相触电。人体若站在地上误接触带电体的裸露金属部分，将造成直接的单相触电。

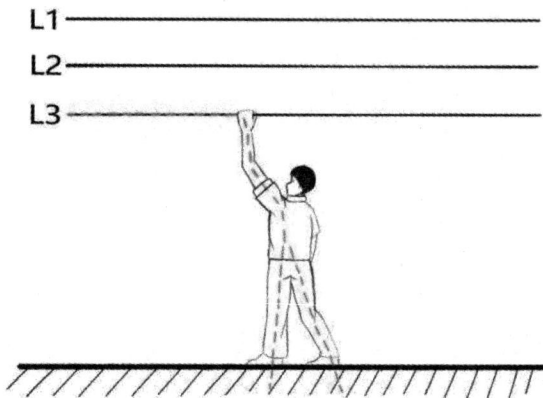

图 1-1　单相触电示意图

2) 两相触电

两相触电是指人体不同部位同时接触两相电源带电体而引起的触电，如图 1-2 所示。对于这种情况，无论电网中性点是否接地，人体所承受的线电压都比单相触电时更高，危险更大。

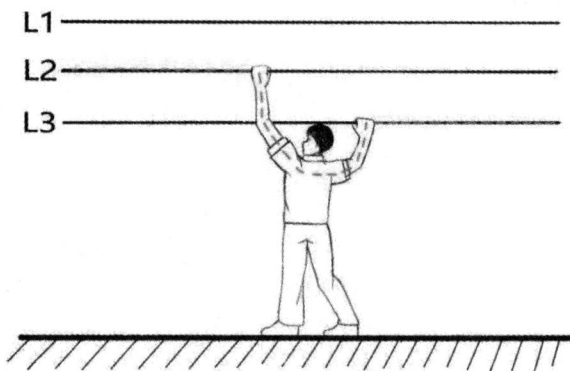

图 1-2　双相触电示意图

3) 悬浮电路触电

交流 220 V 工频电压通过变压器相互隔离的一次、二次绕组后，从二次绕组输出的电压零线不接地，变压器绕组间不漏电，相对于大地处于悬浮状态。若人站在地上接触其中一根带电导线，则不会构成电流回路，没有触电感觉；如果人体一部分接触二次绕组的一根导线，另一部分接触该绕组的另一导线，则会造成触电。例如，部分电视机的金属底板是悬浮电路的公共接地点，在接触或检修这类电器的电路时，若一只手接触电路的高电位点，另一只手接触电路的低电位点，则人体将电路连通而造成触电，这就是悬浮电路触电，如图 1-3 所示。

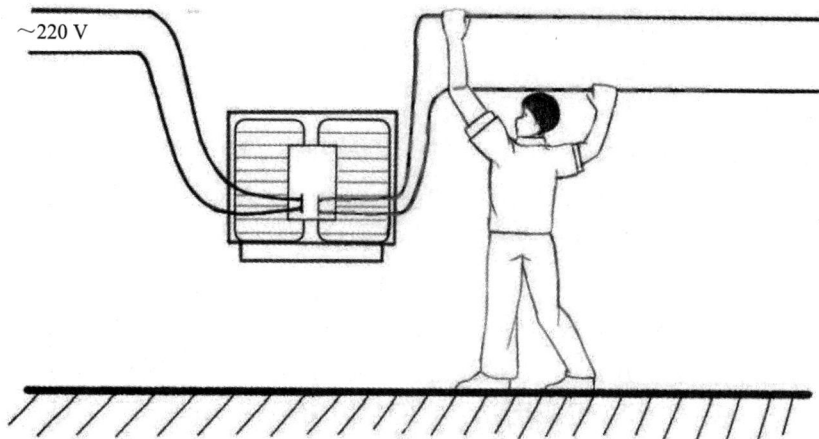

图 1-3　悬浮电路触电示意图

4) 跨步电压触电

跨步电压触电是指人站在距离高压电线落地点 8～10 m 以内发生的触电事故。当架空线路的一根带电导线断落在地上，落地点与带电导线的电势相同时，电流就会从导线的落地点向大地流散，此时地面上以导线落地点为中心，形成了一个电势分布区域，离落地点越远，电流越分散，地面电势也越低。当漏电区域有人靠近时，两脚之间的电压差会形成跨步电压。具体来说，跨步电压在 40～50 V 时，人体有触电的危险。跨步电压会使人跌倒，进而加大人体的触电电压，甚至有可能造成电击死亡。跨步电压触电如图 1-4 所示。

图 1-4　跨步电压触电示意图

1.1.2　电流伤害人体的因素

1. 电流大小对人体的影响

通过人体的电流越大，人体的生理反应越明显，感觉越强烈，引起心室颤动所需的时间越短，致命的危险性就越大。对于工频电流，按照通过人体的电流大小和人体呈现的不同状态，可划分为下列三种。

1) 感知电流

感知电流是指引起人体感知的最小电流。实验表明，成年男性的平均感知电流有效值约为 1.1 mA，成年女性约为 0.7 mA。感知电流一般不会对人体造成伤害，但是当电流增大时，感知电流增强，人体的生理反应变大，容易引发摔倒、坠落等意外。

2) 摆脱电流

人体触电后能自行摆脱电源的最大电流称为摆脱电流。一般男性的平均摆脱电流约为 16 mA，成年女性约为 10 mA，儿童的摆脱电流比成年人小。摆脱电流是人体可以忍受且一般不会造成危险的电流，但是若通过人体的电流超过摆脱电流且时间过长，则会造成昏迷、窒息甚至死亡。因此人体承受摆脱电流的能力随时间的延长而降低。

3) 致命电流

致命电流是指在短时间内危及生命的最小电流。当电流在 50 mA 以上就会引起心室颤动，有生命危险；电流在 100 mA 以上，则足以致人死亡。通常 30 mA 以下的电流不会造成生命危险。

2. 电源频率对人体的影响

不同频率的电源对人身的伤害是不同的，常用的 50～60 Hz 的工频电源对人体的伤害程度最为严重。电源的频率偏离工频越远，对人体的伤害程度越轻。在直流和高频情况下，人体虽然可以承受更大的电流，但高压高频电流对人体依然是十分危险的。电源频率对人体的影响情况具体如下：

(1) 50～100 Hz 对人的伤害最大；

(2) 125 Hz 对人的伤害较大；

(3) 200 Hz 以上基本上消除了触电危险，有时还可以用于治疗疾病。

3. 人体电阻的影响

人体电阻因人而异，基本上按表皮角质层电阻大小而定。影响人体电阻值的因素有很多，如皮肤状况(皮肤厚薄、是否多汗、有无损伤、有无带电灰尘等)和触电时与带电体的接触情况(皮肤与带电体的接触面积、压力大小等)均会影响人体电阻值的大小。一般情况下，人体电阻为 1000～20 000 Ω，变化很大。

4. 电压大小对人体的影响

当人体电阻一定时，通过人体的电流与作用于人体的电压并不成正比。这是因为随着作用于人体的电压的升高，人体电阻会急剧下降，致使电流迅速增加，造成对人体更为严重的伤害。

5. 电流路径对人体的影响

(1) 头部触电，电流流经脊髓，容易使人昏迷，还可能导致人的肢体瘫痪。

(2) 电流流经心脏，最易导致人死亡。

1.2　用电安全防护

1.2.1　触电的防护措施

1. 组织措施

在电气设备的设计、制造、安装、运行、使用和维护以及专用保护装置的配置等环节，要严格遵守国家标准和法规的规定。

2. 技术措施

(1) 电气设备的外壳要采取保护接地或保护接零措施。室内电气设备会因受潮、老化、损伤，或者受到高温、电弧的破坏，或者超出额定工作电压，造成电气绝缘击穿而引起漏电，而室外露天的电气设备因为气候环境恶劣等因素，也可能发生漏电。为了防止漏电造成人身触电事故或者电气设备的损坏，需要对电气设备采用保护接地或者保护接零措施。

(2) 安装自动断电装置。在带电线路或设备上发生触电事故时，自动断电装置在规定的时间内能自动切断电源而起到保护作用，例如漏电保护、过电流保护、过电压保护或欠电压保护等。

(3) 尽可能采用安全电压。为了保障操作人员的生命安全，世界各国都规定了安全操作电压。所谓安全操作电压，是指人体长时间接触带电体而不发生触电危险的电压，其数值与人体可承受的安全电流及人体电阻有关。

(4) 保证电气设备具有良好的绝缘性能。保持电气设备的绝缘性能常用的方法包括：

① 保证安装质量。提高安装质量，对保持绝缘的正常工作状态有着重大的意义。例如，电缆的中间接头和终端头的质量如果不符合要求，可能造成运转后"放炮"；变压器的瓷套管、线路上的绝缘子在安装过程中若受到损坏，其绝缘性能将大大下降。

② 做好维护保养工作。对开关和电机内部的粉尘经常进行吹扫，其线圈就不易积累灰尘，可以保持良好的绝缘；对变电、配电室内的高、低压瓷瓶坚持定期清扫，对室外线路上的绝缘子采取防污措施，可使其保持良好的状态而不被击穿。

③ 改变环境条件。任何一种绝缘材料，对工作环境都有一定的要求。例如，室内温度过高或者过低、湿度过高、对腐蚀性气体未采取处理措施，都可能造成绝缘严重损坏；在有地下线路的地面上乱堆重物或者载重车辆通行，可能造成线路绝缘的机械损伤。因此，在工作环境差的情况下，采取有效措施可改善电气设备和电气线路的运行环境。

(5) 采用电气安全用具。电气安全用具主要用于保护电气工作人员在操作时的安全，避免在带电作业时出现触电、电弧灼伤、高空坠落等安全事故。电气安全用具可以按照耐电压能力的高低，分为基本安全用具和辅助安全用具。具体来说，基本安全用具主要包括安全帽、安全带、升降板、脚扣、接地线、防静电服、导电鞋、防护眼镜等。辅助安全用具包括高压验电器、绝缘棒、绝缘手套、绝缘靴等。

(6) 设立屏护装置。采用屏护装置将带电体与外界隔离，以杜绝不安全因素。常用的屏护装置有护栏、护罩、护盖、栅栏等。

(7) 保证人或物与带电体的安全距离。为防止人体或设备触及或接近带电体，防止发生火灾、过电压放电及短路事故，同时为了操作方便，在带电体与地面之间、带电体与带电体之间、带电体与其他设备之间，均应设置一定的安全距离。

(8) 定期检查用电设备。为保证用电设备的正常运行和操作人员的安全，必须对用电设备进行定期检查，对电线破损、漏电、短路等问题及时进行维修处理。

1.2.2 触电的现场救护

发生触电事故时，千万不要惊慌失措，必须以最快的速度使触电者脱离电源，而最有效的措施是切断电源。若在一时无法或来不及寻找到电源的情况下，可用绝缘物竹竿、木棒或者塑料制品等移开带电体，如图 1-5 所示。

图 1-5　用绝缘物移开带电体

抢救中要记住，在触电者未脱离电源前，触电者本身也是一带电体，抢救时要避免接触触电者，防止发生抢救者触电伤亡的事故，抢救者要在保证自身不触电的前提下做到尽可能快。

触电者脱离电源后，若还有心跳和呼吸的应尽快送医院进行抢救；如果心跳已停止，应立即采用人工心脏按压法，使患者维持血液循环；若呼吸已停止，应立即采用口对口人工呼吸方法施救(见图 1-6)，并同时拨打急救电话；若心跳、呼吸完全停止，应同时采用上述两种方法施救，并且边急救边送医院做进一步的抢救。

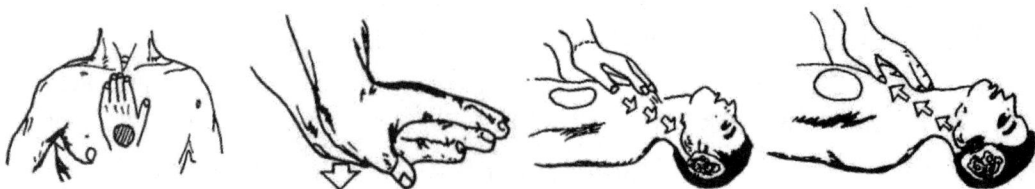

图 1-6　人工抢救示意图

1.3　安 全 常 识

1.3.1　用电安全注意事项

常见的安全用电注意事项包括:

(1) 操作带电设备时，注意不要触及非安全电压，更不能用手直接触摸带电体来判断是否有电。在非安全电压下作业时，应尽可能用单手操作，脚应站在绝缘的物体上。

(2) 无论是永久性的还是临时性的电气设备或电动工具，都应接好安全保护地线。

(3) 进行高压实验时，实验场地周围应设有护栏，护栏上应挂"高压危险"的警告牌，非试机人员禁止入内。操作者应穿绝缘鞋，戴绝缘手套。

(4) 场地布线要合理。场地的电源应符合国家电气安全标准，并在总电源安装剩余电流断路器(俗称漏电开关)；不能乱拉临时线；熔断器(俗称保险)要符合标准；插头、插座要连接良好；带电导体及线头不能裸露在外，必须有良好的绝缘措施。

(5) 注意防火，易燃易爆的物品必须远离高温，场地内必须有良好的消防设施。

(6) 发现电气设备不正常时，应立即断开开关，进行检修。

(7) 对有静电要求的产品，应做到防静电，例如操作人员戴防静电手环或安装离子风扇等。

1.3.2　其他伤害的防护

1. 烫伤的预防

烫伤在电子装配操作中发生得较为频繁。烫伤一般不会造成严重后果，但会给操作者带来痛苦和伤害，在操作中要注意下面几点:

(1) 工作中应将电烙铁放置在烙铁架上，并将烙铁架置于工作台右前方。

(2) 了解电烙铁的温度，应用电烙铁熔化松香，千万不要用手触摸电烙铁头。

(3) 在焊接工作中要防止被加热熔化的松香及焊锡溅落到皮肤上。

(4) 通电调试、维修电子产品时，要预防电路中发热电子元器件(散热片、功率器件、功耗电阻)可能造成的烫伤。

2. 机械损伤的预防

机械损伤在电子装配操作中较为少见，若违反安全操作规程仍会造成严重的伤害事故，操作中要注意下面几点:

(1) 在钻床上给印制电路板(Printed Circuit Board，PCB)钻孔时，不可以披长发或戴手套操作。

(2) 使用螺钉旋具紧固螺钉时，应正确使用工具，以免打滑伤手。剪断印制电路板上元器件的引脚时，应正确使用剪切工具，以免被剪断的引脚射伤。

1.4   实训用电安全

实训室的用电安全，关系到广大师生的人身安全和学校财产的安全。师生进入实训室进行实训教学，要牢记安全至上，要遵守注意事项，要落实安全操作规范，要尊重科学规律，这些是确保安全用电的根本。实际教学中要求学生要注意以下事项：

(1) 确认电压、插头和相序。使用室内电源时，首先要确认仪器是使用 220 V 还是 380 V 电源，插头是三插还是两插。如果使用三相电源，有些设备需要确定三相电的相序，不符合时可交换连接导线，调整相序。

(2) 接触避湿。不要用湿手接触通电工作的仪器，也不要用湿毛巾擦拭带电的插线板、仪器设备等。

(3) 带电体避免裸露。避免任何带电体裸露，对不可避免的裸露部分应使用绝缘材料。

(4) 接地。所有仪器设备的金属外壳都应按要求保护接地或保护接零。

(5) 维修断电，检测仪表带电情况。新设备连线和已有设备维修时要断电，连接或维修完成接通电源后，应及时用电笔或万用表检查设备各部分的带电情况。

(6) 温湿度要求。应保持实验室内适宜的环境温度和湿度，如果室内温度过高，可能导致电气设备散热不良而引起烧毁，室内温度要求不能超过 35℃；室内空气相对湿度过高，容易造成短路，室内湿度要求一般不能超过 75%。

(7) 不宜超量存放易燃易爆品。实验室内不宜超量存放易燃、易爆品，特别是挥发性较大的物质，防止蒸汽浓度超过爆炸限度后遇电火花引起爆炸、着火。

(8) 保留适当距离。安装设备时，设备和设备之间不应太近，设备和墙体之间也应留出合理距离，否则人员走动时就有可能会碰到线路，维修时身体也有可能会靠墙或接触暖气，易引发触电。

(9) 经常留意仪器设备状态。不应过度依靠电气开关自动控制，要经常注意观察仪器设备的工作状态，预防传感器控制失灵而导致电路失控。

(10) 严禁带电拆卸组装。实验过程中切忌未切断电源就进行仪器设备的连接、拆卸与组装，或整体移动等，否则极易发生触电事故。

(11) 及时关闭电源和开关。仪器设备使用完毕，要及时关闭总电源，并检查加热装置分开关是否关闭。

(12) 不宜长久开启电气和电子设备。通常不应在无人监护的情况下长时间开启电气和电子设备。

第2章 电子元器件基本知识

电子元器件是电子线路的基本构件,用于构建和实现电路及系统。常见的电子元器件有电阻、电容、电感、半导体器件、集成电路等,以及变压器、振荡器、传感器等其他类型的元器件。这些元器件的组合和使用,可以构成各种功能的电路、电子设备和系统。

电子元器件的选型和使用,需要根据具体的电路设计要求和性能要求进行选择。不同的元器件具有不同的参数和特性,如电阻值、电容值、功率、频率响应等,这些参数需要与电路设计和应用需求相匹配。

2.1 电 阻 器

2.1.1 电阻器的命名与分类

电阻是电阻器的简称,是指具有一定阻值、一定几何形状和一定技术性能的,在电路中起特定作用的元件。电阻器是电子电路中应用最广泛的元件之一,在电子设备中占元件总数的30%以上,其性能对电路工作的稳定性有极大的影响。

在电子设备中,电阻器主要用于稳定和调节电路中的电流和电压,还可以作为消耗电能的负载,如分流器、分压器、稳压电源中的取样电阻和晶体管电路中的偏置电阻等。电阻器的基本单位是欧姆(Ω),在实际应用中,常常使用千欧(kΩ)、兆欧(MΩ)等。

电阻器种类繁多,形状各异,有多种分类方法,主要有以下5种分类方法。

1. 按结构分

电阻器按结构可分为固定电阻器、可变电阻器。可变电阻器包括滑动变阻器和电位器,如图 2-1 和图 2-2 所示。

图 2-1 滑动变阻器的外形

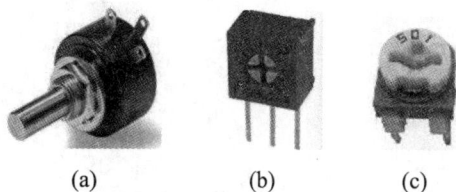

(a)　　　　(b)　　　　(c)

图 2-2 电位器的外形

电位器有带柄的和有外壳的，如图 2-2(a)所示，也有不带柄的或无外壳的，如图 2-2(b)和图 2-2(c)所示，这种不带柄或外壳的电位器又称为微调电阻。

2. 按外形分

电阻器按外形可分为圆柱形、圆盘形、管形、方形、片状、纽扣状电阻器。

3. 按材料分

电阻器按材料可分为合金型电阻器、薄膜型电阻器、合成型电阻器。

1) 合金型电阻器

合金型电阻器是用块状电阻合金拉制成合金线或碾成合金箔片，利用合金材料电阻率与温度的关系来调节电阻值的电阻器，具有低阻值、高稳定性、高功率等特性。市场上比较常见的合金电阻材料有锰铜合金、铁铬铝合金、康铜合金、镍铬合金、卡玛合金、镍铜合金等。

合金型电阻相比于其他电阻器件，具有以下几个特点和优势：

(1) 高精度。合金型电阻的精度通常在±0.1%～±1%之间，可以满足高精度电路的要求。

(2) 高稳定性。合金型电阻具有较小的温度系数和长期稳定性，可以在较宽的温度范围内保持稳定的电阻值。

(3) 高温度特性。合金型电阻可以在较高的温度下正常工作，并且其电阻值与温度之间呈线性关系。

(4) 高功率容量。合金型电阻具有较高的功率，可以在较大的负载下正常工作。

(5) 耐腐蚀性好。合金型电阻的材料具有较好的耐腐蚀性，可以在恶劣的环境下使用。

合金型电阻有以下典型的应用场景：

(1) 电源。合金型电阻可以作为电源稳压电路中的电流限制器和调节器，在保证输出电压稳定性和精度的同时，提高电路的负载能力和可靠性。

(2) 放大器。合金型电阻可以用作放大器电路中的反馈网络和负载电阻等部分，具有调节放大器的增益和频率响应等性能。

(3) 传感器。合金型电阻可以用作传感器电路中的温度补偿和校准等部分，以提高传感器的精度和稳定性。

(4) 振荡器。合金型电阻可以用作振荡器电路中的反馈网络和调谐电路等部分，以提高振荡器的频率稳定性和精度。

合金型电阻器的外形如图 2-3 所示。

图 2-3　合金型电阻器的外形

2) 薄膜型电阻器

薄膜型电阻器是在玻璃或陶瓷基体上沉积一层电阻薄膜，膜的厚度一般在几微米。薄膜型电阻器采用的薄膜材料有碳膜、金属膜、化学沉积膜和金属氧化膜等。

碳膜电阻器是在陶瓷管架上高温沉积碳氢化合物电阻材料，并在其表面涂上环氧树脂密封保护而成的。它是一种膜式电阻器，其表面常涂上绿色保护漆。因碳膜的厚度决定阻值的大小，通常通过控制膜的厚度和刻槽来控制电阻器的阻值。

碳膜电阻器的特性：

(1) 良好的稳定性。电压的改变对阻值的影响极小，且具有负温度系数。

(2) 极限电压高。

(3) 高频特性好。可制成高频电阻器和超高频电阻器。

(4) 固有噪声电动势小。碳膜电阻器的固有噪声电动势在 10 μV/V 以下。

(5) 工作温度范围广。碳膜电阻器可在 −55～+155℃工作。

(6) 阻值范围宽，碳膜电阻器的阻值一般为 1 Ω～10 MΩ。

(7) 额定功率种类多。碳膜电阻器有 1/8 W、1/4 W、1/2W、1 W、2 W、5 W、10 W 等多种功率值。

(8) 应用范围非常广泛，适用于交流、直流和脉冲电路。

碳膜电阻器是引线式电阻器，方便手工安装及维修，而且是引线电阻器中价格最便宜的，因此多用在一些如电源、适配器之类低价的低端产品或早期设计的产品中。碳膜电阻器如图 2-4 所示。

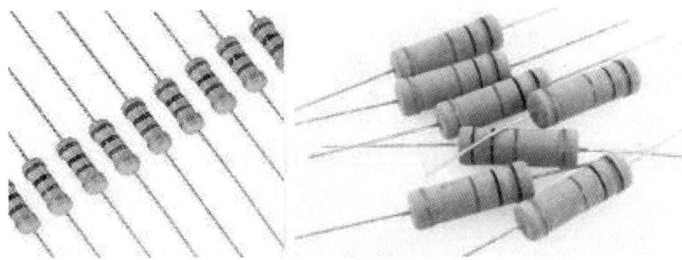

图 2-4 碳膜电阻器的外形

金属膜电阻器是在陶瓷管架上用真空蒸发或烧渗法形成一层电阻金属膜(镍铬合金)。金属膜电阻器分为普通金属膜电阻器、半精密金属膜电阻器、低阻半精密金属膜电阻器、高精密金属膜电阻器、高阻金属膜电阻器、高压金属膜电阻器、超高频金属膜电阻器和无引线精密金属膜电阻器等多种类型。

金属膜电阻器的特性：

(1) 功率负荷大，温度系数小，电流噪声小。

(2) 稳定性能高，耐热，高频特性好。

(3) 体积小，精度高(0.05%～0.5%)，阻值范围宽(1 Ω～620 MΩ)，有多种包装形式(袋装、散装)。

(4) 成本较高，因此常作为精密和高稳定性的电阻器得到广泛应用，同时也用于各种无线电电子设备中。

金属膜电阻器的外形如图 2-5 所示。

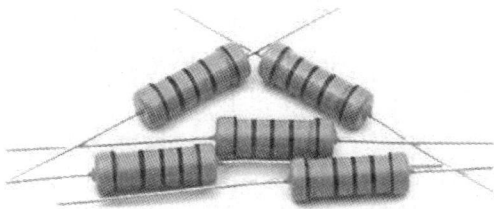

图 2-5 金属膜电阻的外形

3) 合成型电阻器

合成型电阻器是指电阻体由导电颗粒(石墨、炭黑)和有机(无机)黏接剂混合制成的电阻器,可以制成薄膜或实芯两种类型。

4. 按安装方式分

电阻器按安装方式可分为插件电阻器和贴片电阻器,其外形分别如图 2-6 图 2-7 所示。

图 2-6 插件电阻器的外形

图 2-7 贴片电阻器的外形

5. 按用途分

电阻器按用途可分为普通型电阻器、精密型电阻器、功率型电阻器、高压型电阻器、高阻型电阻器、高频型电阻器、保险型电阻器、熔断型电阻器、敏感型电阻器等。

普通型电阻器:适用于一般技术要求的电路,功率为 0.05~2 W,阻值为 1 Ω~22 MΩ,偏差为 ±5%~±20%。

精密型电阻器:功率小于 2 W,阻值为 0.01 Ω~20 MΩ,偏差为 0.001%~2%。

功率型电阻器:功率 2~200 W,阻值为 0.15 Ω~1 MΩ,精度为 ±5%~±20%,多为线绕电阻,不宜在高频电路中使用。

高压型电阻器:适用于高压装置中,工作电压一般为 1~100 kV,最高可达 35 GV,功率为 0.5~100 W,阻值可达 1000 MΩ。

高阻型电阻器:阻值一般在 10 MΩ 以上,最高可达 10^{12} Ω。

高频型电阻器:自身电感量极小,又叫无感型电阻器,阻值小于 1 kΩ,功率可达 100 W,用于频率在 10 MHz 以上电路。

保险型电阻器:采用不燃性金属膜制造,具有电阻与保险丝的双重作用,阻值为 0.33 Ω~10 kΩ。当实际功率为额定功率的 30 倍时,7 s 熔断,为额定功率的 12 倍时,30~120 s 熔断。

熔断型电阻器:是一种具有电阻器和熔断器双重作用的特殊元件,可分为可恢复式熔断型电阻器和一次性熔断型电阻器两种。可恢复式熔断型电阻器是将普通电阻器(或电阻丝)用低熔点焊料与弹簧式金属片(或弹性金属片)串联焊接在一起,再密封在一个圆柱形或方形外壳中,外壳材料有金属和透明塑料等。在额定电流内,可恢复式熔断型电阻器起固定电阻器作用。一次性熔断型电阻器则按电阻体使用材料可分为绕线式熔断电阻器和膜式熔断电阻器(目前使用最多)。熔断型电阻器如图 2-8 所示。

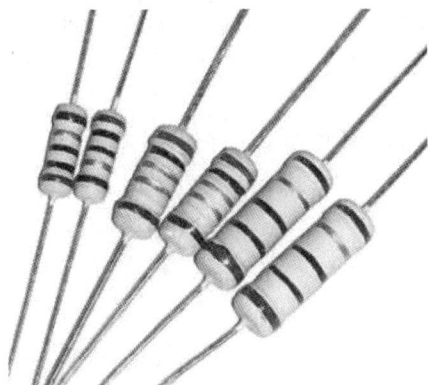

图 2-8　熔断型电阻器的外形

敏感型电阻器:是指那些电阻特性对外界温度、电压、机械力、亮度、湿度、磁通密度、气体浓度等物理量反应敏感的电阻元件。常见的有热敏电阻器和光敏电阻器。

热敏电阻器是一种电阻值随温度变化的电阻器,通常由单晶或多晶等半导体材料构成,是以钛酸钡为主要原料,辅以微量的锶、钛、铝等化合物加工制成的。热敏电阻器可分为阻值随温度升高而减小的负温度系数热敏电阻器(MF)和阻值随温度升高而升高的正温度系数热敏电阻器(MZ),有缓变型和突变型。

热敏电阻器主要用于温度测量、温度控制(电磁灶控温)、火灾报警、气象探空、微波和激光功率测量,在收音机中用作温度补偿,在电视机中用作消磁限流电阻。

图 2-9 所示为典型热敏电阻器的外形。

光敏电阻器是利用半导体光敏效应制成的一种元件,是将对光敏感的材料涂在玻璃上,引出电极制成的电阻器。电阻值随入射光线的强弱而变化,光线越强,电阻值越小;无光照射时,呈现高阻抗,电阻值可达 1.5 MΩ 以上;有光照射时,材料激发出自由电子和空穴,使电阻值减小,随着光强度的增加,阻值可小至 1 kΩ 以下。根据材料不同,可制成对某一光源敏感的光敏电阻器。

图 2-9　热敏电阻器的外形

可见光光敏电阻器:主要材料是硫化镉,应用于光电控制。

红外光光敏电阻器:主要材料是硫化铅,应用于导弹、卫星监测。

图 2-10 所示为光敏电阻器的外形。

图 2-10　光敏电阻器的外形

2.1.2　电阻器的识别与功用

电阻器的主要物理特性是将电能转变为热能，也就是说它是一个耗能元件，电流经过电阻器就产生热能。电阻在电路中通常起分压、分流的作用。对信号来说，交流与直流信号都可以通过电阻器。电阻器是一个线性元件，在一定条件下，流经一个电阻器的电流和电阻器两端电压成正比，也就是说，它符合欧姆定律，即

$$I = \frac{U}{R} \tag{2-1}$$

电阻器的技术指标通常有标称阻值、允许偏差与额定功率。

1．标称阻值

标称阻值是指电阻器表面标示的电阻值，它是根据国家标准标注的，不是生产者随意添加的。国家规定的系列电阻标称值，使用时只需将表中的"标准阻值"一列的数值乘以 10^n（$n = 1, 2, 3, \cdots$），即可获得一系列的实际电阻值。为实现标准化，电阻器的产品规格需要一个优先数系。同一数系相邻两个数的比例基本相等。国产电阻器的优先数系为 E 优先数系。

标称阻值是电阻器的主要参数之一，不同类型的电阻器其阻值范围不同，不同精度的电阻器其阻值系列亦不同。

2．允许偏差

允许偏差是指电阻器或电位器的实际阻值对于标称阻值的最大允许偏差范围，用于表示产品的精度。电阻器的标称阻值和允许偏差一般都是用数字标印在电阻器上，但是体积较小的电阻器，其标称阻值和允许偏差常用色环来表示，色环数字与颜色的对照如表 2-1 所示，色环电阻器表示方法如图 2-11 所示。

表 2-1　色环数字与颜色对照

颜色	第一位有效数字	第二位有效数字	第三位有效数字	倍率	允许偏差/%
黑	0	0	0	10^0	
棕	1	1	1	10^1	±1
红	2	2	2	10^2	±2
橙	3	3	3	10^3	
黄	4	4	4	10^4	
绿	5	5	5	10^5	±0.5
蓝	6	6	6	10^6	±0.25
紫	7	7	7	10^7	±0.1
灰	8	8	8	10^8	
白	9	9	9	10^9	
金				10^{-1}	±5
银				10^{-2}	±10

第一位有效数字

第二位有效数字

第三位有效数字

倍率

允许偏差

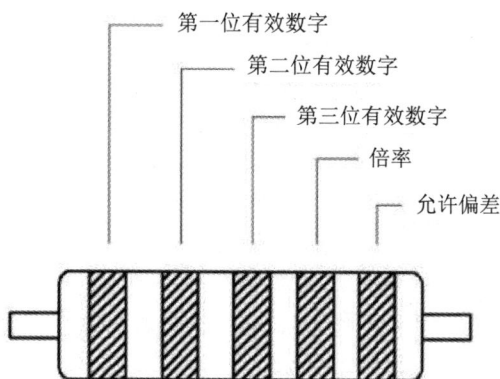

图 2-11　色环电阻器表示方法

3. 额定功率

电阻器的额定功率是指在规定的环境温度和湿度下，长期连续负载而不损坏或基本不改变性能的情况下，电阻器上允许消耗的最大功率。超过额定功率，电阻器的阻值会发生变化，甚至发热烧毁。为保证安全使用，在选用电阻器时，一般选择其额定功率比它在电路中所消耗的功率高 1～2 倍。

测量电阻器的方法很多，可用欧姆表、电阻电桥和数字万用表(欧姆挡)直接测量，也可根据欧姆定律 $R = U/I$，通过测量流过电阻器的电流 I 及电阻器上的电压 U 间接测量电阻值。

4. 电阻器的使用

1) 型号的选取

一般用途可选择通用型电阻器，价格便宜，货源充足。军用和特殊场合使用的电阻器，则应选择专用型电阻器，以保证电路所需的高性能指标和高稳定性。高频电路中一般不采用绕线电阻器，因其分布电感比非绕线电阻器大得多。电阻选型，最主要的是要满足电路的需求和性能，一般从电阻的制造和材料、电阻类型、电阻参数等方面综合考虑。

2) 阻值和精度的选取

电阻值应根据需要选择接近的电阻标称值，若有高精度要求，则应选择精密型电阻器。在某些场合，可采用串、并联方式来满足阻值和精度的要求。

3) 额定功率的选择

一般情况下，电阻器额定功率应选择实际耗散功率的两倍以上，如果功率较大，应选用功率型电阻器。在某些场合，也可将小功率电阻器串、并联使用，以满足功率的要求。当电阻器在脉冲状态下工作时，只要其脉冲平均功率不大于额定功率即可。

4) 注意最高工作电压的限制

每个电阻器都有一定的耐压限制，超过耐压值，电阻器就可能会被击穿、烧坏或产生飞弧现象，在高压下使用的电阻器及高阻值电阻器，尤其要注意。

5) 其他注意事项

(1) 为了减少电阻器因使用时间过长而发生阻值变化,在使用电阻器前,应先对其进行人工老化。

(2) 电阻器的功率大于 10 W 时,应保证其有足够的散热空间。

(3) 较大功率的电阻器应采用螺钉和支架固定,以防折断引线或造成短路。

(4) 电阻器的引线不要从根部折弯,否则易断开。

(5) 焊接电阻器时动作要快,不要使电阻器长期受热,以免引起阻值变化。

(6) 电阻器在存放和使用过程中,要保持漆膜的完整,一般不允许用锉、刮电阻膜的方法来改变电阻器的阻值。因为漆膜脱落后,电阻器的防潮性能变坏,无法保证其正常工作。

2.2 电 容 器

电容器是一种储能元件,由两个相互靠近的导体与中间所夹的一层绝缘介质组成。电容器是组成电路的基本元件之一,常用于谐振、耦合、隔直、滤波、交流旁路等电路中。

图 2-12 是常见电容器的外形。

图 2-12　常见电容器的外形

2.2.1　电容器的命名与分类

本节主要介绍普通固定电容器、可变电容器和微调电容等几种常见电容器。

1. 电容器的基本知识

电容器由介质材料间隔两个导电极片而构成。电容器按不同的分类方法,可分为不同类型,按工作中电容量的变化可分为固定电容器、半可调和可变电容器;按介质材料不同,可分为瓷介、涤纶等不同类型的电容器。由于结构和材料的不同,电容器外形也有较大的区别,电容器的电路符号也有差别。

2. 电容器的命名

依据国家标准规定,电容器的命名由四部分组成:第一部分用字母表示产品主称(用 C 表示电容器),第二部分用字母表示产品材料,第三部分用数字表示产品分类,第四部分用数字表示产品序号。

固定电容器型号一般由四部分组成，如图 2-13 所示。

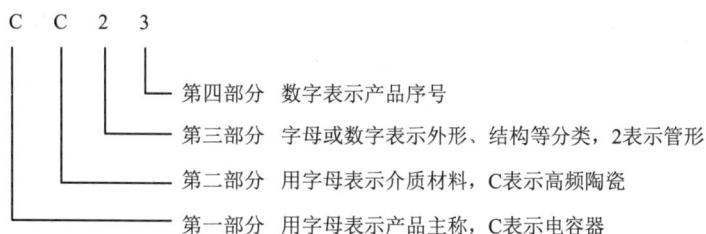

```
C   C   2   3
            └── 第四部分　数字表示产品序号
        └────── 第三部分　字母或数字表示外形、结构等分类，2表示管形
    └────────── 第二部分　用字母表示介质材料，C表示高频陶瓷
└────────────── 第一部分　用字母表示产品主称，C表示电容器
```

图 2-13　固定电容器型号标注

3. 电容器的主要参数

电容器的主要参数有标称容量、允许误差、额定电压、绝缘电阻等。

1) 标称容量和允许偏差

电容器绝缘介质材料不同，其标称容量系列也不同。电容器容量单位为法拉，用 F 表示，常用单位有毫法(mF)、微法(μF)、纳法(nF)、皮法(pF)。电容量各单位的换算关系为 $1\,F = 10^3\,mF = 10^6\,\mu F = 10^9\,nF = 10^{12}\,pF$。电容器允许误差一般分为三级，即 Ⅰ 级 ±5%，Ⅱ 级 ±10%，Ⅲ 级 ±20%，而电解电容误差允许达 +100%、−30%。另有部分电容器，用 J 表示允许误差为 ±5%，K 表示允许误差为 ±10%，M 表示允许误差为 ±20%，Z 表示允许误差为 +80%、−20%。

高频有机薄膜介质电容器、瓷介电容器的标称容量系列采用与电阻器相同的 E24、E12 系列。其中，容量在 4.7 pF 以上的电容器，其标称容量系列采用 E24 系列；容量小于或等于 4.7 pF 的电容器，其标称容量系列采用 E12 系列。铝、钽、铌等电解电容器标称容量系列采用 E6 系列。纸介电容器、金属化纸介电容器根据容量不同，采用不同标称容量系列。

电容器标称容量和允许误差都标注在电容体上，其标注方法有以下几种：

(1) 直标法。

直标法是将标称容量及允许误差值直接标注在电容器上。采用直标法标注容量，在电容器上不标注单位，其识读方法为：凡容量大于"1"的无极性电容器，其容量单位为皮法(pF)，如"4700"表示容量为 4700 pF；凡容量小于"1"的电容器，其容量单位为 F，如"0.01"表示容量为 0.01 F。对于有极性电容器，容量单位是 μF，如"10"表示容量为 10 μF。

(2) 文字符号法。

文字符号法是用文字表示容量单位，用数字表示容量大小，容量整数部分标注在容量单位符号前面，容量小数部分标注在容量单位符号后面，容量单位符号所占位置就是小数点的位置。如 4n7 表示容量为 4.7 nF(4700 pF)。若在数字前标注有 R 字样，则容量为零点几微法，如 R47 就表示容量为 0.47 μF。

(3) 数码表示法。

数码表示法用三位数字表示电容器容量大小。其中，前两位数字为电容器标称容量的有效数字，第三位数字表示有效数字后面零的个数，单位是 pF，如"103"表示容量为 $10 \times 10^3\,pF$。若第三位数字是"9"则是特例，有效数字应为乘以 10^{-1}，如"339"表示容量为 $33 \times 10^{-1}\,pF(3.3\,pF)$，而不是为 $33 \times 10^9\,pF$。数码表示法与直标法对于初学者来讲，容易混淆，区别方法为：直标法的第三位一般为 0，而数码表示法第三位一般不为 0。

(4) 色标法。

色标法的表示原则与色环电阻器表示方法相同，颜色意义也与色环电阻器基本相同，其容量单位为皮法(pF)。当电容器引线为同向时，色环电容器的识别顺序是从上到下。

2) 额定电压

电容器额定电压是指电容器接入电路后，能够长期可靠工作不被击穿所能承受的最大直流电压。电容器在使用时不能超过其耐压值，否则就会造成电容器损坏，严重时还会造成电容器爆炸。电容器的额定电压一般都直接标注在电容器表面，部分小型电解电容器额定电压的标注也采用色标法，如用棕色表示额定电压为 6.3 V，用灰色表示额定电压为 16 V，用红色表示额定电压为 10 V。额定电压用色标法表示时，色标一般标于电容器正极引线的根部。

3) 绝缘电阻

电容器的绝缘电阻是表示电容器绝缘性能的一个重要参数，其绝缘电阻的大小取决于介质绝缘性能的优劣，以及电容器的结构、制造工艺。电容器的绝缘电阻越大越好。

2.2.2　常见电容器的特点

1. 瓷介电容器

瓷介电容器是以陶瓷为介质的电容器，根据介质常数可分为高频瓷介电容器(CC)和低频瓷介电容器(CT)。高频瓷介电容器(CC)的介质常数大于 1000，主要特点是体积小，性能稳定，耐热性好，绝缘电阻大，损耗小，成本低廉。CC 的容量范围在 1 pF～0.1 μF，常用于要求低损耗、容量稳定的高频电路中。低频瓷介电容器(CT)的介质常数小于 1000，主要特点是体积比 CC 小，容量比 CC 大，容量最大达 4.7 μF，但其绝缘电阻低、损耗大，稳定性比 CC 差，一般用于低频电路中作旁路使用。

2. 云母电容器(CY)

云母电容器是以云母作介质，主要特点是精度高，可达±(0.01%～0.03%)，性能稳定、可靠，损耗小，但容量小(一般在 4.7～5100 pF)，体积大，成本高。云母电容器绝缘电阻通常很大，是一种优质电容器，主要用于对稳定性和可靠性要求较高的高频电路上，如高频本振电路。

3. 玻璃电容器

玻璃电容器是以玻璃为介质，稳定性介于云母电容器与瓷介电容器之间，包括玻璃釉电容器(CI)、玻璃膜电容器(CQ)。玻璃电容器的主要特点是耐高温，相对体积小，成本低廉，性能较高，可制成贴片元件，常在高密度电路中使用。

4. 纸介电容器(CZ)

纸介电容器是以纸作介质，特点是制造成本低，比瓷介电容器、玻璃电容器的容量范围大，一般在 0.01～10 μF 之间，但绝缘电阻小，损耗大，体积也大，只适用于直流或低频电路。金属化纸介电容器(CJ)的最大特点是相对其他纸介电容器(CZ)体积减小了 1/5～1/3，且高压击穿后能够自愈，而其他性能则与其他纸介电容器差别不大。

5. 有机薄膜电容器

有机薄膜电容器以有机薄膜为介质。有机薄膜种类很多，最常见的有涤纶薄膜、聚丙烯薄膜等。有机薄膜电容器总体性能上都比低频瓷介电容器、纸介电容器好，其容量范围较大，但稳定性不够高。其中，涤纶金属聚碳酸酯等类电容器只适用于低频电路；聚苯乙烯电容器高频特性好，适用于高频电路；聚丙烯电容器能耐高压；聚四氟乙烯电容器能耐高温而且高频特性好，适用于高频电路。

6. 电解电容器

电解电容器以金属氧化膜为介质，金属为阳极，电解质为阴极，其最大特点是容量范围很大，达 0.47～200 000 pF。根据介质不同，电解电容器主要分为两种：铝电解电容器(CD)和钽电解电容器(CA)。铝电解电容器以铝金属为阳极，常以圆筒状铝壳封装，其最大特点是容量范围大，价格低廉，但绝缘性差，损耗大，温度稳定性和频率特性差，电解液易干涸老化、不耐用，额定直流工作电压低，一般在 6.3～500 V，适用于低频旁路以及耦合、滤波等电路中。钽电解电容器分固体钽电解电容器和液体钽电解电容器两种，与铝电解电容器相比，具有绝缘性好，相对体积和损耗都小，温度稳定性和频率特性好、耐用、不易老化，但相对额定直流工作电压较低，最高额定直流工作电压只有百余伏。

7. 可变电容器

可变电容器主要由动片和定片及其之间的介质以平行板式结构构成。动片和定片通常是半圆形或类似半圆形。转动动片，则改变它们之间的平衡面积，从而改变电容器的容量。可变电容器介质常见的有空气、聚苯乙烯、陶瓷等。单个可变电容器称为单联可变电容器，两个称为双联可变电容器，多个称为多联可变电容器。AM 收音机使用的是双联可变电容器，而 AM/FM 收音机使用的则是四联可变电容器，且在顶部还有四个作为补偿使用的微调可变电容器。

2.2.3 电容器的识别与选用

电容器的简单检测，如对 5000 pF 以上电容器的检测，可用指针式万用表欧姆挡的 1 kΩ、10 kΩ，通过测量电容器的充放电过程进行粗略判断，若电容器有充放电过程，且表针最终能回到∞处，则电容器基本正常。对于小容量电容器及电容器的其他参数，则需通过专用仪器进行检测。

根据各种电容器的特点，以及不同的电路、不同的要求选用电容器。一般的电源滤波、退耦电路中选用铝电解电容器；在高频、高压电路中选用瓷介电容器、云母电容器；在谐振电路中，选用云母电容器、陶瓷电容器、有机薄膜电容器；用作隔直流用时，可选用涤纶电容器、云母电容器、铝电解电容器等。

2.3 电 感 器

2.3.1 电感器的命名与分类及存在形式

电感器(inductor)是一种电路元件，当电感线圈中通过直流电流时，其周围只呈现固定的磁力线，不随时间而变化；当电感线圈中通过交流电流时，其周围将呈现随时间周期变化的磁力线。根据法拉第电磁感应定律，变化的磁力线在线圈两端会产生感应电势，这个感应电势相当于一个"新电源"，当形成闭合回路时，感应电势就会产生感应电流。由楞次定律可知，感应电流所产生的磁力线总要力图阻止原磁力线的变化。由于原磁力线的变化来源于外加交变电源，因此从客观效果上看，电感线圈有阻止交流电路中电流变化的特性。电感线圈有与力学中的惯性相类似的特性，在电学上称为自感应。实际生活中，在断开闸刀开关或接通闸刀开关的瞬间，会产生火花，这就是自感现象产生很高的感应电势所造成的。电感的参数是电感量，表示电感产生感应电动势的能力。通常情况下，电感线圈的匝数越多，电感量越大。电感量的大小还与是否有磁芯、磁芯的材质以及磁芯的位置有关。电感基本单位是亨(H)，常用单位有毫亨(mH)、微亨(μH)，其换算关系为 1 H = 1000 mH，1 mH = 1000 μH。

与电感相关的另一个重要参数是电感的品质因数 Q。一个理想的电感元件，其敏感度与流经线圈的电流大小无关，但实际上，因为线圈内金属导线的存在，电感元件会有电阻。所以电感等效于一个理想电感串联一个小电阻，这个电阻也称串联电阻。

由于串联电阻的存在，实际电感元件的特性会不同于理想电感。电感线圈对交流电流阻碍作用的大小称感抗 X，单位是欧姆，它与电感量 L 和交流电频率 f 的关系为 $X = 2\pi fL$。品质因数 Q 是表示线圈质量的一个物理量，Q 为感抗 X 与其等效电阻的比值，即 $Q = XL/R$。线圈的 Q 值越高，回路的损耗越小。线圈 Q 值与导线的直流电阻、骨架的介质损耗、屏蔽罩或铁芯引起的损耗、高频集肤效应等因素有关。Q 值范围通常为数十到数百。采用磁芯线圈及多股粗线圈均可提高线圈 Q 值。

此外，电感的特性参数还有分布电容、感抗、标称电流等。线圈的匝与匝间、线圈与屏蔽罩间、线圈与底板间存在的电容称为分布电容。分布电容的存在使线圈的 Q 值减小，稳定性变差，因此线圈的分布电容越小越好。电感的标称电流指线圈允许通过的电流，通常用字母 A，B，C，D，E 表示，分别代表标称电流值为 50 mA、150 mA、300 mA、700 mA、1600 mA。

电感有多种形式，依据外观与功用的不同，会有不同的称呼。以漆包线绕制多圈，用在电磁铁和变压器上的电感，依外观称为线圈(coil)；用于为高频电流提供较大电阻、过直流或低频电流的电感，依功用常称为扼流圈(choke)；常配合铁磁性材料，安装在变压器和发电机中的较大电感，也称绕组(winding)；导线穿越磁性物质，而无线圈状，常充当低频滤波作用的小电感，依外观常称为磁珠(bead)；在收音机和电视机中还有一类类似于变压器的电感，称为中周，它是一种磁芯位置可调的小型变压器。

1. 电感器的型号

国产电感线圈的型号由四个部分组成，第一部分，主称，用字母表示(L 为线圈、2L 为阻流圈)；第二部分，特征，用字母表示(G 为高频)；第三部分，型式，用字母表示(X 为小型)；第四部分，区别代号，用字母 A，B，C，…表示。

2. 电感线圈的分类

电感线圈的种类很多，按其结构特点可分为单层线圈、多层线圈、蜂房线圈、带磁芯线圈，以及可变电感线圈、固定电感器、扼流线圈等。图 2-14 为常见电感器的外形。

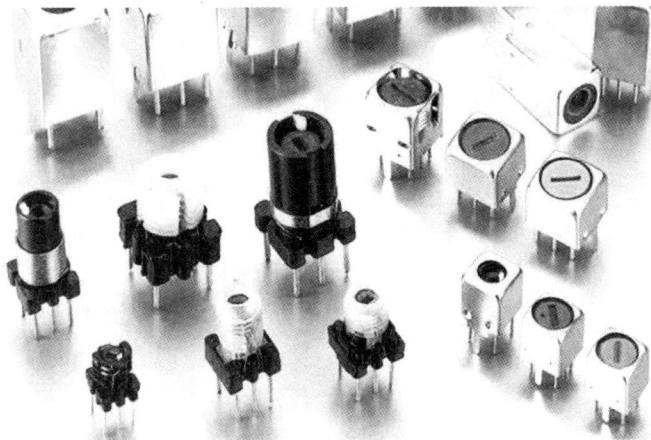

图 2-14　常见电感器的外形

1) 单层线圈

单层线圈的电感量较小，在几微亨至几十微亨，通常适用于高频电路。为了提高线圈的 Q 值，单层线圈的骨架常使用介质损耗小的陶瓷和聚苯乙烯材料制作。

线圈的绕制可采用密绕和间绕。间绕线圈每圈间都相距一定的距离，所以分布电容较小，当采用粗导线时，可获得高 Q 值和高稳定性。间绕线圈的电感量通常不是很大，因而它可以使用在要求分布电容小、稳定性高、电感量较小的场合。对于电感量大于 15 μH 的线圈，可采用密绕。密绕线圈的体积较小，但由于其圈间电容较大，使得 Q 值和稳定性都有所降低。图 2-15 为绕制电感线圈。

图 2-15　绕制电感线圈的外形

对于有些要求稳定性较高的场合，还可应用镀银的方法将银直接镀覆在膨胀系数很小的瓷质骨架表面，制成电感系数很小的高稳定型线圈。在高频大电流的条件下，为了减少集肤效应，线圈通常使用铜管绕制。

2) 多层线圈

单层线圈的电感量小，如要获得较大电感量，单层线圈已无法满足。因此，当电感量大于 300 pH 时，一般采用多层线圈。多层线圈的外形结构除了圈与圈之间具有电容之外，层与层之间也具有电容，因此使用多层线圈，分布电容大大增加。由于多层线圈层与层间的电压相差较大，当层间的绝缘较差时，易发生着火、绝缘击穿等问题。为此，多层线圈常采用分段绕制，各段之间距离较大，减小了线圈的分布电容。

3) 蜂房线圈

多层线圈的缺点之一就是分布电容较大，如果采用蜂房绕制方法，则可以减少线圈的固有电容。

所谓的蜂房式，就是将被绕制的导线以一定的偏转角(19°～26°)在骨架上缠绕，通常使用自动或半自动的蜂房式绕线机进行缠绕。对于电感量较大的线圈，可以采用两个、三个或多个蜂房线包将它们分段绕制。

4) 带磁芯的线圈

线圈加装磁芯后，电感量、品质因数等都将增加，因此许多线圈都装有磁芯，形状也各式各样。

5) 可变电感线圈

在有些场合需对电感量进行调节，用以改变谐振频率或电路耦合的松紧。可变电感线圈通常采用以下四种方法制作：

(1) 在线圈中插入磁芯和铜芯。

(2) 在线圈中安装一滑动接点。

(3) 将两个线圈串联，均匀地改变两线圈之间的相对位置，使互感量发生变化。

(4) 将线圈引出数个抽头，加波段开关连接。这种方法存在严重的缺点，即不能平滑地调节电感量。

6) 固定电感器

具有固定电感量的电感器称为固定电感器(或称为固定线圈)。固定电感器也称为色码电感，其结构是按不同电感量的要求将不同直径的铜线绕在磁芯上，再用塑料壳封装或用环氧树脂包封，在电子线路中主要用作振荡、滤波、阻流、陷波等。

固定电感器的特点是体积小、重量轻、结构牢固可靠、使用安装方便等。

7) 扼流线圈

扼流线圈又称电感线圈、电抗线圈、阻抗线圈或阻流线圈，是一种在交流电路中起着控制电流大小和相位作用的电子元器件。它可以将高频电流隔离开来，产生惯性电势，限制电流通过，从而实现对电路中电流的控制。

扼流线圈有高频扼流线圈和低频扼流线圈之分。高频扼流线圈是在空心线圈中插入磁芯，主要用来阻止电路中高频信号的通过；低频扼流线圈是在空心线圈中插入硅钢片等铁芯材料，用来阻止电路中低频信号的通过。低频扼流圈通常有很大的电感，可为几亨到几十亨，因而对交变电流具有很大的阻抗，一般用于电源和音频滤波。低频扼流线圈常与电容器一起构成电子设备中电源滤波网络。

3. 电感线圈的主要参数

电感线圈的主要参数有电感量、品质因素、分布电容、稳定性等。

(1) 电感量。电感量大小与电感线圈的圈数、截面积以及内部有没有铁芯或磁芯有很大关系。在其他条件相同的情况下，圈数越多，电感量就越大；线圈的截面积越大，电感量也越大。同一个线圈，插入铁芯或磁芯后，电感量比空心时明显增大，而且插入的铁芯或磁芯质量越好，线圈的电感量增加得越多。

(2) 品质因数。品质因数是表示线圈质量的一个参数，是指线圈在某一频率的交流压下工作时，线圈所呈现的感抗与线圈的直流电阻的比值。

(3) 分布电容。线圈的圈和圈之间存在电容，线圈与地之间以及线圈与屏蔽盒之间也存在电容，这些电容称为分布电容。分布电容的存在，影响了线圈的性能，因此通常希望线圈的分布电容尽可能小。

(4) 稳定性。稳定性用于定性表示线圈参数随外界条件变化而改变的程度。通常用电感温度系数和湿度来评定线圈的稳定性。电感温度系数主要是由于线圈导线受热作用后膨胀，使线圈产生几何变形而引起的。为了提高线圈温度的稳定性，可以采用热绕方法制作线圈，即将绕制线圈的导线通上电流，使导线变热后再绕制线圈。这样可以使线圈冷却后收缩而紧贴在骨架上，不再容易发生受热后变形，相应地提高了稳定性。另外，湿度增大时会使线圈的分布电容和损耗增大，使线圈的稳定性降低。为了防止湿度对线圈参数的影响，在制作电感线圈时，通常要采取防潮措施，例如采用环氧树脂封装或进行浸渍处理。

2.3.2　电感器的功能、识别与检测

1. 电感器的功能

电感器的基本作用有滤波、振荡、延迟、陷波等，通常形象的说法是"通直流，阻交流"，即在电子线路中，由于电感线圈对交流有限流作用，因此它与电阻器或电容器能组成高通或低通滤波器、移相电路及谐振电路等。电感器可以进行交流耦合、变压、变流和阻抗变换等，由感抗 $X_L = 2\pi f L$ 知，电感 L 越大，频率 f 越高，感抗就越大。另外，电感器两端电压 u 的大小与电感 L 成正比，还与电流变化速度 $\dfrac{\Delta i}{\Delta t}$ 成正比，即

$$u = L\frac{\Delta i}{\Delta t} \tag{2-2}$$

电感线圈还是一个储能元件，它以磁的形式储存电能，储存的电能 W_L 可用下式表示：

$$W_L = \frac{Li^2}{2} \tag{2-3}$$

由式(2-3)可知，线圈电感量越大，储存的电能也就越多。电感在电路最常见的作用就是与电容一起，组成 LC 滤波电路，如图 2-16 所示。电容具有"通交流，阻直流"的特性，而电感则有"通直流，阻交流"的功能，如果把伴有交流干扰信号的直流电通过 LC 滤波电路，交流信号被电容变成热能消耗掉，那么变得比较纯净的直流电流通过电感时，其中的交流干扰信号也被变成磁感和热能，因为频率较高的信号很容易被电感阻挡，因此就可以抑制较高频率的干扰信号。

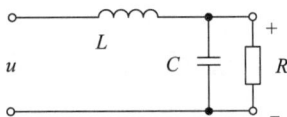

图 2-16　LC 滤波电路

在线路板电源部分的电感，一般是由线径非常粗的漆包线环绕在涂有各种颜色的圆形磁芯上，而且附近一般都有几个高大的滤波铝电解电容，这两者组成的就是 LC 滤波电路。另外，线路板还可采用"蛇行线 + 贴片钽电容"组成 LC 滤波电路，蛇行线在电路板上来回折行，也可以看作是一个小电感。

2. 电感线圈的识别

在电路设计中，通常按工作频率的要求选择相应结构的线圈。用于音频段电路的电感线圈，一般使用带铁芯(硅钢片或坡莫合金)或低频铁氧体芯的线圈。几百千赫到几兆赫的线圈最好用铁氧体芯，并以多股绝缘线绕制，可以减少集肤效应，提高 Q 值；几兆赫到几十兆赫的线圈，宜用单股镀银粗铜线绕制，磁芯要采用短波高频铁氧体，也常用空心线圈。由于多股线间分布电容的作用及介质损耗的增加，多股线圈不适宜频率高的场合。因此，一百兆赫以上的线圈，磁芯一般不选铁氧体芯，多选用空心线圈。

线圈的损耗与线圈骨架的材料有关，因此用于高频电路的线圈，应选用高频损耗小的高频瓷介作骨架。对于要求不高的场合，可选用塑料、胶木和纸介作骨架的电感器，虽然损耗大一些，但价格低廉、制作方便、重量小。

电感有多种形式，依据外观与功用的不同，会有不同的名称。在选用线圈时必须考虑机械结构是否牢固，不应使线圈松脱、引线接点活动等。

3. 电感器的检测方法

检测电感器时，使用万用表的电阻挡，测量电感器的通断及电阻值大小，可以对其做出鉴别判断。将万用表置于 RX1 挡，红、黑表笔各任接电感器的一个引出端，此时指针应向右摆动。根据测出的电阻值大小，可具体分为下述三种情况进行鉴别。

第一种：被测电感器电阻值为零，说明电感器内部线圈有短路性故障。注意测试操作时，一定要将万用表调零，并仔细观察指针向右摆动的位置是否确实到达零位，以免造成误判。当分析到色码电感器内部有短路性故障时，最好用 RX1 挡反复多测几次，才能做出正确的判断。

第二种：被测电感器有电阻值。色码电感器直流电阻值的大小与绕制电感器线圈所用的漆包线的线径、绕制圈数有直接关系，线径越细，圈数越多，则电阻值越大。一般情况下用万用表 RX1 挡测量，只要能测出电阻值，就可认为被测电感器是正常的。

第三种：被测电感器的电阻值为无穷大。这种现象比较容易区分，说明电感器内部的线圈或引出端与线圈接点处发生了断路性故障。

4. 电感器的标注方法

固定电感一般有以下四种标注方法：

(1) 直接标注，直接将电感量标注在电感外壳上。

(2) 文字符号标注，一般微亨级的电感采用这种标注方法，如 4R7 指的是 4.7 pH 电感，R47 指的是 0.47 μH 电感。

(3) 3 位数字标注，这种标注(默认单位为微亨)方法与电阻的标注方法类似，例如标注为 682 指的是 6800 μH。

(4) 色环标注，这种标注方法类似电阻色环标注法。色环电感一般为 4 环标注，第 1 环和第 2 环为有效数，第 3 环为乘 10 的幂数，第 4 环为精度，单位为微亨。

2.4　半导体器件

半导体器件(semiconductor device)是利用半导体材料的特殊电特性来实现特定功能的电子器件。半导体材料的导电性介于良导电体与绝缘体之间，通常是硅、锗或砷化镓。这些半导体材料经过各种特定的掺杂，产生 P 型或 N 型半导体，做成整流器、振荡器、发光器、放大器、测光器等元件或设备。常见的半导体器件有二极管、三极管场效应管、单结管、晶闸管、集成电路等。

2.4.1　半导体器件的命名方法

我国半导体器件型号命名通常由五部分组成，五个部分的意义如下：

第一部分，用数字表示半导体器件有效电极数目，具体含义是 2 表示二极管，3 表示三极管。

第二部分，用汉语拼音字母表示半导体器件的材料和极性。

表示二极管时，用 A 表示 N 型锗材料，用 B 表示 P 型锗材料，用 C 表示 N 型硅材料，用 D 表示 P 型硅材料。

表示三极管时，用 A 表示 PNP 型锗材料，用 B 表示 NPN 型锗材料，用 C 表示 PNP 型硅材料，用 D 表示 NPN 型硅材料。

第三部分，用汉语拼音字母表示半导体器件的类型。其中，P 表示普通管，V 表示微波管，W 表示稳压管，C 表示参量管，Z 表示整流管，L 表示整流堆，S 表示隧道管，N 表示阻尼管，U 表示光电器件，K 表示开关管，X 表示低频小功率管($f<3$ MHz, $P<1$ W)，G 表示高频小功率管($f>3$ MHz, $P<1$ W)，D 表示低频大功率管($f<3$ MHz, $P>1$ W)，A 表示高频大功率管($f>3$ MHz, $P>1$ W)，T 表示半导体晶闸管(可控整流器)，Y 表示体效应器件，B 表示雪崩管，J 表示阶跃恢复管，CS 表示场效应管，BT 表示半导体特殊器件，FH 表示复合管，PIN 表示 PIN 型管，JG 表示激光器件。

第四部分，用数字表示序号。

第五部分，用汉语拼音字母表示规格。如 3DG18 表示 NPN 型硅材料高频三极管。

半导体器件型号命名中的各字母的含义参见表 2-2。

表 2-2　半导体器件名称中字母的含义

第一部分		第二部分		第三部分		第四部分	第五部分
用数字表示器件的有效电极数目		用字母表示器件的材料和极性		用字母表示器件的类型		用数字表示序号	用字母表示规格
符号	意义	符号	意义	符号	意义	意义	意义
2	二极管	A	N 型，锗材料	P	普通管	反映了极参数、直流参数和交流参数等的差别	承受反向击穿电压的程度，如规格号为 A，B，C，D，…，其中 A 承受的反向击穿电压最低，B 次之……
		B	P 型，锗材料	V	微波管		
		C	N 型，硅材料	W	稳压管		
		D	P 型，硅材料	C	参量管		
3	三极管	A	PNP 型，锗材料	Z	整流管		
		B	NPN 型，锗材料	S	隧道管		
		C	PNP 型，硅材料	GS	光电子显示器		
		D	NPN 型，硅材料	K	开关管		
		E	化合材料	X	低频小功率管		
				G	高频小功率管		
				D	低频大功率管		
				A	高频大功率管		
				T	半导体晶闸管		
				Y	体效应器件		
				B	雪崩管		
				J	阶跃恢复管		
				CS	场效应器件		
				BT	半导体特殊器件		
				FH	复合管		
				PIN	PIN 型管		
				JG	激光管		

由表 2-2 可知，场效应器件、半导体特殊器件、复合管、PIN 型管和激光器件的型号命名，只有第三、四、五部分。

2.4.2　二极管

二极管是用半导体材料制成的导电器件，具有单向导电性能。当给二极管阳极加上正向电压时，二极管导通；当给阳极和阴极加上反向电压时，二极管截止。因此，二极管的导通和截止相当于开关的接通与断开。常见的二极管及电路符号如图 2-17 所示。

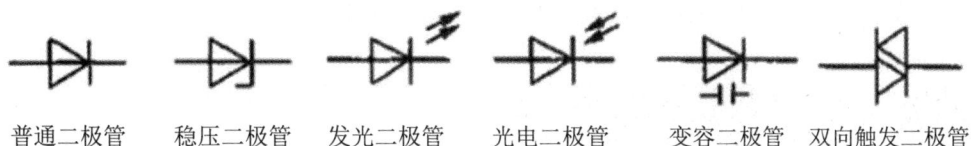

普通二极管　　稳压二极管　　发光二极管　　光电二极管　　变容二极管　双向触发二极管

图 2-17　常见二极管电路符号示意图

1. 稳压二极管

稳压二极管是利用其反向击穿时两端电压基本不变的特性来工作。稳压二极管在电路中是反偏工作的，其极性和好坏的判断与普通二极管所使用的方法一样(注意不要使用 10 kΩ 挡)，可用直流调压器作电源，也可以使用万用表内高压电池作电源。如用 22.5 V 层叠电池作电源，测量的稳压二极管的最高稳压值应小于该电池电压，若要测量更高稳压值时，则需要再串联 1~2 个同样的电池，此时万用表电压挡显示的读数就是稳压二极管的稳压值。

万用表电阻挡最高挡常使用高压层叠电池，如 6 V、9 V、15 V、22.5 V。当用最高挡层叠电池测量稳压二极管反向电阻时，若表内层叠电池电压高于稳压二极管的稳压值时，其反向电阻则变得较小，因为此时稳压二极管已被击穿。因此，可以利用万用表这一特性来区分普通二极管与稳压二极管，但是，若稳压值高于层叠电池的电压，就不能用这种方法来判别，只能直接测量其稳压值，若无稳压值，则可能是普通二极管。

2. 发光二极管

普通发光二极管，当用万用表的 10 Ω 挡测量发光二极管正向电阻时，发光二极管会被点亮。利用这一特性既可以判断发光二极管的好坏，也可以判断其极性。发光二极管点亮时，红表笔所碰接的引脚为发光二极管正极。若 10 Ω 挡不能使发光二极管点亮，则只能使用 10 kΩ 挡正、反向测其阻值，检验其是否具有二极管特性，才能判断其好坏。

3. 光电二极管

光电二极管也称光敏二极管，当光照射到光电二极管时，其反向电流大大增加，从而使反向电阻减小。在检测光电二极管时，首先用万用表 2 kΩ 挡，判断正负极，然后测其反向电阻。无光照射时，光电二极管的阻值一般都大于 200 kΩ；受光照射时，其阻值会大大减少，如果变化不大，则说明被测光电二极管已损坏或不是光电二极管。该方法也可用于检测红外线接收二极管，只是照射光改用遥控器的红外线。当按下遥控键时，红外线接收二极管反向电阻会变小且指针在振动，则说明该二极管没有损坏。

4. 变容二极管

变容二极管(varactor diodes)又称"可变电抗二极管"，是利用 PN 结反偏时结电容大小随外加电压而变化的特性制成的。反偏电压增大时结电容减小，反之结电容增大。变容二极管的电容量一般较小，最大值为数十皮法到数百皮法，最大电容与最小电容之比约为 5∶1。变容二极管主要在高频电路中用作自动调谐、调频、调相等。

5. 双向触发二极管

双向触发二极管(DIAC)属三层结构，是具有对称性的二端半导体器件，常用来触发双向可控硅，在电路中用作过压保护等。双向触发二极管可等效于基极开路、发射极与集电极对称的 NPN 型晶体管，其构造示意图、符号及等效电路如图 2-18(a)、图 2-18(b)、图 2-18(c)

所示，完全可用图 2-18(d)所示的两只 NPN 晶体管连接来替代。双向触发二极管正反伏安特性几乎完全对称，如图 2-18(e)所示。

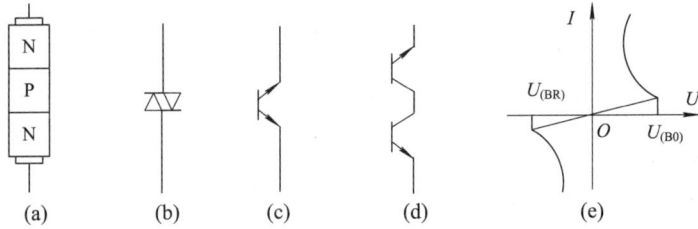

图 2-18　双向触发二极管

2.4.3　三极管

三极管，全称应为半导体三极管，也称双极型晶体管、晶体三极管，是一种控制电流的半导体器件。三极管的作用是把微弱信号放大成幅度值较大的电信号，也可用作无触点开关。图 2-19 是常见三极管的外形和其电路符号。

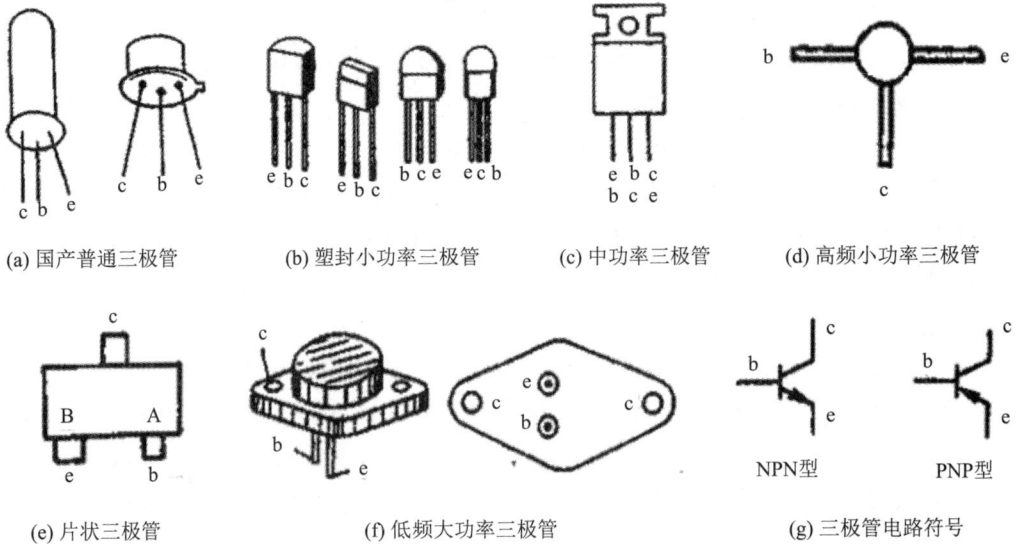

(a) 国产普通三极管　　(b) 塑封小功率三极管　　(c) 中功率三极管　　(d) 高频小功率三极管

(e) 片状三极管　　　　(f) 低频大功率三极管　　　　(g) 三极管电路符号

图 2-19　常见三极管外形及其电路符号

1. 用万用表判断三极管管型和电极的方法及步骤

1) 找出基极(b 极)

首先，使用数字万用表 2 kΩ 电阻挡随意测量三极管的两极，直到指针摆动较大为止；其次，固定黑(红)表笔，把红(黑)表笔移至另一引脚上，若指针同样摆动，则说明被测三极管为 NPN(PNP)型，用黑(红)表笔所接触的引脚为 b 极。

2) c 极和 e 极判别

确定了 b 极且为 NPN(PNP)型后，再使用数字万用表 2 kΩ 挡进行测量。首先，假设其中一极为 c 极，接黑(红)表笔，另一极为 e 极，接红(黑)表笔，并用手指捏住假设的 c 极和 b 极(注意 c 极和 b 极不能相碰)，读出其阻值 R_1；其次，再假设另一极(假设的 e 极)为 c 极，重复上述操作(注意捏住 b、e 极的力度两次都要相同)，读出阻值 R_2；最后，比较 R_1、R_2 的大小，R 值小的假设确定的 e 级和 c 级为正确的。

2. 三极管质量判别

三极管质量判别可通过以下三种检测方法来判断，只要有一种检测不能达到要求，就可以判别三极管已经损坏。

第一种方法是判断 b、e 极。b、e 两极好坏的判断，可参考普通二极管判别方法(注意要用数字万用表 2 kΩ 挡测量)。

第二种方法是测量 c、e 间漏电电阻。对于 NPN(PNP)型三极管，用黑(红)表笔接 c 极，红(黑)表笔接 e 极，b 极悬空，这时测得的 R 值越大越好。一般对锗三极管的要求较低，在低压电路上大于 50 kΩ 即可使用，但对于硅三极管来说要大于 500 kΩ 才可使用。通常测量硅三极管的 R 值时，万用表指针都指向无穷大。

第三种方法是检测三极管有没有放大能力。判断 c 极时，观察万用表指针在捏住 c、b 极前后的变化，即可分析判断三极管有没有放大能力。指针变化大说明三极管 β 值较高，若指针变化不大则说明该管 β 值较小，一般三极管 β 值在 50~150 之间。β 值也可以用万用表 β 挡来测量。

在判断三极管时，必须先检测出 b、e、c 极，若用三极管极性判别方法不能判别出 b、e、c 极，则说明三极管可能已损坏，或是其他的晶体管。

3. 二极管、三极管在底板上好坏的粗略判别

二极管是非线性元件，用数字万用表 2 kΩ 挡在底板上测量二极管正反向电阻，仍能观察出它的单向导电性，也减少了对与之并联的其他元件的影响。测量二极管正向电阻时指针常向右偏且超过中点刻度，测量反向电阻时万用表的指针指向接近无穷大。若正反向电阻相差不大，则应从底板上拆下再测量。对于三极管，除了测量 b、e 极外，还要测量 R 值。在底板上测量 R 值一般都较大，若发现在几百欧姆以下，则应从底板上拆下再测量。用这个方法在底板上测量二极管、三极管是否被击穿是很容易的，但二极管、三极管漏电却较难在底板上判断出来。

2.4.4　场效应晶体管

场效应晶体管简称场效应管。场效应管主要有两种类型：结型场效应管和金属氧化物半导体场效应管，其电路如图 2-20 所示。场效应管由多数载流子参与导电，也称为单极型晶体管。场效应管属于电压控制型半导体器件，具有输入电阻高(10^7~$10^{15}\Omega$)、噪声小、功耗低、动态范围大、易于集成、没有二次击穿现象、安全工作区域宽等优点，在很多应用中已经替代双极型晶体管和功率晶体管。

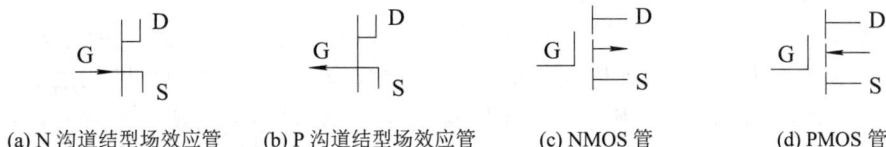

| (a) N 沟道结型场效应管 | (b) P 沟道结型场效应管 | (c) NMOS 管 | (d) PMOS 管 |

图 2-20　场效应管电路示意图

2.4.5 晶闸管

晶闸管因其导通压降小、功率大、易于控制、耐用，常用于各种整流电路、调压电路和大功率自动化控制电路上。根据导电特性，晶闸管有单向晶闸管和双向晶闸管两种，其外形结构如图 2-21 所示。单向晶闸管只能导通直流，且 G 极需加正向脉冲时导通，若需要其截止则必须接地或加负脉冲。双向晶闸管可导通交流和直流，需要在 G 极加入相应的控制电压。

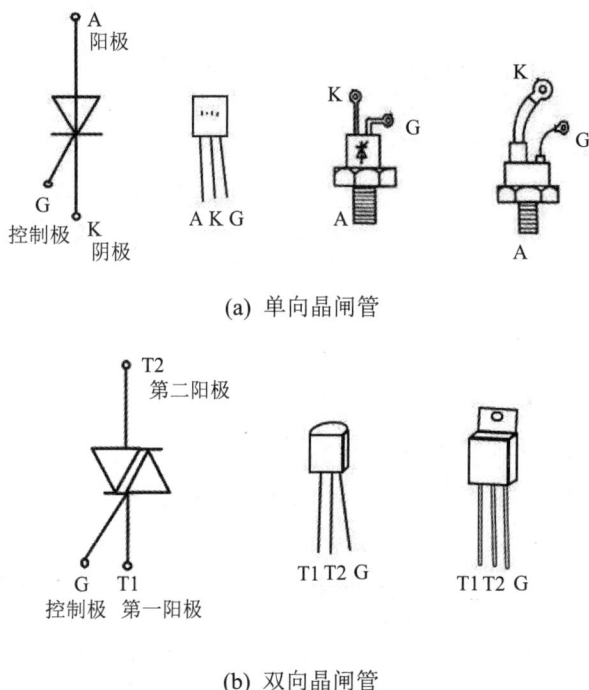

(a) 单向晶闸管

(b) 双向晶闸管

图 2-21　单向和双向晶闸管电路符号及外形结构

1. 单向晶闸管

用数字万用表 2 kΩ 挡测量单向晶闸管的任意两极，若指针发生较大摆动，那么黑表笔接触的是控制极 G，红表笔接触的是阴极 K，余下就是阳极 A。判断单向晶闸管的好坏时，首先用 2 kΩ 挡测量 A、K 极正反向电阻，一般都为无穷大，说明 K、G 极具有二极管特性。然后再用万用表 200 Ω 挡测量晶闸管能否维持导通，用黑表笔接 A 极，红表笔接 K 极，此时指针应指向无穷大；用黑表笔同时接触 A、G 极时，指针发生偏转，然后黑表笔慢慢地离开 G 极，但仍保持接触 A 极，此时若指针能维持偏转，则该晶闸管为好管。

2. 双向晶闸管

双向晶闸管的 T2(第二阳极)极与 G、T1(第一阳极)两极正反向电阻都为无穷大，但 G 极与 T1 极正反向电阻都较小，并基本相同，可利用这一点判断 T2 极。判断 G 极与 T1 极时，可先假设一极为 G 极，用万用表的红表笔接 T1 极，黑表笔接 T2 极，读出黑表笔触发一下 G 极后维持导通时的阻值 R_1(黑表笔始终接触 T2 极)；再假设另一极为 G 极，重复上述操作，维持导通的阻值为 R_2；最后比较 R_1 与 R_2 的大小，R 值较小的假设确定的 T1 极和

G 极为正确的。双向晶闸管极性判别过程就是判断其好坏的过程，有必要的话还要检测双向晶闸管能否反向触发(用红表笔触发)且维持导通。

测量大功率双向晶闸管时(一般指 10 A 以上)，由于触发电流要求过大，维持导通压降过高，数字万用表 200 Ω 挡不能提供足够的电压和电流，必须在红表笔端串入 1 个 1.5 V 电池，才能使双向晶闸管有足够的触发电流和导通压降。

2.5　集　成　电　路

集成电路(Integrated Circuit，IC)，是一种微型电子器件或部件，采用一定的工艺，把一个电路中所需的晶体管、电阻、电容和电感等元件及布线互连，制作在一小块或几小块半导体晶片或介质基片上，然后封装在一个管壳内，成为具有所需电路功能的微型结构。集成电路有基于锗的集成电路和基于硅的集成电路，当今半导体工业大多数应用的是基于硅的集成电路。几种常见封装集成电路的示意图如图 2-22 所示。

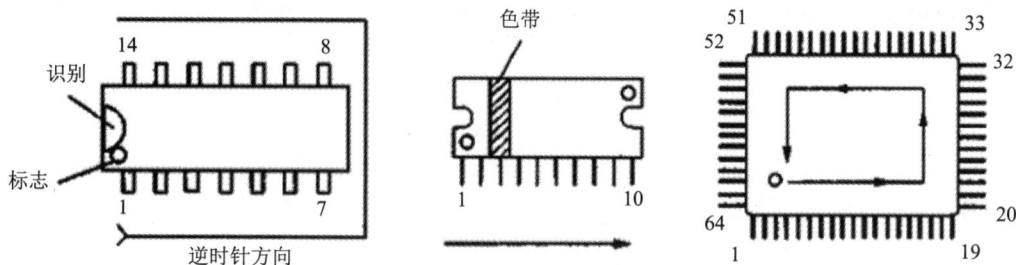

图 2-22　常见封装集成电路的示意图

随着科技发展，集成电路集成度越来越高，功能也越来越多，根据集成电路的功能，IC 可分成两大类：模拟集成电路和数字集成电路。

集成电路使用前需要进行检测，常用电阻法、电压法、波形法和替换法来检测集成电路是否损坏。

1. 电阻法

电阻法测量有两种方法：直接电阻法测量和间接电阻法测量。直接电阻法测量，首先测量单块集成电路各引脚对地正反向电阻，然后与参考资料或另一块好的集成电路进行比较，从而作出判断(注意必须使用同一万用表和同一挡进行测量，结果才准确)。若没有对比资料，可使用间接电阻法测量，即在印制电路板上通过判断集成电路引脚外围元件好坏(电阻、电容、晶体管，在印制电路板上测量的方法上面已有讲述)来判断集成电路，若外围元件有损坏，则集成电路有可能已损坏。

2. 电压法

电压法判断，首先测量集成电路引脚对地的动、静态电压，然后与线路图或其他资料所提供的参考电压进行比较，若发现某些引脚电压有较大差别，即使集成电路外围元件没有损坏，集成电路也有可能已损坏。

3. 波形法

波形法判断，首先测量集成电路各引脚的波形，然后与原设计波形进行对比，若发现有较大区别，即使集成电路外围元件没有损坏，集成电路也有可能已损坏。

4. 替换法

替换法判断，在需要检测的集成电路出现电路故障时，可以通过以下三种途径进行替换：

(1) 用型号完全相同的集成电路做替换实验。

(2) 用具有相同功能的集成电路替换。具有相同功能且后面数字又相同的集成电路一般可互换，例如 TA7240 国产仿制品有 CD7240，又如 NE555、HA555、LM555 等都是具有相同功能的集成电路，它们是可以互换的。但有些集成电路后面数字虽然相同，但功能却截然不同，这些集成电路是不可互换的，例如 TA7680 为彩电中放集成电路，而 LA7680 是彩电单片集成电路。

(3) 同一个厂家针对同一功能在不同时期所生产的改进型产品可作单向性替换，即可用改进型集成电路代替旧型号集成电路。例如 TD2030A 可代替 TDA2030，又如日立公司伴音中放集成电路 HA1124、HA1125、HA1184 等，都可作单方向性替换。

第3章 封装基础

随着集成电路的发展，其结构功能越发多样化，作为集成电路的重要基础部分——封装技术也随之发展起来。

3.1 封装基本概念

1. 封装的过程和作用

封装(package)是指将代工厂(foundry)生产的集成电路裸片(die)，放在一块起到承载作用的基板上，然后把引脚引出来，最后固定包装成为一个整体的过程。

元件封装是指元件焊接到电路板所指示的外观和焊盘位置。不同的元件可以使用同一个元件封装，同一种元件也可以有不同的封装形式。

一般的封装工艺是先在晶圆上划出裸片，经过测试合格后，将其紧贴安放在起承托固定作用的基底上(基底上还有一层散热良好的材料)，再用多根金属线把裸片上的金属接触点与外部的引脚通过焊接连接起来，然后埋入树脂，用塑料管壳密封起来，形成芯片整体。图 3-1 是一个 DIP(dual in-line package)芯片封装的示意图。

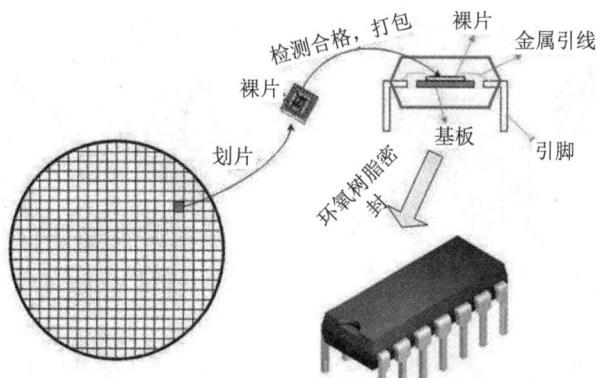

图 3-1　DIP 芯片封装示意图

封装的材质最早是金属，然后是陶瓷，最后是塑料。据行业统计，金属封装占 6%～7%，陶瓷封装占 1%～2%，塑料封装占 90%以上。金属和陶瓷封装多用于严苛的环境，如军工、航天等领域，而且封装形式是"空封"，即封装与芯片不接触。

封装不仅起着安装、固定、密封、保护芯片及增强电热性能等作用，而且还能将芯片上的接点用导线连接到封装外壳的引脚上。这些引脚又通过印制电路板(Print Circuit Board, PCB)上的导线与其他器件相连接，从而实现内部芯片与外部电路的连接。一方面，因为芯片的材料是硅，硅在空气中容易氧化形成二氧化硅，所以硅芯片必须与外界隔离，以防止空气中的杂质对芯片电路的腐蚀而造成电气性能下降。另一方面，封装后的芯片也更便于安装和运输。简言之，封装的作用就是从物理上保护电路，实现芯片与外部电路的连接，实现芯片外形结构的标准化和规格化。

衡量一个芯片封装技术先进与否的重要指标是芯片面积与封装面积之比，这个比值越接近 1 越好。

封装时主要考虑以下因素：

(1) 芯片面积与封装面积之比，为提高封装效率，尽量接近 1 : 1；

(2) 引脚要尽量短，以减少延迟；

(3) 引脚间的距离尽量远，以保证互不干扰，提高性能；

(4) 基于散热的要求，封装越薄越好。

2. 封装的分类

按封装的材料不同，封装可以分为金属封装、陶瓷封装、塑料封装，如图 3-2 所示。

金属封装　　　　　陶瓷封装　　　　　塑料封装

图 3-2　不同材料的封装元件外形

按与 PCB 的连接方式，封装可以分为通孔插针式元件封装(pin through hole, PTH)和表面贴装式封装(surface mount technology, SMT)，其外形结构分别如图 3-3 所示。

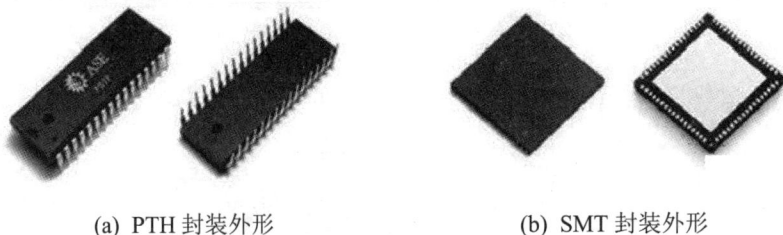

(a) PTH 封装外形　　　　　　　　(b) SMT 封装外形

图 3-3　不同连接方式的封装元件外形

按引脚形状，封装可以分为长引线直插、短引线或者无引线贴装、球状凸点。

3. 封装的发展趋势

芯片的封装，从 20 世纪 60 年代的金属插装，如 TO(transistor out-line)封装，70 年代的双列直插封装(dual in-line package, DIP)，80 年代的表面贴装技术(surface mount technology,

SMT)封装，如小外形封装(small out-line package，SOP)、带引线的塑料芯片载体(plastic leaded chip carrier，PLCC)封装、方形扁平式封装(quad flat package，QFP)，90 年代的面阵列封装，如球栅阵列封装(ball grid array，BGA)等，到目前的系统级封装(system in a package，SIP)、芯片级封装(chip scale package，CSP)等。封装的发展经历了三次重大的革新：第一次是在 20 世纪 80 年代从引脚插入式封装到表面贴片封装，极大地提高了印制电路板上的组装密度；第二次是 90 年代球形矩阵封装的出现，不但满足了市场高引脚的需求，而且大大地改善了半导体器件的性能；第三次革新的产物是晶片级封装、系统级封装、芯片级封装，其目的是将封装减到最小。从三次重大革新可看出，芯片的封装是朝着"短小轻薄"的方向发展，即引脚要尽量短以减少延迟，引脚间距尽量远，以保证互不干扰，提高性能，芯片与封装面积之比尽量接近 1∶1，以提高封装效率；轻量化便于运输；基于散热的要求，封装越薄越好。

总之，封装技术的发展，在结构上，经历了 TO→DIP→PLCC→QFP→BGA→CSP 六个阶段；在材料上，经历了金属、陶瓷→陶瓷、塑料→塑料三个阶段；在引脚形状上，经历了长引线直插→短引线或无引线贴装→球状凸点三阶段；在装配方式上，经历了通孔插装→表面组装→直接安装三阶段。

3.2 主要封装技术简介

1. DIP

DIP(double in-line package)的中文含义是双列直插式封装，是指采用双列直插形式封装的集成电路芯片。绝大多数中小规模集成电路均采用这 DIP 形式，其引脚数一般不超过 100 个。采用 DIP 形式封装的芯片有两排引脚，可以插入到具有 DIP 结构的芯片插座上，也可以直接插在有相同焊孔数和几何排列的电路板上进行焊接。在从芯片插座上 DIP 芯片插拔时应特别小心，以免损坏引脚。DIP 结构形式有多层陶瓷双列直插式 DIP、单层陶瓷双列直插式 DIP、引线框架式 DIP(含玻璃陶瓷封接式、塑料包封结构式、陶瓷低熔玻璃封装式)等。DIP 技术具有以下特点：

(1) 适合在印制电路板(PCB)上穿孔焊接，操作方便。

(2) 芯片面积与封装面积之间的比值较大，故体积也较大。

DIP 的外形如图 3-4 所示。

图 3-4 DIP 的外形

2. QFP/PFP

QFP(quad flat package)的中文含义是方形扁平式封装。QFP 的引脚数一般在 100 个以上，芯片引脚之间距离很小，引脚很细，一般大规模或超大型集成电路都采用这种封装形式。采用 QFP 技术封装的芯片必须采用表面安装设备技术(SMD)将芯片与主板焊接起来，而采用 SMD 技术封装的芯片不需要在主板上打孔，因为在主板表面上一般有设计好的相应引脚的焊点，只需将芯片各引脚对准相应的焊点，即可实现与主板的焊接。这种方法焊上去的芯片，如果不用专用工具很难拆卸下来。QFP 分薄塑封四角扁平封装(thin quad flat package，TQFP)和塑封四角扁平封装(plastic quad flat package，PQFP)，其外形分别如图 3-5 和图 3-6 所示。

图 3-5　TQFP 外形 　　　　　　　　图 3-6　PQFP 外形

PFP(plastic flat package)的中文含义为塑料扁平组件式封装。采用 PFP 技术封装的芯片同样也必须采用 SMD 技术将芯片与主板焊接起来，其主板焊接方法与 QFP 相同。同样，焊上去的芯片，如果不用专用工具也是很难拆卸下来的。PFP 技术与 QFP 技术基本相似，只是外观的封装形状不同而已。

QFP/PFP 技术具有以下特点：

(1) 适用于使用 SMD 表面安装技术在 PCB 上安装布线。

(2) 封装外形尺寸较小，寄生参数减小，适合高频应用。

(3) 操作方便，可靠性高。

(4) 芯片面积与封装面积之间的比值较小。Intel 系列 CPU 中 80286、80386 和某些 486 主板都采用这种封装形式。

3. PGA

PGA(pin grid array package)的中文含义是插针网格阵列封装。采用 PGA 技术封装的芯片内外有多个方阵形插针，每个方阵形插针沿芯片的四周间隔一定距离排列，根据引脚数目的多少，可以围成 2～5 圈，如图 3-7 所示。安装时，将芯片插入专门的 PGA 插座。为了使得 CPU 能够更方便地安装和拆卸，从 80486 芯片开始，出现了一种 ZIF CPU 插座，专门用来满足 PGA 技术的 CPU 在安装和拆卸上的要求，一般用于插拔操作比较频繁的场合。

图 3-7　PGA 的外形

PGA 技术具有以下特点：

(1) 插拔操作更方便，可靠性高；

(2) 可适应更高的频率；

(3) 如采用导热性良好的陶瓷基板，还可适应高速度、大功率器件要求；

(4) 由于此封装具有向外伸出的引脚，一般采用插入式安装而不宜采用表面安装。

PGA 封装又分为陈列引脚型和表面贴装型两种。如用陶瓷基板，价格相对较高，因此多用于较为特殊的场合。

4. BGA

BGA(ball grid array package)即球栅阵列封装，其外形如图 3-8 所示。BGA 技术的出现，便成为 CPU、主板南北桥芯片等高密度、高性能、多引脚封装的最佳选择，但 BGA 封装占用基板的面积比较大。BGA 技术采用可控塌陷芯片法焊接。

BGA 技术具有以下特点：

(1) I/O 引脚数增多，而且引脚之间的距离远大于 QFP 方式，提高了成品率；

(2) 虽然 BGA 的功耗增加，但由于采用的是可控塌陷芯片法焊接，可以改善电热性能；

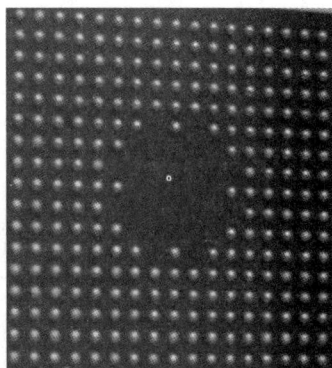

图 3-8 BGA 的外形

(3) 信号传输延迟小，适应频率大大提高；

(4) 组装时可用共面焊接，封装的可靠性大大提高。

BGA 的不足之处如下：

(1) BGA 仍与 QFP、PGA 一样，占用基板面积过大。

(2) 塑料 BGA 的翘曲问题是主要缺陷，即锡球的共面性问题。共面性的标准是为了减小翘曲，提高 BGA 的特性，可通过研究塑料、粘片胶和基板材料，使这些材料达到最佳化。

(3) 基板的成本高，使其价格很高。

5. SFF 封装

SFF(small form factor)封装称为小封装技术。小封装技术是英特尔在封装移动处理器过程中采用的一种特殊技术，可以在不影响处理器性能的前提下，将封装尺寸缩小为普通尺寸的40%左右,从而带动移动产品内其他组件尺寸一起缩小，最终让终端产品更加轻薄、小巧、时尚。SFF 支持更丰富的外观和材质的设计。

6. SOP

小外形封装(small out-line package，SOP)是一种贴片的双列封装形式，几乎每一种采用 DIP 技术封装的芯片，均有对应的 SOP。与采用 DIP 技术相比,采用 SOP 技术封装的芯片体积大大减小。SOP 外形如图 3-9 所示。

图 3-9 SOP 的外形

1968 年 SOP 由菲利浦公司开发成功后，逐渐派生出 J 形小外形封装(SOJ)、薄的小外形封装(TSOP)、甚小外形封装(VSOP)、缩小型小外形封装(SSOP)、薄的缩小型小外形封装

(TSSOP)、小外形晶体管(SOT)、小外形集成电路(SOIC)。

7. LCC 封装

无引出脚芯片(leadless chip carriers，LCC)封装是一种贴片式封装。采用 LCC 技术封装的芯片引脚在芯片的底部向内弯曲，紧贴于芯片体，从芯片顶部看下去，几乎看不到引脚。LCC 封装的外形如图 3-10 所示。

LCC 封装方式节省了制板空间，但焊接困难，不仅需要采用回流焊工艺，还需使用专用设备。

8. PLCC 封装

PLCC(plastic leaded chip carrier)封装即塑封 J 引线芯片封装，其外形如图 3-11 所示。

图 3-10　LCC 封装的外形　　　　图 3-11　PLCC 封装的外形

PLCC 封装方式，外形呈正方形，32 脚封装，四周都有引脚，外形尺寸比采用 DIP 技术封装小得多。PLCC 封装适合用 SMT 表面安装技术在 PCB 上安装布线，具有外形尺寸小、可靠性高的优点。

9. QUAD 封装

正方形贴片(quad packs，QUAD)封装技术，其外形如图 3-12 所示。与 LCC 封装类似，只是 QUAD 封装的引脚没有向内弯曲，而是向外伸展，焊接方便。它包括了 QFP 系列。

图 3-12　QUAD 封装的外形

第4章 电路设计软件 Altium Designer 22

电路设计软件 Altium Designer 是原 Protel 软件开发商 Altium 公司推出的一体化电子产品开发系统,通过对原理图设计、电路仿真、PCB 绘制编辑、拓扑逻辑自动布线、信号完整性分析和设计输出等技术进行完美融合,为设计者提供了全新的设计解决方案。

4.1 Altium Designer 22 入门

Altium Designer 22 相比其低版本来说,在图纸入口的交叉引用、全新的"Gloss And Retrace"(平滑与重布)面板和选项卡、"ODB+设置"对话框、设计规则中元件标识的自动更新、焊盘进出增强、IPC-4761 支持增强、支持沉孔、虚拟 BOM 条目和独立注释方面进行了升级。

4.1.1 Altium Designer 22 环境介绍

要正确安装 Altium Designer 22 软件,并在使用过程中保证软件具有一定的流畅度,对电脑的硬件也有一定的要求。Altium 公司对 Altium Designer 22 推荐的安装电脑系统配置要求如下:

(1) 节操作系统:Windows 7、Windows 8、Windows 10。

(2) 硬件配置:至少 2.8 GHz 微处理器、1 GB 内存,至少 2 GB 的硬盘空间,显示器屏幕分辨率至少为 1024 像素 × 768 像素,32 位真彩色,32 MB 显存;只支持 64 位操作系统。

Altium Designer 22 的安装步骤与之前版本的安装基本一致,具体操作步骤如下:

(1) 在 Altium 官网下载 Altium Designer 22 的安装包,打开安装包目录,用鼠标双击"AltiumDesigner 22 Setup"安装应用程序图标,安装程序启动,如图 4-1 所示。

(2) 按照图 4-2 安装向导指引进行安装。

(3) 继续用鼠标单击注册协议对话框中的"Next"按钮,显示如图 4-3 所示的安装功能选择对话框,选择需要安装的功能。一般选择安装"PCB Design""Importers\Exporters""Platform Extensions"3 项即可。

图 4-1　Altium Designer 22 程序启动界面

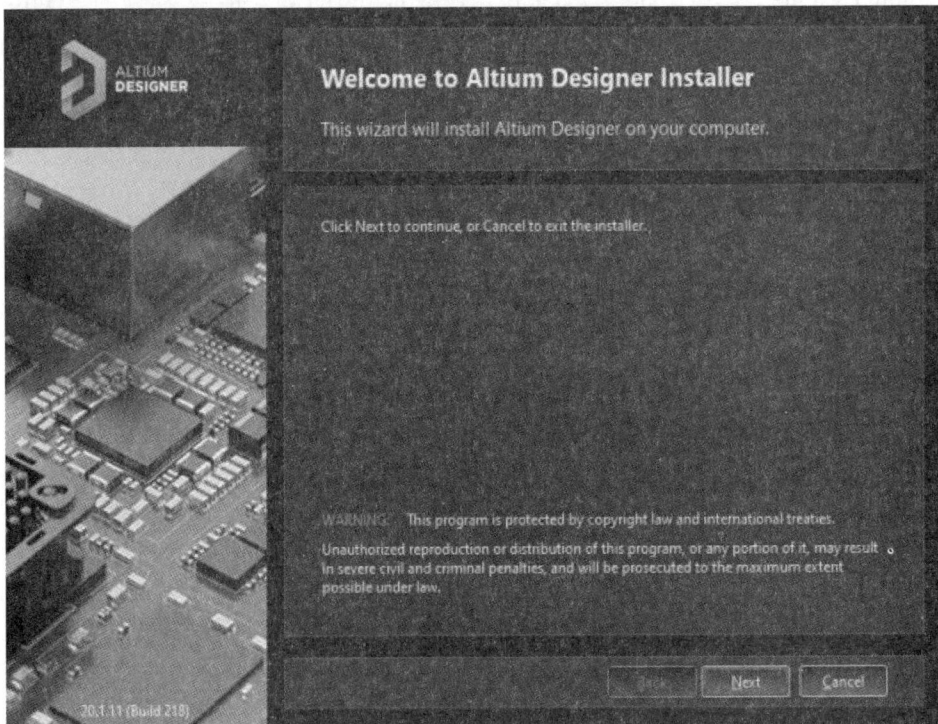

图 4-2　安装向导对话框

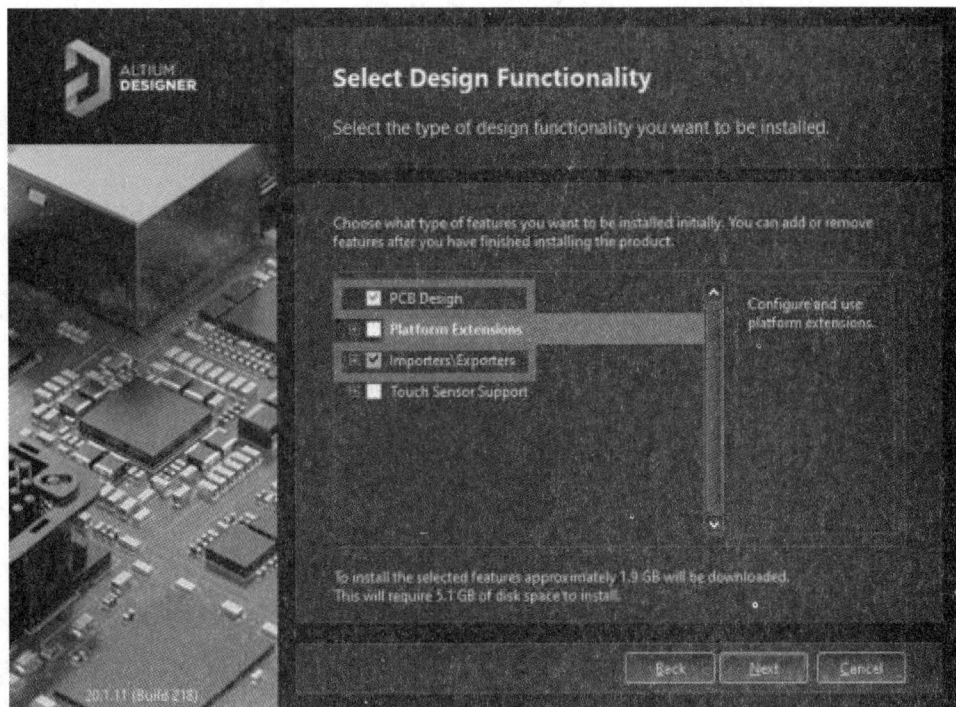

图 4-3　安装功能选择对话框

(4) 继续用鼠标单击安装功能选择对话框中的 "Next" 按钮，显示如图 4-4 所示的选择安装路径对话框，选择安装路径和共享文件路径。通常推荐使用默认设置的路径。

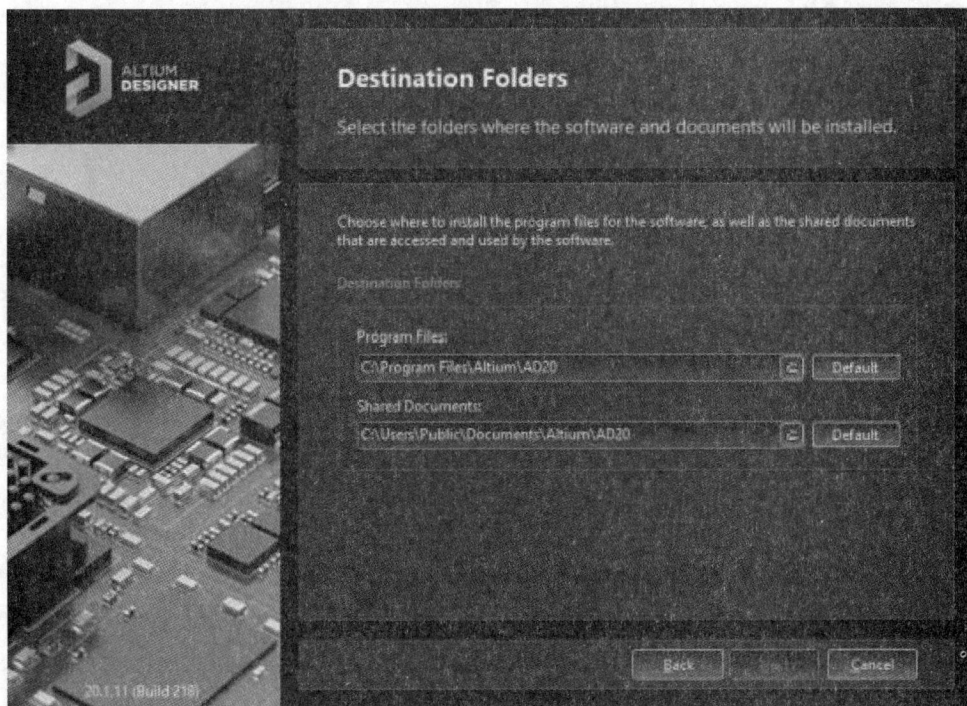

图 4-4　选择安装路径对话框

(5) 确认安装信息无误后，继续用鼠标单击选择安装路径对话框中的"Next"按钮，安装开始，等待 5～10 min，安装完成，如图 4-5 所示。

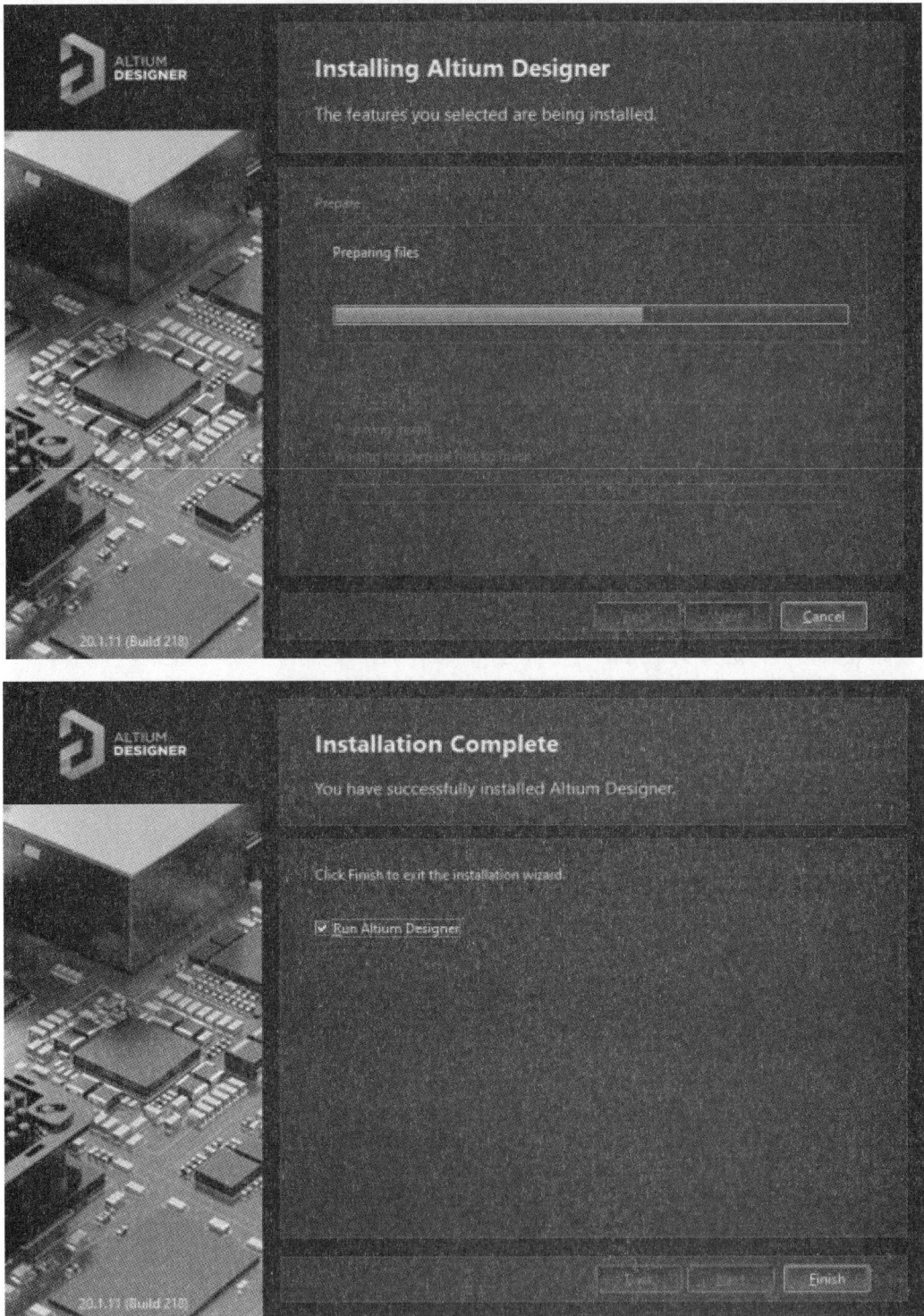

图 4-5　Altium Designer 22 程序安装界面

4.1.2　Altium Designer 22 的操作环境

相对于 Altium Designer 22 之前的版本，Altium Designer 22 版本给用户提供了一个更加人性化、更加集成化的操作界面环境，如图 4-6 所示。Altium Designer 22 的操作界面主要包含菜单栏、工具栏、面板控制区、用户工作区等，其中，工具栏、菜单栏的项目显示会跟随用户操作环境的变化而变化，极大地方便了设计者。当用户打开 Altium Designer 22 时，一般会默认显示两个或 3 个常用的面板，其他面板都处于隐藏状态，通过面板控制区"Panels"菜单进行面板调用，需要用到哪个面板，直接勾选即可。

图 4-6　Altium Designer 22 操作界面

4.1.3　Altium Designer 22 设计工程

工程是每个电子产品设计的基础。Altium Designer 22 可将设计元素链接起来，包括原理图、PCB 和预留在项目中的所有库或模型。Altium Designer 22 允许用户通过 Projects 面板访问与项目相关的所有文档，还可以在通用的 Workspace(工作空间)中链接相关项目，访问与公司目前正在开发的某种产品相关的所有文档。Altium Designer 22 强大的开发管理功能，使用户能够有效地对设计的各种文件进行管理。一个完整的 Altium Designer 工程至少包含 5 个文件，如图 4-7 所示。

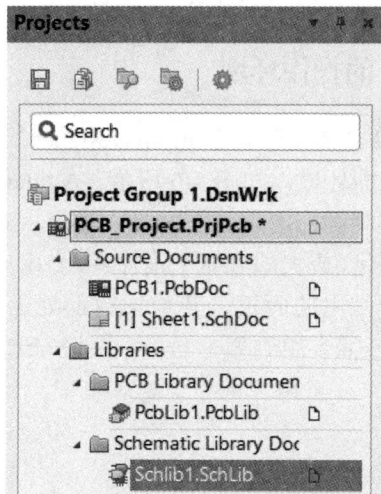

图 4-7　完整 Altium Designer 工程文件的组成

工程文件的后缀名为 .PrjPcb，原理图文件的后缀名为 .SchDoc，原理图库文件的后缀名为 .SchLib，PCB 文件的后缀名为 .PcbDoc，PCB 元件库文件的后缀名为 .PcbLib。

工程文件的创建方法：打开 Altium Designer 22，执行菜单栏中"文件"→"新的"→"项目"命令，在弹出的 Create Project 对话框中选择"Local Projects"选项卡，在 Project Type 列表框中选择<Empty>，并在右侧输入工程名及保存路径后，最后用鼠标单击"Create"按钮，即可创建一个新的 PCB 工程文件，如图 4-8 所示。

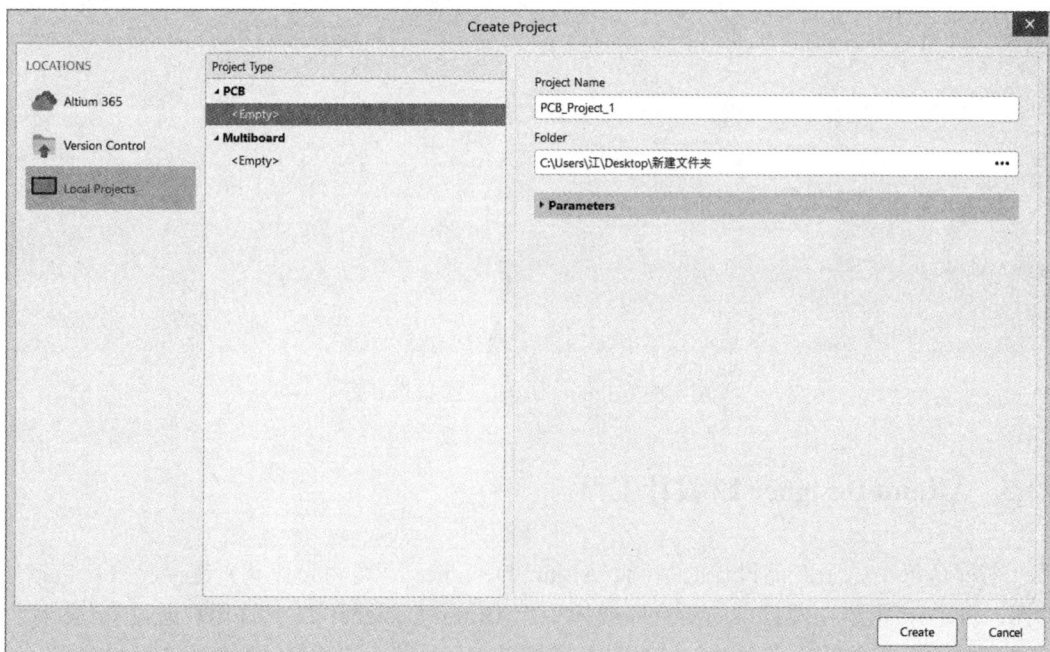

图 4-8　创建 PCB 工程文件

原理图文件、原理图库文件、PCB 文件、PCB 元件库文件的创建方法与工程创建方法类似。

4.2　利用 Altium Designer 22 绘制原理图

Altium Designer 22 的原理图设计可以分为 9 个步骤：

(1) 新建原理图。

(2) 图纸设置。设置图纸的大小、方向等参数，根据电路图的内容和标准化进行设置。

(3) 加载元件库。将原理图绘制时所用到的元件库添加到工程中。

(4) 放置元件。从加载的元件库中选择需要的元件，放置到原理图中。

(5) 元件位置调整。根据原理图设计需要，将元件调整到合适的位置和方向，以便连线。

(6) 连线。根据所要设计的电气关系，用带有电气属性的导线、总线、线束和网络标号等将各个元件连接起来。

(7) 位号标注。使用原理图标注工具时元件的位号进行统一标注。

(8) 编译查错。在绘制完原理图后，在绘制 PCB 之前，需要用软件自带的 ERC(Electrical Rule Check)功能对常规的一些电气规则进行检查，避免出现一些常规性的错误。

(9) 打印输出。设计完成后，根据需要，可选择对原理图进行打印或输出电子档格式文件。

4.2.1　原理图概述

在整个电子设计流程中，电路原理图设计是最基础的部分。在进行 PCB 设计的过程中，只有绘制出符合需要的、规范的原理图，最终才能变成可以用于生产的 PCB 文件。

4.2.2　原理图编辑器

打开原理图编辑器，执行菜单栏中"工具"→"原理图优先项"命令，或在原理图编辑窗口单击鼠标右键，在弹出的快捷菜单中执行"原理图优先项"命令，即可打开"优先项"对话框。在图 4-9 左侧的 Schematic 选项卡下有 8 个子选项卡，分别为 General(常规设计)、Graphical Editing(图形编辑)、Compiler(编译器)、AutoFocus(自动获得焦点)、Library AutoZoom(原理图库自动缩放模式)、Grids(栅格)、Break Wire(打破线)、Defaults(默认)。

1. General 参数设置

原理图的常规参数设置可通过 General(常规设计)子选项卡来实现，如图 4-9 所示，其中常用选项如下：

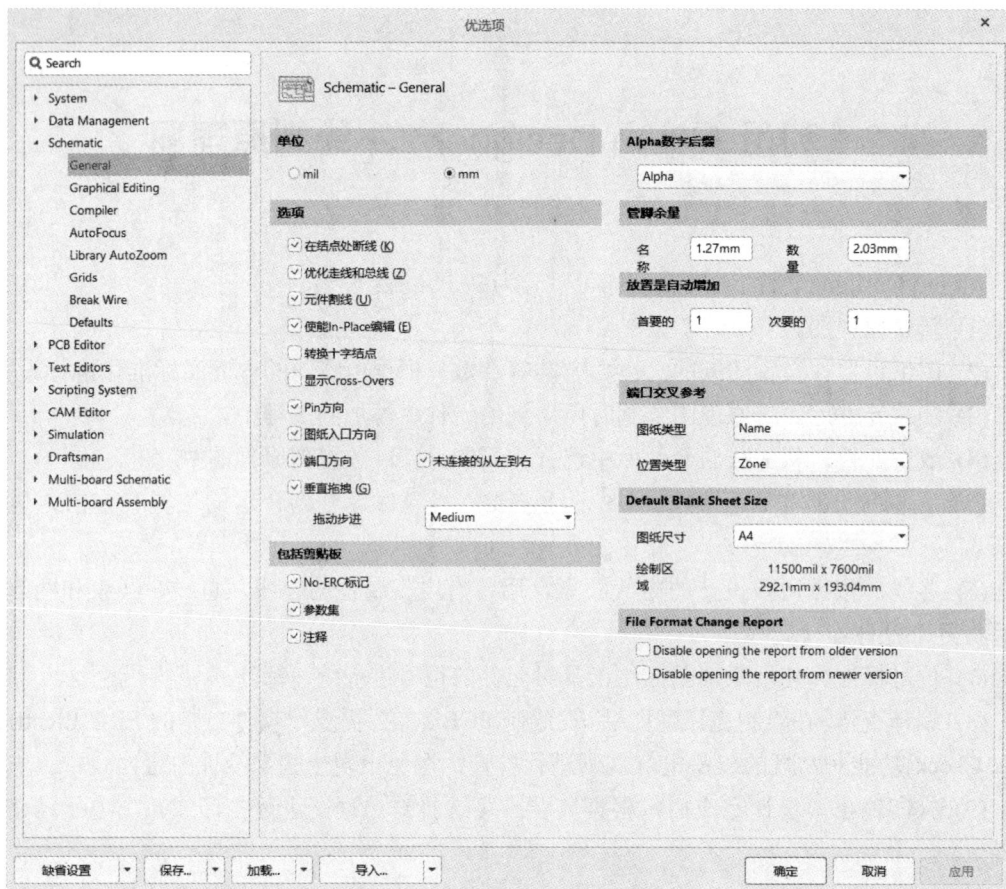

图 4-9　General(常规设计)子选项卡

(1) 优化走线和总线(Optimize Wires & Buses)。主要针对画线。勾选此复选框时，系统对重复绘制的导线会进行移除。

(2) 元件割线(Components Cut Wires)。勾选此复选框，当移动元件到导线上时，导线会自动断开，把元件嵌入导线中。

(3) 使能 In-Place 编辑(Enable In-Place Editing)。勾选此复选框，可以对绘制区域内的文字直接编辑，不需要进入属性编辑框再编辑。

(4) 转换十字节点(Convert Cross-Junctions)。勾选此复选框，两条网络连接的导线十字交叉连接时，交叉节点将自动分开成两个电气节点。

(5) 显示 Cross-Overs(Display Cross-Overs)。勾选此复选框，两条非网络连接的导线相交时，穿越导线区域将显示跨接圆弧。

(6) 垂直拖拽(Drag Orthogonal)。勾选此复选框，直角拖拽。

(7) 图纸尺寸(Sheet Size)。勾选此复选框，默认图纸尺寸。

2. Graphical Editing 参数设置

图形编辑环境的参数设置可以通过 Graphical Editing(图形编辑)子选项卡来实现，如图 4-10 所示。

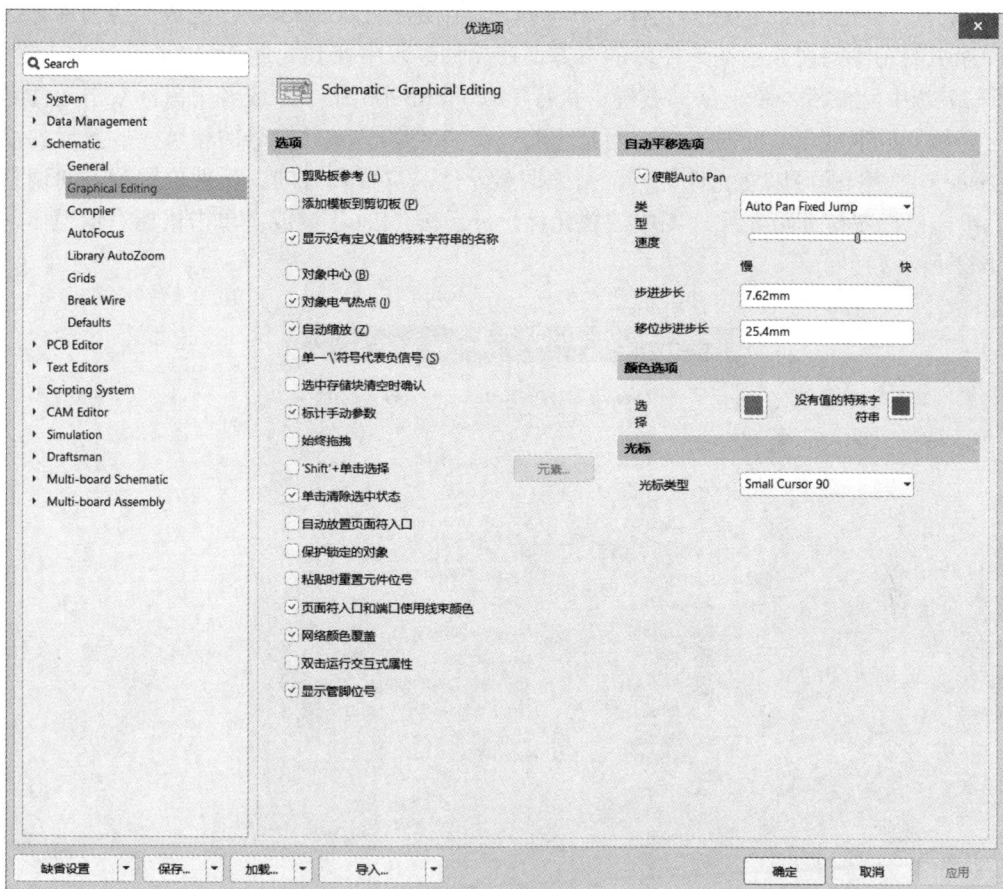

图 4-10　Graphical Editing 子选项卡

3. Compiler 参数设置

Compiler 子选项卡用于设置原理图编译的相关参数，其中常用选项如下：

(1) 错误和警告(Errors &Warnings)。颜色显示分为 3 个类别，即 Fatal Error(严重错误)、Error(错误)、Warning(警告)。

(2) 自动节点(Auto-Junctions)。设置布线时，系统自动生成节点的样式，可以分别设置大小和颜色。对于编辑错误的提示，一般设置为红色。

4. Grids 参数设置

Grids(栅格)子选项卡用于设置原理图栅格相关参数，其中常用选项如下：

(1) 栅格(Grids)。设置栅格显示类型，有 Dot Grid 型和 Line Grid 型之分，一般习惯设置为 Line Grid。

(2) 栅格颜色。对栅格显示的颜色进行设置，一般使用系统默认的灰色。

4.2.3　放置元器件

在原理图中放置元件时，需要在当前项目加载的元件库中找到对应的元件并放置。此外以放置 2N3906 为例，说明放置元件的具体步骤。

(1) 在 Components 面板的元件库下拉列表框中选择 Leonardo，使之成为当前库。这时元件库中的元件列表显示在元件库的下方，在元件列表中找到元件 2N3906。

(2) 选中元件后，单击鼠标右键，执行 Place 2N3906 命令，或者用鼠标双击元件名，这时光标变成十字形，同时光标上面悬浮着一个 2N3906 元件符号的轮廓。放置元件前按"Space"(空格)键可以使元件旋转，用来调整元件的位置和方向。元件位置和方向调整好后，单击鼠标左键即可在原理图中放置元件。最后按"Esc"键或者单击鼠标右键退出，如图 4-11 所示。

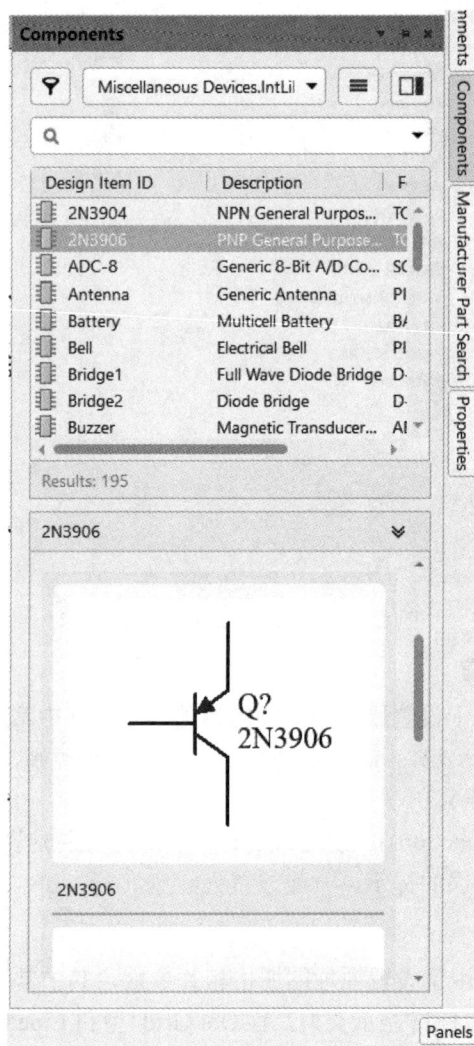

图 4-11 查找并放置元件

4.2.4 连接元器件

导线是表示电路原理图元件连接关系最基本的组件之一，原理图中的导线具有电气连接意义。下面介绍绘制导线的具体步骤和导线的属性设置。

1. 启动绘制导线命令

启动绘制导线命令主要有以下 4 种方法:

(1) 执行菜单栏中"放置"→"线"命令,进入导线绘制状态。

(2) 用鼠标单击布线工具栏中的"放置线"按钮,进入绘制导线状态。

(3) 在原理图图纸空白区域单击鼠标右键,在弹出的快捷菜单中执行"放置"→"线"命令,进入导线绘制状态。

(4) 按快捷键"P"+"W",进入导线绘制状态。

2. 绘制导线

进入绘制导线状态后,光标变成十字形,系统处于绘制导线状态。绘制导线的具体步骤如下:

(1) 将光标移到要绘制导线的起点(建议用户把电气栅格打开,按快捷键"Shift"+"E"可打开或关闭电气栅格),若导线的起点是元器件的引脚,当光标靠近元器件引脚时,光标会自动吸附到元器件的引脚上,同时出现一个红色的"×"(表示电气连接的意思),此时单击鼠标左键确定导线起点。

(2) 将光标移到导线折点或终点,在导线折点或终点处单击鼠标左键确定导线的位置。每折一次都要单击鼠标左键一次。导线转折时,可以通过按"Shift"+"Space"键切换导线转折的模式。图 4-12 所示为导线的 3 种转折模式。

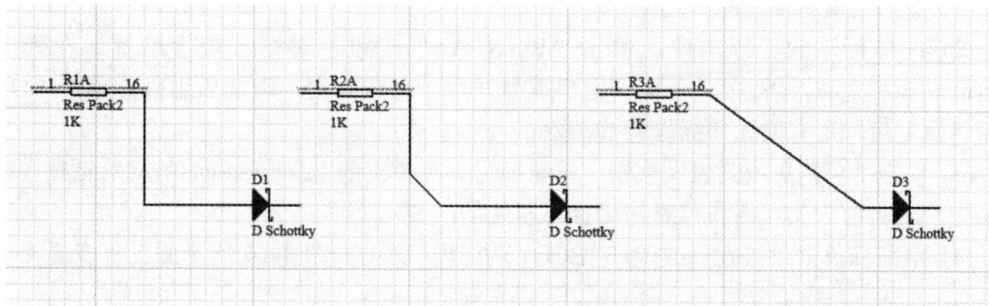

图 4-12　导线的 3 种转折模式

(3) 绘制完第一条导线后,系统仍处于绘制导线状态,此时将光标移动到新的导线起点,按照上面的方法继续绘制其他导线。

(4) 绘制完所有导线后,按"Esc"键或单击鼠标左键退出绘制导线状态。

4.2.5　PCB 工程编译和验证

绘制完原理图后,用户可以逐个手工修改元件的标号。这样做比较烦琐且容易出现错误,尤其是元器件比较多的原理图。这时用户可以使用原理图标注工具,执行 PCB 工程设计窗口菜单栏中"工具"→"标注"→"原理图标注"命令,弹出原理图标注对话框,如图 4-13 所示。

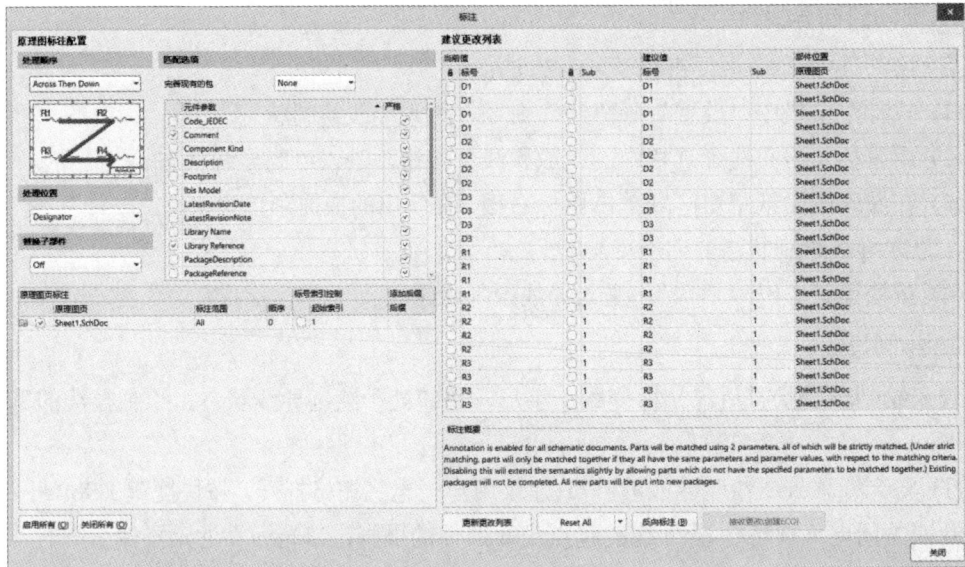

图 4-13　原理图标注对话框

原理图标注对话框分为两部分，左边是"原理图标注配置"选项卡，用于设置原理图标注的顺序以及选择需要标注的原理图页；右边是"建议更改列表"列表框，在"当前值"栏中列出了当前的元件标号，在"建议值"栏列出了新的编号。

原理图重新标注的方法如下：

(1) 选择要重新标注的原理图。

(2) 选择标注的处理顺序，单击"Reset All"按钮，对标号进行重置。在弹出的Information(信息)对话框中，会提示用户编号发生了哪些改变，确认后用鼠标单击"OK"按钮。重置后，所有的元件标号将被消除。

(3) 单击"更新更改列表"按钮，重新编号。在弹出的 Information(信息)对话框中，会提示用户相对前一次状态和相对初始状态发生的改变。

(4) 用鼠标单击"接收更改(创建 ECO)"按钮，弹出如图 4-14 所示的工程变更指令对话框。

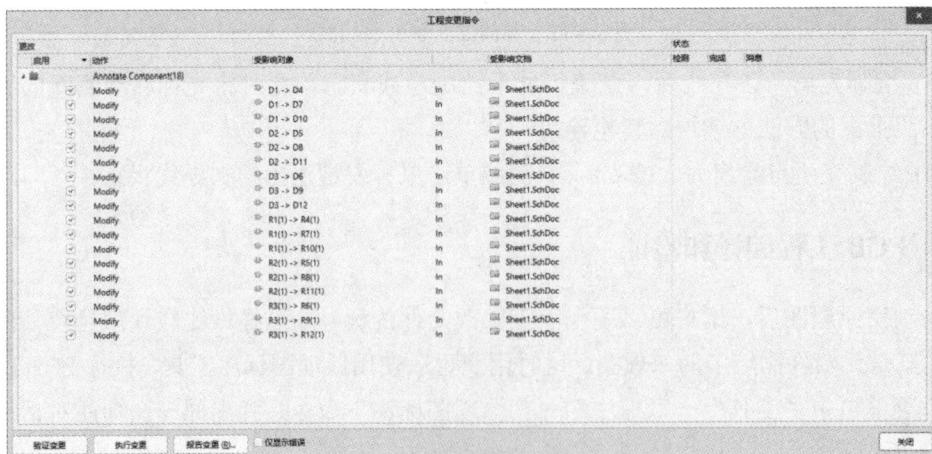

图 4-14　工程变更指令对话框

(5) 在该对话框中用鼠标单击"执行变更"按钮，即可完成原理图元件的标注。

4.3　利用 Altium Designer 22 绘制 PCB 图

4.3.1　PCB 简介

电路原理图设计的最终目的是生产满足需要的印制电路板(PCB)。利用 Altium Designer 22 软件可以非常轻松地从原理图设计转入到 PCB 设计流程。Altium Designer 22 为用户提供了一个完整的 PCB 设计环境，既可以进行人工设计，也可以全自动设计，设计结果可以用多种形式输出。

PCB 布线是整个 PCB 设计中最重要的、最耗时的一个环节，前面的工作都是为 PCB 布线做的准备工作。在整个 PCB 设计中，熟悉 PCB 设计流程很有必要。

本小节将结合实践项目的设计介绍 PCB 设计的常规流程。

4.3.2　PCB 常用系统参数设置

打开 Altium Designer 22，用鼠标单击菜单栏右侧的"设置系统参数"按钮，打开优选项(Preferences)对话框，选择 PCB Editor 选项卡下的 General 子选项卡，按照图 4-15 所示进行参数设置，选项卡功能如下：

(1) 在线 DRC。在手工布线和调整工程中实时进行 DRC 检查，并在第一时间对违反设计规则的错误给出报警提示，实时检测用户设计的规范性。

(2) 对象捕捉选项。用光标选择某个元件时，光标会自动跳到该元件的中心点。

(3) 移除复制品。当系统准备输出数据时，检查和删除重复对象。当输出到打印设备时，可勾选此复选框。

(4) 确认全局编译。允许在提交全局编辑之前出现确认对话框，包括提示将被编辑对象的数量。如果取消勾选该复选框，只要单击全局编辑对话框中的"确定"按钮，就可以进行全局编译更改。

(5) 单击清除选项。在 PCB 编辑区任意空白位置单击鼠标左键，可自动清除对象选中状态。

(6) 智能 TrackEnds。使能"智能 TrackEnds"将重新计算网络拓扑距离，即当前布线光标到终点的距离而不是网络最短距离。

(7) 旋转步进。用于设置旋转角度。在放置组件时，按一次空格键组件会旋转一个角度，这个角度可以任意设置，系统默认值是 90°。

(8) 光标类型。光标有 3 种样式，即 Small 45、Small 90、Large 90。推荐使用 Large 90 的光标，便于布局布线时对齐操作。

(9) 铺铜重建。可以勾选"铺铜修改后自动重铺"和"在编辑过后重新铺铜"两个复选框，以便直接对铜皮进行修改，或者在铜皮被移动时，软件可以根据设置自动调整以避开障碍。

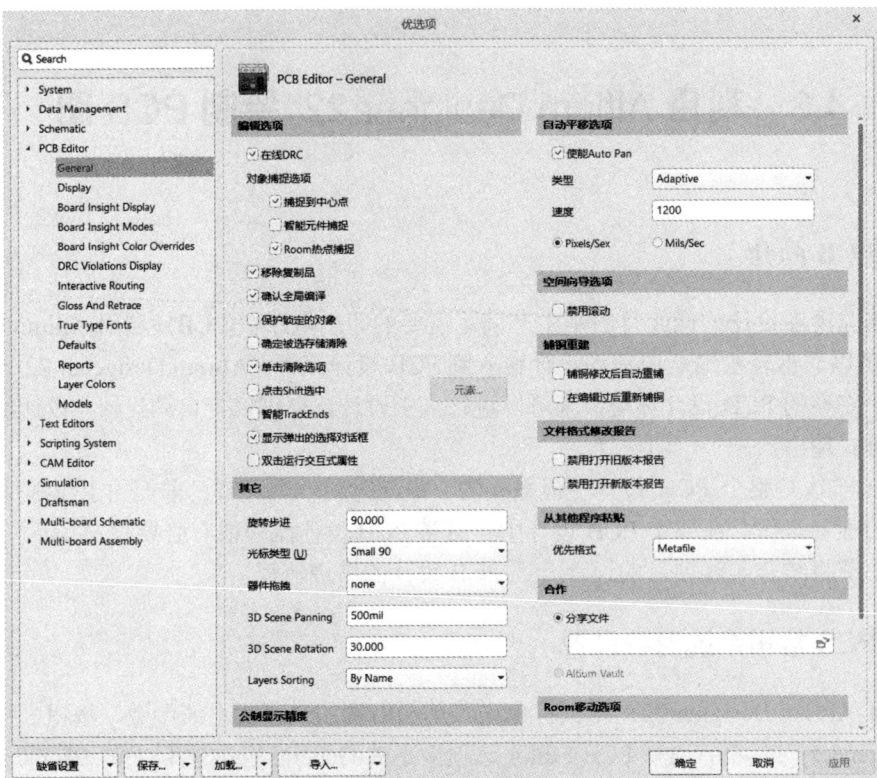

图 4-15　PCB 常用系统参数设置界面

4.3.3　PCB 层

制作多层板时，经常只需要看某一层，把其他层隐藏，这就需要用到层的显示与隐藏功能。按快捷键"L"，打开 View Configuration 面板，用鼠标单击层名称前面的图标 ◉，即可设置层的显示与隐藏。

为了便于层内信息的识别，可以对不同的层设置不同的颜色。

下面介绍几种常用的 PCB 设计规则。

(1) 安全间距(Clearance)规则。设定两个电气对象之间的最小安全距离，若在 PCB 设计区内旋转的两个电气对象的间距小于此设计规则规定的间距，则该位置将报错，表示违反了设计规则。在左边设计规则列表中选择 Electrical→Clearance 后，在右边的编辑区中即可进行安全间距规则设置。

(2) 线宽(Width)设计规则。设定布线时的线宽，便于在自动布线或手工布线时进行线宽的选取和约束。设计人员可以在软件默认的线宽设计规则中修改约束值，也可以新建多个线宽设计规则，以针对不同的网线或板层规定其线宽。在左边设计规则列表中选择 Routing→Width 后，在右边的编辑区中即可进行线宽规则设置。在"约束"选项组中，导线的宽度有 3 个值可以设置，分别为最大宽度(max width)、优选宽度(preferred width)、最小宽度(min width)。线宽的默认值为 10 mil，可用鼠标单击相应的选项，直接输入数值进行更改。

(3) 布线过孔样式(Routing Via Style)设计规则。设定布线时过孔的尺寸、样式。在左边设计规则列表中选择 Routing→Routing Via Style 后，在右边编辑区的"约束"选项组中要分别对过孔的内径、外径进行设置，其中，"过孔径大小"(Via Hole Size)栏用于设置过孔内环的直径范围，"过孔直径"(Via Diameter)栏用于设置过孔外环的直径范围。

(4) 差分对布线(Differential Pairs Routing)设计规则。针对高速板的差分对的设计规范。差分对走线具有阻抗相等、长度相等且相互耦合的特点，可以大大提高传输信号的质量，所以在高速信号传输中一般建议采用差分对走线的方式进行走线。在左边设计规则列表中选择 Routing → Differential Pairs Routing 后，在右边编辑区中即可对差分对走线的规则进行设置，如图 4-16 所示。

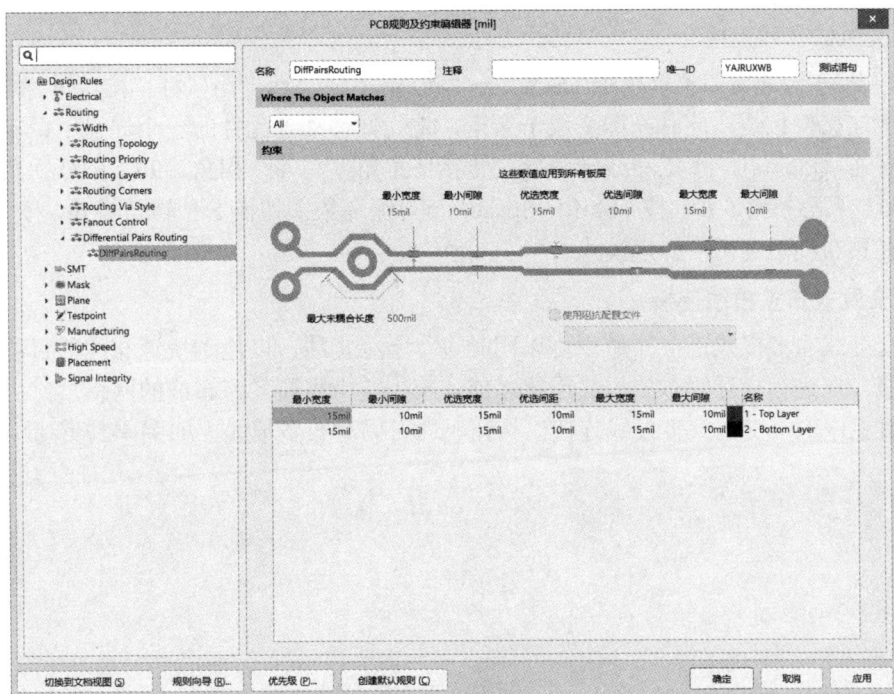

图 4-16　差分对布线规则设置界面

4.3.4　PCB 布局

1. 交互式布局

为了布局时方便快速找到元件所在的位置，需要将原理图与 PCB 对应起来，使两者之间相互映射，简称交互。利用交互式布局可以快速解决元器件的布局问题，大大提高工作效率。

交互式布局的使用方法如下：

(1) 打开交叉选择模式。具体方法是在原理图编辑界面和 PCB 编辑界面执行菜单栏中"工具"→"交叉选择模式"命令，或者按快捷键"Shift + Ctrl + X"。

(2) 选择元件。选择元件有两种方法：一是在原理图上选择元件，而 PCB 上相对应的元件会同步被选中；二是在 PCB 中选择元件，而原理图上相对应的元件也会被选中。

2. 模块化布局

在介绍模块化布局之前，先介绍一个在区域内排列元件的功能。用鼠标单击工具栏中的"排列工具"按钮，在弹出的下拉列表中单击"在区域内排列器件"按钮，可以在预布局之前对一堆杂乱无章的元件进行划分并排列整齐。所谓模块化布局，就是结合交互式布局将同一模块的电路布局在一起，然后根据电源流向和信号流向对整个电路进行模块划分。模块化布局时应按照信号流向关系，保证整个布局的合理性，而这首先要求模拟部分和数字部分分开，尽可能做到关键高速信号走线最短，其次再考虑电路板的整齐、美观。

4.3.5　PCB 布线

1. 交互式布线连接

执行 PCB 设计窗口菜单栏中"放置"→"走线"命令，或者用鼠标单击工具栏中的"交互式布线连接"按钮，此时光标变成十字形，将光标移动到元件的一个焊盘上，单击鼠标左键选择布线的起点。手工布线转角模式包括任意角度、90°拐角、90°弧形拐角、45°拐角、45°弧形拐角 5 种，按"Shift + Space"键可循环依次切换 5 种转角模式，按"Space"键可以在预布线两端切换转角模式。

2. 交互式布多根线连接

"交互式布多根线连接"命令可以同时进行一组走线，以达到快速布线的目的。需要注意的是，在进行交互式布多根线连接之前，应先选中需要多路布线的网络，然后用鼠标单击工具栏中的"交互式多根线连接"按钮，即可同时布多根线，如图 4-17 所示。

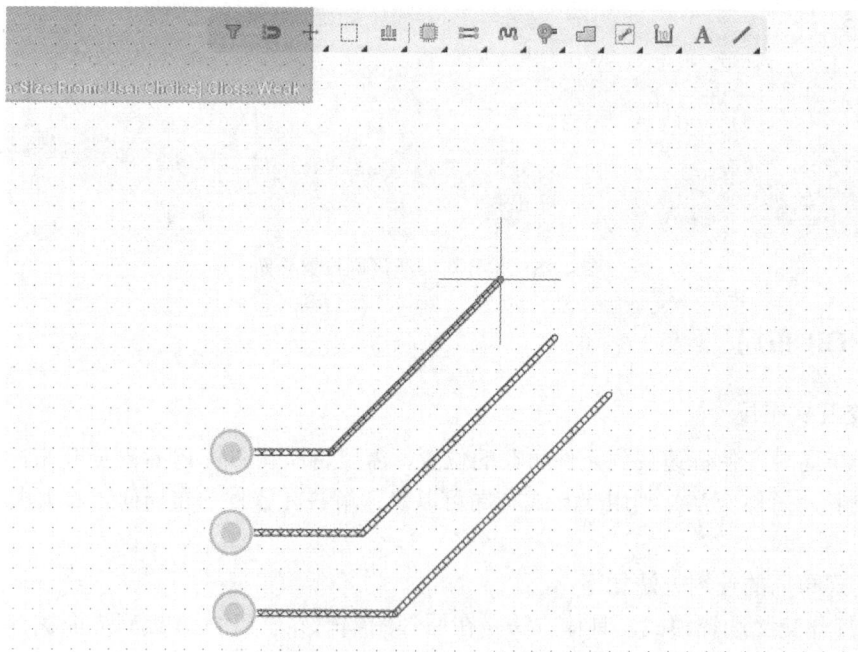

图 4-17　交互式布多根线连接

4.4　管理元器件和元件库

4.4.1　模型、元器件与元件库

本小节以绘制 NPN 三极管和 ATMEGA32U4 芯片为例，详细介绍元器件符号的绘制过程。绘制库元器件的原理图符号步骤如下：

(1) 创建图库文件。如图 4-18 所示，执行菜单栏中"文件"→"新的"→"库"→"原理图库"命令，启动原理图库文件编辑器，并创建一个新的原理图库文件，命名为 Le.SchLib。

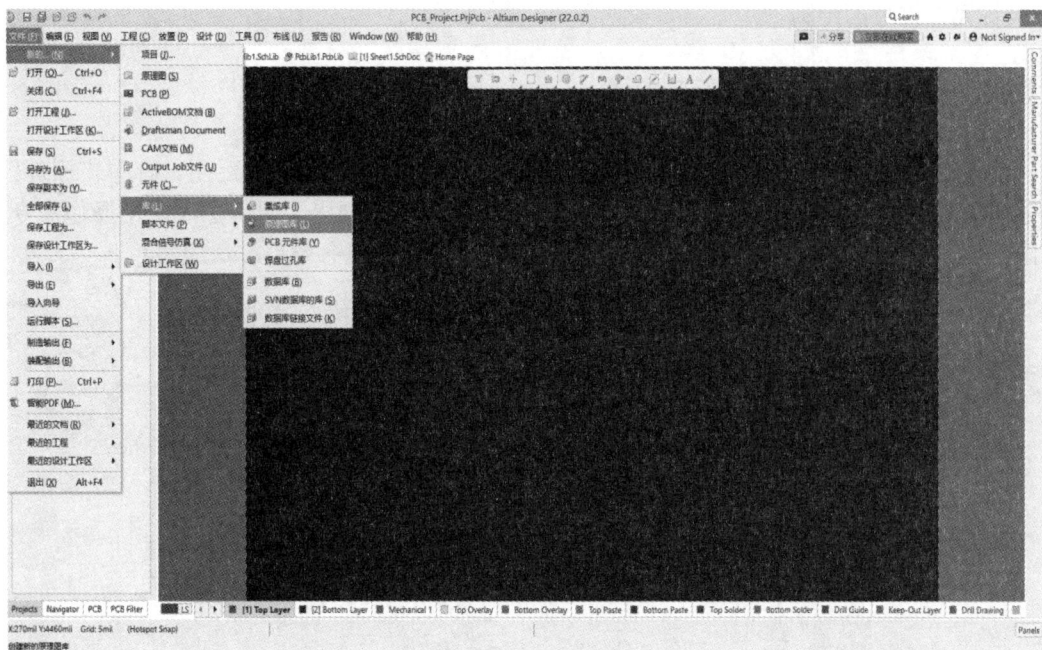

图 4-18　新建图库文件界面

(2) 为新建的原理图符号命名。在创建一个新的原理图库文件的同时，系统已自动为该库添加了一个默认原理图符号名为 Component_1 的库文件[打开 SCH Library(SCH 元件库)面板可以看到]，用鼠标单击选择名为 Component_1 的原理图符号，再单击下面的"编辑"按钮，就将该原理图符号重新命名为"NPN 三极管"。

(3) 绘制三极管符号。单击原理图符号绘制工具栏中的"放置线条"按钮，此时光标变成十字形，绘制一个 NPN 三极管符号，如图 4-19 所示。

放置引脚的步骤如下：

(1) 单击原理图符号绘制工具栏中的"放置管脚" 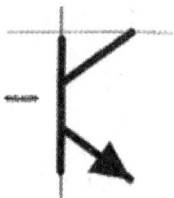 按钮，此时光标变成十字形，并带有一个引脚图标。

(2) 将该引脚移动到三极管符号处，用鼠标单击完成放置，如图 4-20 所示。

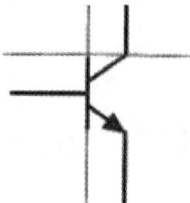

图 4-19　绘制的三极管符号　　　　　图 4-20　放置元器件的引脚

放置引脚时，一定要保证具有电气特性的一端即带有"×"号的一端朝外，可以通过放置引脚时按空格键实现旋转。

(3) 在放置引脚时按下"Tab"键，或者双击已经放置的引脚，系统弹出元件引脚属性编辑面板，可以完成引脚的各项属性设置。最后用鼠标单击"保存"按钮，即可完成 NPN三极管元件符号的绘制。

4.4.2　原理图元器件常用操作命令

打开或新建一个原理图库文件，即可进入原理图文件编辑器，然后用鼠标单击原理图库文件工具栏中的"绘图工具"按钮，在弹出的下拉列表中列出了原理图库常用操作命令，如图 4-21 所示。其中各个命令与"放置"下拉菜单中的各项命令具有对应关系。

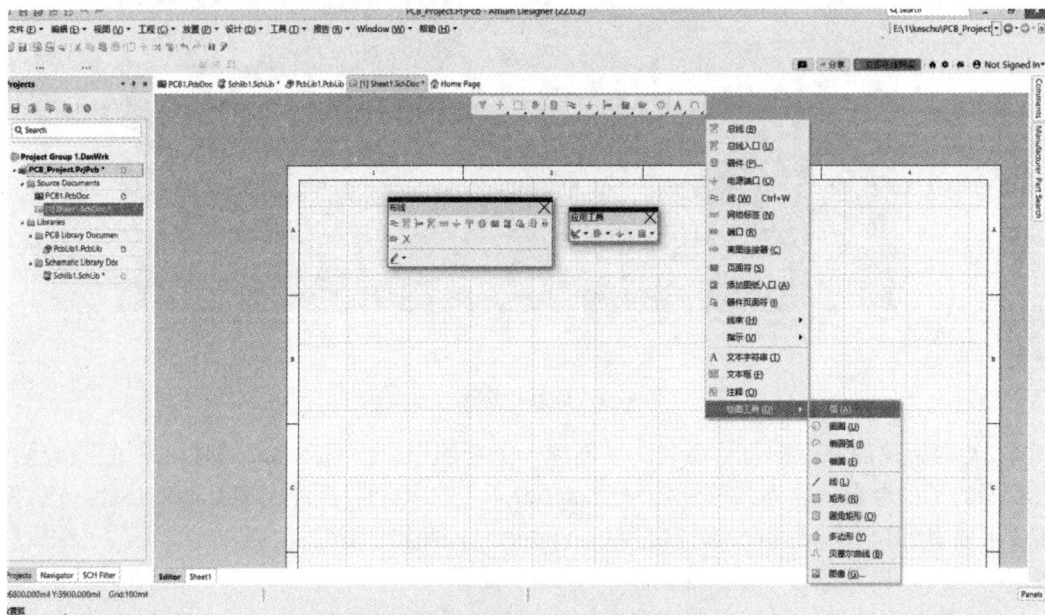

图 4-21　原理图库常用操作命令

1. 放置线条

在绘制原理图时，可以使用放置线条的命令绘制元器件的外形。该线条在功能上完全不同于原理图中的导线，它不具有电气连接特性，不会影响电路的电气结构。

用鼠标双击需要设计属性的线条，或者是在绘制状态下按"Tab"键，系统将弹出线条属性编辑面板，其中常用选项卡如下：

(1) Line：设置线条的线宽。

(2) Line Style：设置线条的线型，有 Solid(实线)、Dashed(虚线)、Dotted(点线)和 Dash Dotted(点画线)4 种线型可供选择。

2. 放置椭圆弧

椭圆弧和圆弧的绘制过程是一样的，圆弧实际上是椭圆弧的一种特殊形式。选中"放置椭圆弧"命令，此时光标变成十字形，鼠标单击第 1 次是确定椭圆弧的中心，第 2 次是确定椭圆弧 X 轴的长度，第 3 次是完成椭圆弧的绘制。鼠标右击或者按"Esc"键即可退出。

3. 放置文本字符

为了增强原理图库的可读性，在某些关键的位置可添加一些文字说明，即放置文本字符串，便于用户之间的交流。

4. 放置文本框

放置文本字符串针对的是简单单行文本，如果需要大段的文字说明，就需要使用文本框。

5. 添加部件

执行原理图库文件窗口菜单栏中"工具"→"新部件"命令，或用鼠标单击原理图库文件工具栏中"新部件"按钮 为元器件添加部件，如图 4-22 所示。

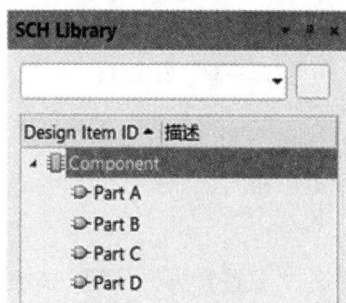

图 4-22　添加部件

6. 放置圆角矩形

(1) 执行原理图库文件窗口菜单栏中"放置"→"圆角矩形"命令，或者用鼠标单击原理图库文件工具栏中的"放置圆角矩形"按钮，这时光标变成十字形，并带有一个圆角矩形图标。

(2) 将光标移动到要放置圆角矩形的位置，用鼠标单击确定圆角矩形的一个顶点，移动光标到合适的位置再单击确定其对角顶点，完成圆角矩形的绘制。

(3) 此时软件仍处于绘制圆角矩形的状态,重复步骤(2)的操作即可绘制其他的圆角矩形。最后右击鼠标或按"Esc"键退出操作。

(4) 设置圆角矩形属性。双击需要设置属性的圆角矩形,按"Tab"键,即可弹出圆角矩形属性编辑面板。

其中常用选项卡如下:

① Location:设置圆角矩形的起始与终止顶点的位置。

② Width:设置圆角矩形的宽度。

③ Height:设置圆角矩形的高度。

④ Corner X Radius:设置 1/4 圆角 X 方向的半径长度。

⑤ Corner Y Radius:设置 1/4 圆角 Y 方向的半径长度。

⑥ Border:设置圆角矩形边框的线宽。

⑦ Fill Color:设置圆角矩形的填充颜色。

7. 放置多边形

放置多边形的步骤与放置圆角矩形相同。

8. 创建器件

(1) 单击原理图库文件工具栏中的"创建器件"按钮,弹出新建组件对话框。

(2) 输入器件名称,单击"确定"按钮,即可创建一个新的器件,如图 4-23 所示。

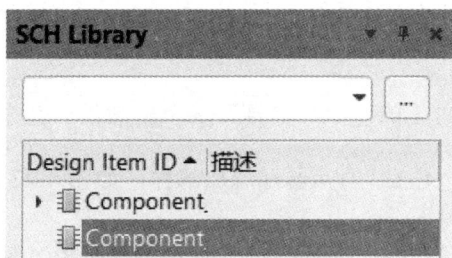

图 4-23　创建器件

9. 放置矩形

放置矩形的步骤与放置圆角矩形相同。

10. 放置引脚

单击原理图库文件工具栏中的"放置管脚"按钮,此时光标变成十字形,并带有一个引脚图标。将该引脚图标移到矩形边框处用鼠标单击,完成放置。放置引脚时,一定要保证具有电气特性的一端,即带有"×"号的一端朝外。在绘制状态下按"Tab"键,系统将弹出相应的引脚属性编辑面板。

其中常用选项卡如下:

(1) Designator:设计元件引脚的标号。

(2) Name:设计库元件的名称。

(3) Electrical Type:设计库元件引脚的电气属性。

(4) Pin Length:设置引脚长度。

4.4.3　PCB 元器件与 PCB 封装库

选择 PCB 元器件与完成 PCB 封装的步骤如下：

(1) 执行 PCB 设计窗口菜单栏中的"文件"→"新的"→"库"→"PCB 元件库"命令，此时在 PCB 元件库编辑界面中会出现一个新的名为 PcbLib1.PcbLib 的库文件和一个名为 PCBCOMPON ENT_1 的空白图纸，如图 4-24 所示。

图 4-24　新建 PCB 库文件

(2) 用鼠标单击或按快捷键"Ctrl+S"，将库文件保存并更名为 Le.PcbLib。

(3) 用鼠标双击 PCBCOMPONENT_1，可以更改元件的名称。

(4) 下载相应的数据手册，以 LMV358 芯片为例，其规格如图 4-25 所示。

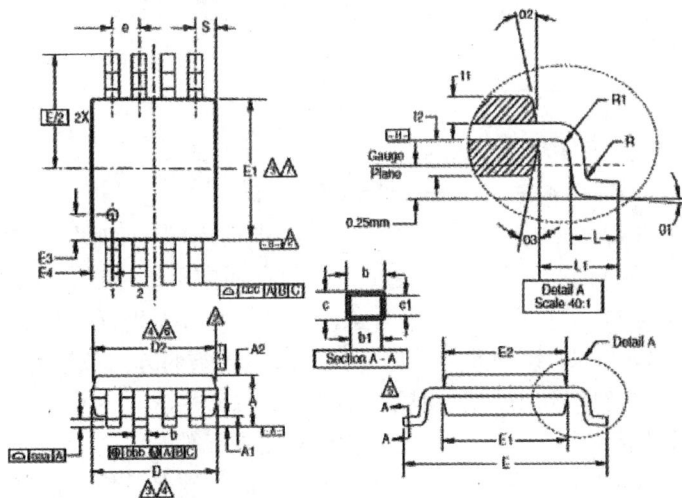

图 4-25　LMV358 封装尺寸

(5) 执行 PCB 设计窗口菜单栏中"放置"→"焊盘"命令,在放置焊盘状态下按"Tab"键设置焊盘属性。该元件是表面贴片元件,焊盘的属性设置如图 4-26 所示。

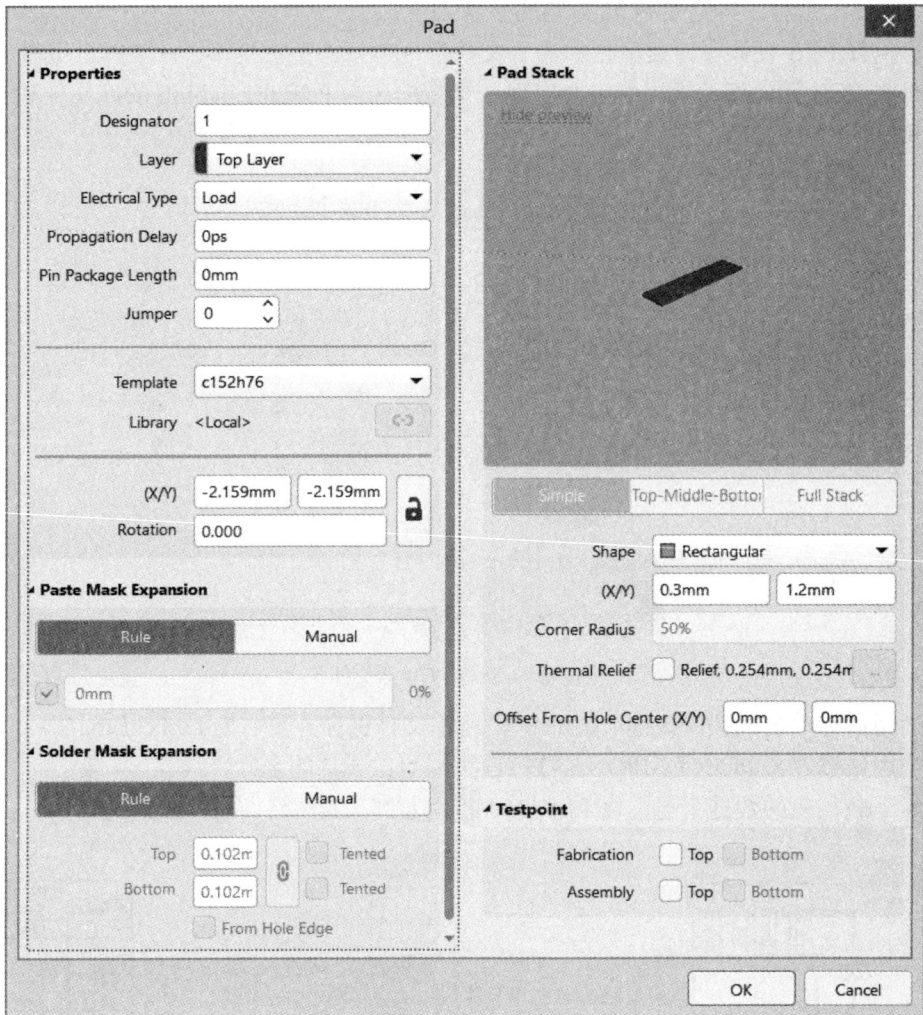

图 4-26　焊盘属性设置界面

(6) 从图 4-26 可知,纵向焊盘的中心到中心间距为 0.65 mm,横向间距为 4.225 mm,按照规格书所示的引脚序号和间距一一摆放焊盘。放置焊盘通常可以通过以下两种方法实现焊盘的精准定位:通过获得 X/Y 偏移量选中对象,通过输入 X/Y 坐标移动对象。

(7) 在顶层丝印层(TopOverlayer)绘制元件丝印。按照放置线条的方法放置元件,按照器件规格书的尺寸绘制元件的丝印框,线宽一般采用 0.2 mm。

(8) 放置元件原点,按快捷键"E + F + C"将器件原点定在元件中心。

(9) 用鼠标双击 PCB Library 列表中相应的元件,可以修改封装名及描述信息等。

(10) 检查以上参数元素准确无误后,按"OK"按钮,即完成了封装的创建。

第5章 焊　接

在电子产品的装配过程中，焊接是一种主要的连接方法，是一项重要的基础工艺技术，也是一项基本的操作技能。因此了解焊接的机理，熟悉焊接的工具、材料和基本原则，掌握最基本的操作工艺是必不可少的。本章主要介绍焊接的基本知识，铅锡焊接的方法、操作步骤以及手工焊接技巧与要求等。

5.1 焊接基础

5.1.1 焊接的分类

常见焊接方法的分类如图 5-1 所示。

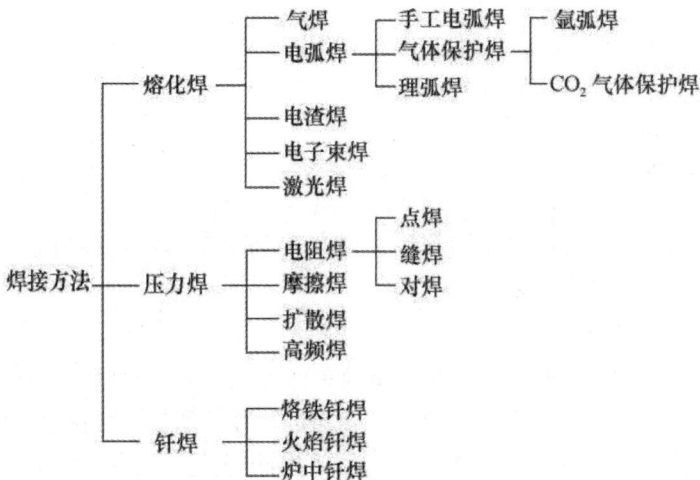

图 5-1　焊接方法分类

1. 熔化焊

熔化焊，是指在焊接过程中，将焊接接头在高温等的作用下至熔化状态而使焊件焊接在一起的技术。由于被焊工件是紧密贴在一起的，在温度场、重力等的作用下，不加压力，两个工件熔化的熔液会发生混合现象，待温度降低后，熔化部分凝结，两个工件就被牢固地焊在一起。熔化焊包括气焊、电弧焊、超声波焊等。

2. 压力焊

压力焊，是通过适当的物理-化学过程，使两个分离表面的金属原子接近到原子能够发生相互作用的距离(0.3～0.5 nm)形成金属键，从而使两金属连为一体，达到焊接目的。压力焊是通过对焊区施加一定的压力而实现的，压力大小与材料种类、焊接温度、焊接环境和介质等有关，压力的性质可以是静压力、冲击力或爆炸力。在多数压力焊过程中，焊接区的金属处于固态，依赖压力(不加热或伴以加热)作用下的塑性变形、再结晶和扩散等过程而形成接头。压力焊是一种不用钎料与焊剂就可使焊件可靠连接的焊接技术，包括点焊、碰焊等。

3. 钎焊

用加热熔化成液态的金属把固体金属连接在一起的方法称为钎焊。在钎焊中，起连接作用的金属材料称为钎料，钎料的熔点必须低于被焊接金属的熔点。钎焊按钎料熔点的不同，分为硬钎焊和软钎焊。钎料的熔点高于 450℃的称为硬钎焊，钎料的熔点低于 450℃的称为软钎焊。电子元器件的焊接通常采用锡钎焊，简略地说，锡钎焊就是将铅锡钎料熔入焊件的缝隙使其连接的一种焊接方法。锡钎焊属于软钎焊，它的钎料是铅锡合金，熔点比较低，如共晶焊钎锡的熔点为 183℃，在电子元器件的焊接工艺中得到了广泛应用。

锡钎焊的特征如下：

(1) 铅锡钎料熔点低于 200℃，适合半导体等电子材料的连接，钎料熔点低于焊件。

(2) 焊接时将焊件与钎料一起加热到焊接温度，钎料熔化而焊件不熔化。

(3) 锡钎焊的连接是由熔化的钎料润湿焊件的焊接面产生冶金、化学反应形成结合层面实现的。

(4) 焊点有足够强度和电气性能。

(5) 锡钎焊过程可逆，易于拆焊。

锡钎焊使用方便，在电子产品的装配中广泛应用。

5.1.2 锡钎焊机理

对于锡钎焊的焊接机理，有不同的解释和说法，从理解锡钎焊过程、指导正确焊接操作来说，以下几点是最基本的。

1. 扩散

物理学中有一个实验：将一个铅块和金块表面加工平整后紧紧压在一起，经过一段时间后两者"粘"到一起了，如果用力把它们分开，就会发现银灰色铅的表面有金光闪烁，而金块的结合面上也有银灰色铅的痕迹。这说明两块金属接近到一定距离时能相互"入侵"，这在金属学上称为扩散现象。

从原子物理学很容易理解金属之间的扩散。通常，金属原子以结晶状态排列，原子间作用力的平衡维持着晶格的形状和稳定，当两块金属接近到足够小的距离时，界面上晶格的紊乱导致部分原子从一个晶格点阵移动到另一个晶格点阵，从而产生金属之间的扩散。这种发生在金属界面上扩散的结果，就是使两块金属结合成一体，实现了金属之间的"焊接"。

2. 润湿

润湿是发生在固体表面和液体之间的一种物理现象。如果液体能在固体表面漫流开，就说这种液体能润湿该固体表面。例如，水能在干净的玻璃表面漫流而水银就不能在玻璃表面漫流，说明水能润湿玻璃而水银不能润湿玻璃。这种润湿作用是物质所固有的一种性质。

3. 结合

在钎料润湿焊件的过程中，因符合金属扩散的条件，所以钎料和焊件的界面有扩散现象发生。这种扩散的结果，使得钎料和焊件界面上形成了一种新的金属合金层，称之为结合层。结合层的成分既不同于钎料又不同于焊件，而是一种既有化学作用(生成金属化合物)又有冶金作用(形成合金固溶体)的特殊层。由于结合层的作用将钎料和焊件结合成一个整体，实现金属连续性。焊接过程同粘接物品机理的不同之处即在于此，黏合剂粘接物品是靠固体表面凸凹不平的机械啮合作用，而锡钎焊则靠结合层的作用实现连接。

5.1.3 焊接工具与焊接材料

1. 电烙铁

电烙铁是手工施焊的主要工具，按烙铁的功率分为 20 W、30 W、50 W、300 W 等，按功能分为单用式、两用式、调温式等。由于用途、结构的不同，有各式各样的烙铁，按加热方式还可分为直热式、感应式、气体燃烧式等。常用的电烙铁一般为直热式，直热式又分为外热式、内热式、恒温式三大类。加热体亦称烙铁芯，是由镍铬电阻丝绕制而成的。加热体位于烙铁头外面的称为外热式，位于烙铁头内部的称为内热式。恒温式电烙铁通过内部的温度传感器及开关进行温度控制，实现恒温焊接。它们的工作原理相似，在接通电源后，加热体升温，烙铁头受热温度升高，达到工作温度后，就可熔化焊锡进行焊接。内热式电烙铁比外热式热得快，从开始加热到达到焊接温度一般只需 3 min 左右，热效率高，为85%～95% 或以上，而且具有体积小、重量轻、耗电量少、使用方便、灵巧等优点，适用于小型电子元器件和印制电路板的手工焊接。电子产品的手工焊接多采用内热式电烙铁。直热式电烙铁的结构如图 5-2 所示。

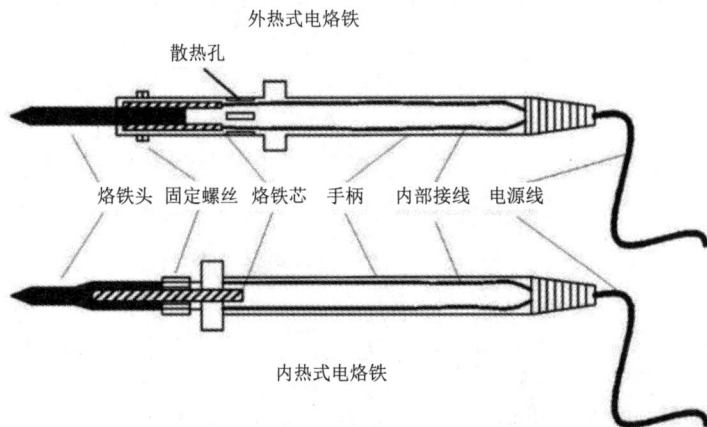

图 5-2 直热式电烙铁的结构

2. 其他的装配工具

1) 尖嘴钳

如图 5-3 所示，尖嘴钳头部较细，适用于夹持小型金属零件或弯曲元器件的引线，以及电子产品装配时其他钳子或者工具较难涉及的部位。尖嘴钳在使用过程中不宜过力夹持物体。

图 5-3　尖嘴钳

2) 平嘴钳

如图 5-4 所示，平嘴钳钳口平直，可用于夹弯元器件引脚与导线。因为平嘴钳错口无纹路，所以对导线拉直、整形比尖嘴钳适用。但因钳口较薄，不易夹持螺母或需施力较大的部位。

图 5-4　平嘴钳

3) 斜嘴钳

如图 5-5 所示，斜嘴钳用于剪掉焊后的线头或元器件的引脚，也可与平嘴钳一起使用，剥离导线的绝缘皮。

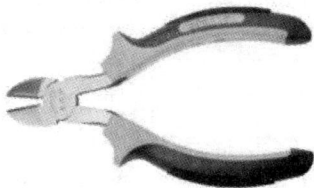

图 5-5　斜嘴钳

4) 平头钳

如图 5-6 所示，平头钳头部较宽平，适用于螺母、紧固件的装配操作，但不能代替锤子敲打零件。

图 5-6 平头钳

5) 剥线钳

常见的剥线钳如图 5-7 所示。剥线钳专门用于剥去有绝缘包皮的导线，使用时应注意将需剥皮的导线放入合适的槽口，剥皮时不能剪断导线。剥线钳剪口的槽并拢后应为圆形。

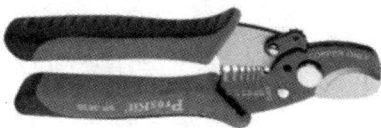

图 5-7 剥线钳

6) 镊子

如图 5-8 所示，常见的镊子有尖嘴镊子和圆嘴镊子两种。尖嘴镊子用于夹持细小的导线，以便于装配焊接；圆嘴镊子用于弯曲元器件引线和夹持元器件焊接等，用镊子夹持元器件焊接时还能起到散热的作用。元器件拆焊也需要使用镊子。

图 5-8 常见的尖嘴镊子和圆嘴镊子

7) 螺钉旋具

螺钉旋具俗称螺丝刀，又称起子或改锥，如图 5-9 所示。螺钉旋具通常有一字形和十字形两种，专门用于拧螺钉。根据螺钉大小可选用不同规格的螺钉旋具。此外还有三角螺丝刀、星形螺丝刀、棘轮螺丝刀等。

图 5-9 常见的一字形螺丝刀和十字形螺丝刀

3. 钎料

钎料通常是易熔金属，熔点应低于被焊金属。钎料熔化时，在被焊金属表面形成合金而与被焊金属连接到一起。钎料按成分可分为锡铅钎料、铜钎料、银钎料等。在一般电子产品装配中，主要使用锡铅钎料，俗称焊锡。焊锡是一种熔点较低的焊料，主要产品有焊锡丝、焊锡条、焊锡膏三大类，如图5-10所示。焊锡应用于各类电子焊接上，适用于手工焊接、波峰焊接、回流焊接等工艺。

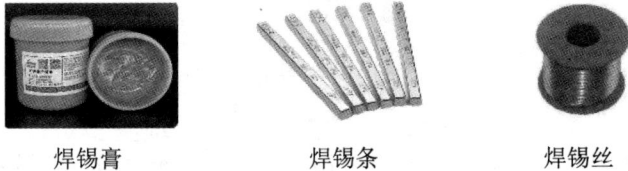

焊锡膏　　　　　　　　焊锡条　　　　　　　　焊锡丝

图 5-10　三种焊锡产品

4. 焊剂

焊剂又称为助焊剂，一般由活化剂、树脂、扩散剂、溶剂四部分组成，主要用于清除焊件表面的氧化膜，保证焊锡浸润。

焊剂的作用如下：

(1) 除去氧化膜，其实质是助焊剂中的氯化物、酸类同氧化物发生还原反应，从而除去氧化膜，反应后的生成物变成悬浮的渣，漂浮在钎料表面。

(2) 防止氧化。液态的焊锡及加热的焊件金属都容易与空气中的氧接触而氧化，助焊剂熔化后，漂浮在钎料表面，形成隔离层，因而防止了焊接面的氧化。

(3) 减小表面张力，增加焊锡的流动性，有助于焊锡浸润。

(4) 使焊点美观，合适的焊剂能够整理焊点形状，保持焊点表面的光泽。

5. 阻焊剂

焊接中，特别是在浸焊及波峰焊中，为提高焊接质量，需要使用耐高温的阻焊涂料，使焊料只在需要的焊点上进行焊接，而把不需要焊接的部分保护起来，起到一种阻焊作用，这种材料叫作阻焊剂。阻焊剂的优点如下：

(1) 防止桥接、短路及虚焊等情况的发生，减少印制电路板的返修率，提高焊点质量。

(2) 因印制电路板的板面部分被阻焊剂覆盖，焊接时受到的热冲击小，降低了印制电路板的温度，使印制电路板的板面不易起泡、分层，同时也起到保护元器件和集成电路的作用。

(3) 除了焊盘外，其他部位均不上锡，可以节约焊料。

(4) 使用带有色彩的阻焊剂，可使印制电路板的板面显得整洁美观。

5.2　手工焊接

5.2.1　焊接准备

(1) 熟悉焊接材料与工具。学会使用基本的焊接工具，了解焊接材料的基本特性，掌握基本的焊接操作工艺。

(2) 元器件识别与盘点。按元器件清单进行盘点，核对数量与规格，做好焊接前元器件的准备。

(3) 准备好印制电路板，熟悉焊接的步骤和流程。

图 5-11 为焊接的基本工具和材料，主要由电烙铁、阻焊剂、锡丝和镊子组成，是手工焊接最基本的工具和材料。

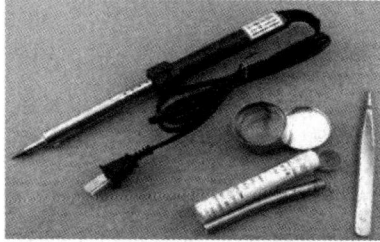

图 5-11　焊接的基本工具和材料

图 5-12 为常见的电烙铁三种握持方法，不同的握持方法适用不同的焊接要求。

(a) 正握法　　(b) 反握法　　(c) 握笔法

图 5-12　电烙铁握持方法

5.2.2　焊接的基本步骤

焊接的基本步骤与流程如图 5-13 所示。

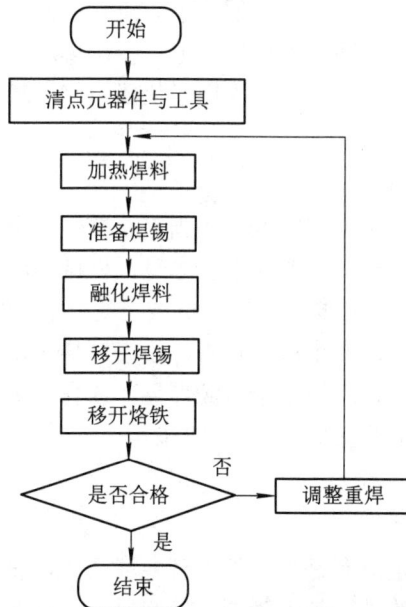

图 5-13　焊接的基本步骤与流程

焊接操作过程中的主要注意事项如下：

(1) 选用合适的焊锡。应选用焊接电子元件用的低熔点焊锡丝。

(2) 助焊剂。将25%的松香溶解在75%的酒精(重量比)中作为助焊剂。

(3) 电烙铁使用前要上锡，具体方法是将电烙铁烧热到刚刚能熔化焊锡时，涂上助焊剂，再用焊锡均匀地涂在烙铁头上，使烙铁头均匀地"吃"上一层锡。

(4) 焊接方法。把焊盘和元器件的引脚用细砂纸打磨干净，涂上助焊剂；然后用烙铁头蘸取适量焊锡，接触焊点，待焊点上的焊锡全部熔化并浸没元器件引线头后，将电烙铁头沿着元器件的引脚轻轻往上提，离开焊点。

(5) 焊接时间不宜过长，否则容易烫坏元器件，必要时可用镊子夹住引脚帮助散热。

(6) 焊点应呈正弦波峰形状，表面应光亮圆滑，无锡刺，锡量适中。

(7) 焊接完成后，要用酒精把线路板上残余的助焊剂清洗干净，以防碳化后的助焊剂影响电路正常工作。

(8) 集成电路应最后焊接，电烙铁要可靠接地，或断电后利用余热焊接，或者使用集成电路专用插座，焊接好插座后再把集成电路插上去。

(9) 电烙铁应放在烙铁架上。

5.2.3 焊接的质量要求

1. 对焊点的要求

1) 可靠的电气连接

电子产品工作的可靠性与电子元器件的焊接紧密相连。一个焊点要能够稳定、可靠地通过一定的电流，要有足够的连接面积。如果焊锡仅仅是堆在焊件的表面或只有少部分形成合金层，在最初的测试和工作中可能发现不了焊点存在问题，但随着时间的推移和条件的改变，接触层被氧化，就会出现脱焊现象，电路会出现时通时断或完全不工作，而这时观察焊点的外表，依然连接如初。这是使用电子仪器检修中最难发现的问题，也是电子产品生产中要避免的问题。

2) 足够的机械强度

焊接不仅起电气连接的作用，同时也起到固定元器件、形成机械连接的作用，因而需要足够的机械强度。作为铅锡钎料的铅锡合金本身，机械强度比较低，常用的铅锡钎料抗拉强度只有普通钢材的1/10，因此要有较高的机械强度，焊接处就需要有较大的连接面积。影响机械强度主要有以下方面：产生虚焊点时，铅锡钎料是堆积在焊盘上，没有形成有效焊接，因此机械强度很低；焊接时焊锡未流满焊盘，或焊锡量过少，也会降低焊点的机械强度；焊接时铅锡钎料如果还没有凝固就使焊件振动、抖动，引起焊点结晶粗大或有裂纹，都会影响焊点的机械强度。

3) 光洁整齐的外观

良好的焊点要求钎料用量恰到好处，外表有金属光泽，没有桥接、拉尖等现象，导线焊接时不伤及绝缘皮。良好的外表是焊接高质量的反映，表面有金属光泽，是焊接温度合适、生成合金层的标志，而不仅仅是为了使外表美观。

2. 典型焊点的外观要求

典型焊点的外观要求如下:

(1) 形状为近似圆锥而表面微凹呈慢坡状(以焊接导线为中心,对称呈裙状拉开),而虚焊点表面往往呈凸形,可以鉴别出来。

(2) 钎料的连接面呈半弓形凹面,钎料与焊件交接处平滑,接触角尽可能小。

(3) 焊点表面有光泽且平滑。

(4) 无裂纹、针孔、夹渣。

典型通孔元件焊点的外观及实物如图 5-14、图 5-15 所示。通常合格的焊点底盘接触面较大,向上呈锥形,焊点很光亮,呈亮色,不合格的焊点颜色较为暗淡。

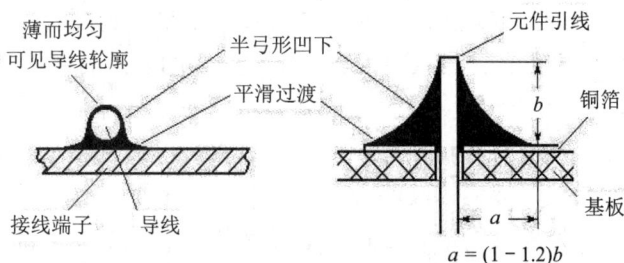

图 5-14 通孔元件焊点外观

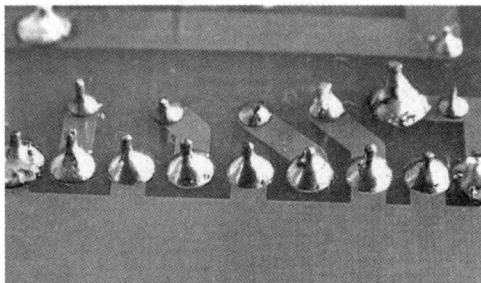

图 5-15 通孔元件焊点实物

常见焊点缺陷及其分析如图 5-16 所示。

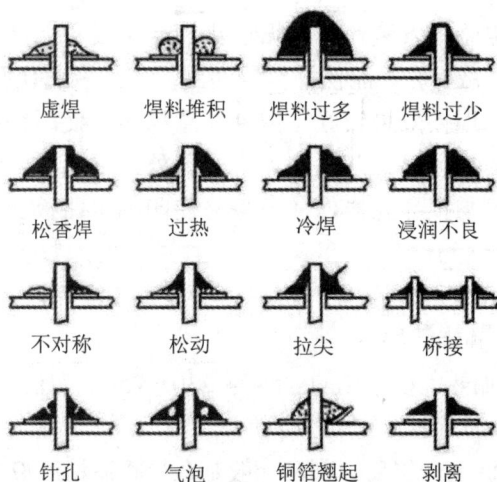

图 5-16 常见焊点缺陷及分析

5.3 贴片元件焊接

5.3.1 波峰焊技术

波峰焊是在电子焊接中使用较广泛的一种焊接方法，其原理是让电路板焊接面与熔化的钎料波峰接触，形成连接焊点。这种方法适用一面装有元器件的印制电路板，并可大批量焊接。凡与焊接质量有关的重要因素，如钎料与助焊剂的化学成分，焊接的温度、速度、时间等，在波峰焊时均能得到较好控制。将已完成插件工序的印制电路板放在匀速运动的导轨上，导轨下面装有机械泵和喷口的熔锡缸，机械泵根据焊接要求，连续不断地泵出平稳的液态锡波，焊锡以波峰形式溢出至焊接板面进行焊接。为了获得良好的焊接质量，焊接前应做好充分的准备工作，如预镀焊锡、涂敷助焊剂、预热等，而且焊接后的冷却、清洗等操作也都要做好。波峰焊的整个焊接过程都是通过传送装置连续进行的。

波峰焊机的钎料在锡锅内始终处于流动状态，使工作区域内的钎料表面无氧化层。由于印制电路板和波峰之间处于相对运动状态，所以助焊剂容易挥发，焊点内不会出现气泡。波峰焊机适用于大批量的生产需要，但由于多种原因，波峰焊机容易造成焊点短路现象，补焊的工作量较大。

5.3.2 浸焊

浸焊是将装好元器件的印制电路板在熔化的锡锅内浸焊，一次完成印制电路板上众多焊接点的焊接方法。

浸焊要求先将印制电路板安装在具有振动头的专用设备上，然后再进入钎料中。使用浸焊在焊接双面印制电路板时，能使钎料浸润到焊点的金属化孔中，使焊接更加牢固，并可振动掉多余的钎料，焊接效果较好。需要注意的是，使用锡锅浸焊，要及时清理锡锅内熔融钎料表面形成的氧化膜、杂质和焊渣。此外，钎料与印制电路板之间大面积接触，时间长、温度高，容易损坏元器件，还容易使印制电路板变形。通常，机器浸焊采用得较少。

对于小体积的印制电路板如果要求不高时，采用手工浸焊较为方便。手工浸焊是手持印制电路板来完成焊接，其步骤如下：

(1) 焊接前应将锡锅加热，以熔化的焊锡为 230～250℃为宜。为了去掉锡层表面的氧化层，要随时加一些助焊剂，通常使用松香粉。

(2) 在印制电路板上涂上一层助焊剂，一般是在松香酒精溶液中蘸一下。

(3) 使用简单的夹具将待焊接的印制电路板夹着浸入锡锅中，使焊锡表面与印制电路板接触。

(4) 从锡锅中拿出印制电路板，待冷却后，检查焊接质量。如有焊接点没焊好，要重复浸焊。对于只有个别未焊接好的点，可用电烙铁手工补焊。

在将印制电路板放入锡锅时，一定要保持平稳，它关系到手工浸焊的成败。因此，手工浸焊操作时，要求操作者必须具有一定的操作技能。

5.3.3 回流焊

1. 回流焊四大温区的作用

在表面贴装技术(Surface Mounted Technology，SMT)整线贴片工艺中，贴片机完成贴装工艺后进行的工艺是焊接工艺，其中回流焊工艺是整条 SMT 表面贴装技术中最重要的工艺，常见的焊接设备有波峰焊、回流焊等设备。下面介绍回流焊的焊接四大温区的作用。四大温区分别为预热区、恒温区、回焊区和冷却区，四大温区中的每个阶段都有其重要的意义。

1) 预热区

回流焊的第一步工作是预热。预热是为了使焊膏活性化，避免浸锡时进行急剧高温加热引起焊接不良所进行的预热行为。把常温印制电路板(PCB)均匀加热，达到目标温度。在升温过程中要控制升温速率，过快会产生热冲击，还可能造成印制电路板和元件受损；过慢则溶剂挥发不充分，影响焊接质量。

2) 保温区

保温区主要目的是使回流焊炉内 PCB 及各元器件的温度稳定，使元器件温度保持一致。由于元器件大小不一，大的元器件需要热量多，升温慢，小的元器件升温快。因此，在保温区里要给予足够的时间，使较大元器件的温度赶上较小元器件，使助焊剂充分挥发出去，避免焊接时有气泡。保温阶段结束，焊盘、焊料球及元器件引脚上的氧化物在助焊剂的作用下被除去，整个电路板的温度也达到平衡。

小提示：所有元器件在保温段结束时应具有相同的温度，否则在回焊区会因为各部分温度不均而产生各种不良焊接现象。

3) 回焊区

在回焊区里加热器的温度升至最高，元器件的温度快速上升至最高温度。在回流阶段，其焊接峰值温度随所用焊膏的不同而不同，峰值温度一般为 210～230℃。回流时间不宜过长，否则会对元器件及印制电路板造成不良影响，还可能会造成印制电路板被烤焦等。

4) 冷却区

冷却阶段是最后阶段，温度冷却到锡膏凝固点温度以下，使焊点凝固。冷却速率越快，焊接效果越好；冷却速率过慢，会导致过量共晶金属化合物产生，以及在焊接点处易产生大的晶粒结构，使焊接点强度变低。冷却区降温速率一般在 4℃/s 左右，冷却至 75℃。图 5-17 所示是回流焊机外形。

图 5-17　回流焊机的外形

2. 回流焊操作步骤

(1) 检查设备里面是否有杂物，做好清洁，确保安全后再开机，然后选择生产程序开启温度设置。

(2) 根据印制电路板宽度调节回流焊导轨宽度，开启送风，网带运送，冷却风扇。

(3) 回流机温度控制，有铅产品炉温控制在(245±5)℃，无铅产品炉温度控制在(255±5)℃，预热温度为 80～110℃。根据焊接生产工艺给出的参数严格控制回流焊机电脑参数，每天按时记录回流焊机参数。

(4) 按顺序先后开启温区开关，待温度升到设定温度时即可开始过印制电路板。过印制电路板时要注意方向，保证传送带上连续 2 块板间的距离大于 10 mm。

(5) 将回流焊输送带宽度调节到相应位置，输送带的宽度及平整度与印制电路板相符。检查待加工材料批号及相关技术要求。

(6) 小型回流焊机工作不得时间过长，因为温度过高会引起铜箔起泡现象；焊点必须圆滑光亮，印制电路板必须全部焊盘上锡；焊接不良的线路必须重过回流焊机，二次重过回流焊机要在冷却后进行。

(7) 戴手套接取焊接好的印制电路板，只能接触印制电路板边沿。每小时抽检 10 个样品，检查不良状况，并记录数据。生产过程中如发现回流焊机的参数不能满足生产要求时，不能自行调整参数，必须立即通知技术员处理。

(8) 测量温度，将传感器依次插到测试仪的接收插座上，打开测试仪电源开关，把测试仪置于回流焊机内与旧印制电路板一起通过回流焊，取出计算机读取的测试仪在过回流焊接过程中记录的温度数据，即该回流焊机温度曲线的原始数据。

(9) 将已焊接好的印制电路板按单号、名称等分类放好，以防混料产生不良品。

3. 回流焊操作注意事项

(1) 操作过程中不要触碰网带，不要让水或油渍物掉入炉中，防止烫伤。

(2) 焊接作业中应保证通风，防止空气污染，作业人员应穿好工作服，戴好口罩。

(3) 经常检验加热处导线，避免老化漏电。

回流焊工艺流程如图 5-18 所示。

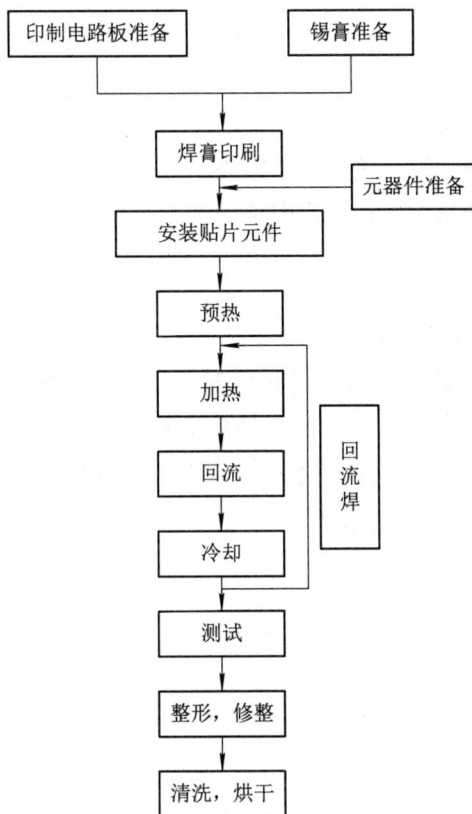

图 5-18　回流焊工艺流程

4. 小型回流焊机的使用方法

1) 小型回流焊机开机操作

(1) 开启供电电源开关。

(2) 开启运输开关。

(3) 调节运输速度到适合焊接的速度。

(4) 开启温区温控器，由"OFF"至"ON"。按温控表下方"SET"键，使数据闪烁→选择更改位数，最亮一位，或更改(每按一次增减 1) 数据，之后按"SET"键保存。

(5) 正常开机 20～30 min 后观察温控器上实际温度与设定温度是否相符，稳定后再进行下一步，若不稳定则重新设置温度(按住温控表下方的"SET"键 10 s 左右，当数据菜单更改闪动时放开手指，接着再按一下，进入菜单，将 0000 改为 0001，再按住"SET"键至不闪动为止)，5～10 min 后重新观察温控器并进行下一步操作。

(6) 用与工作PCB相同的或相似的废弃PCB尝试焊接,根据结果对温控器设定进行5℃以内的调整,使之达到工作需要。

(7) 在放入PCB 5~10 min时,若温控器实际温度与设定值不符,则需重新进行温控器参数的设定。(开始放入PCB或突然改变放入PCB的数量时,实际温度与设定温度有一定温差,过一段时间匀速放入PCB后,这个温差将减少至正常温差范围内)

2) 小型回流焊机关机操作

(1) 检查机器内所有PCB是否全部焊接完成。

(2) 关掉所有温控器的温控开关,由"ON"至"OFF"。

(3) 空机运行10~15 min。

(4) 关掉运输带的电子调速开关,由"RUN"至"STOP"。

(5) 关掉运风及冷却风扇开关,由"RUN"至"STOP"。

(6) 关掉机器总电源开关,按下红色按钮。

(7) 关掉供电总电源开关。

3) 小型回流焊机操作紧急状况处理

小型回流焊机操作中出现紧急情况时,按下小型回流焊机器上另外一个红色紧急停止开关,使主电路停止和切断电源,最后再关掉总电源。

在正常情况下不要使用紧急停止开关,因为经常使用紧急开关,使得主电路断电器触点经常跳动,会引起它过早损坏。紧急停机后,合上电源开关后,要打开紧急停止开关,系统将返回原工作状态。

第6章 常用测试仪器及其使用方法

在电子实训中，除了要掌握常用元器件的识别及选用方法外，还要能熟练使用常用测试仪器对电子元器件进行检测或对电路电气信号进行测试及测量。本章主要介绍电子实训中常见的测试仪器及其使用方法。

6.1 信 号 发 生 器

信号发生器又称信号源，它是在电子测量中提供符合一定技术要求的电信号的设备。信号发生器能提供不同波形、频率、幅度的电信号，主要是正弦波、方波、三角波、锯齿波和脉冲波等，为测试提供不同的信号源。它与电子线路中的电流源、电压源的区别在于它提供的是电信号，而后者只是提供电能。

信号发生器可按输出波形和输出频率进行分类。

按输出波形分类，信号发生器可分为以下四种类型：

(1) 正弦波信号发生器，可产生正弦波或受调制的正弦波。

(2) 脉冲信号发生器，可产生脉宽可调的重复脉冲波。

(3) 函数信号发生器，可产生幅度与时间成一定函数关系的信号，如正弦波、三角波、方波、锯齿波、钟形波脉冲等。

(4) 噪声信号发生器，可产生各种模拟的干扰电信号。

按输出频率分类，信号发生器可分为以下 6 种类型：

(1) 超低频信号发生器，频率范围为 0.001～1 kHz。

(2) 低频信号发生器，频率范围为 1 Hz～1 MHz。

(3) 视频信号发生器，频率范围为 20 Hz～10 MHz。

(4) 高频信号发生器，频率范围为 100 kHz～30 MHz。

(5) 甚高频信号发生器，频率范围为 30～300 MHz。

(6) 超高频信号发生器，频率大于 300 MHz。

6.1.1 低频信号发生器

低频信号发生器由主振器、电压放大器、输出衰减器和电子电压表组成，如图 6-1 所示。

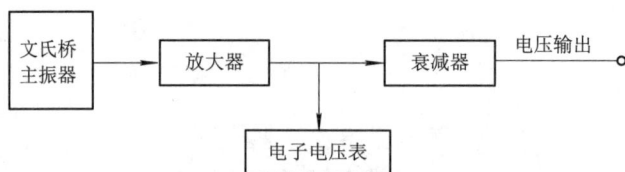

图 6-1 函数信号发生器电路组成

1. 主振器

主振器是低频信号发生器的核心电路，它产生频率可调的正弦信号，决定了信号发生器的有效频率范围和频率稳定度。低频信号发生器中产生振荡信号的方法有很多，但目前主要采用 RC 文氏桥振荡器。图 6-2 所示的振荡器由两级 RC 网络和放大器组成。其中，R_1、C_1 和 R_2、C_2 组成正反馈臂，跨接于放大器的输入端和输出端之间，产生了正弦振荡，振荡频率由 R_1、C_1 和 R_2、C_2 各元件参数决定。A 为两级放大器，R_f、R_T 组成负反馈臂，起到自动稳幅作用。该电路的振荡频率为

由式(6-1)可知，改变电阻 $R(R_1$ 或 $R_2)$和电容 $C(C_1$ 或 $C_2)$的大小均可以改变输出信号的振荡频率。通常电阻 R 用于频率微调，输出信号的频率由输出衰减器控制，其计算式为

$$f_o = \frac{1}{2\pi\sqrt{R_1 C_1 R_2 C_2}} \tag{6-1}$$

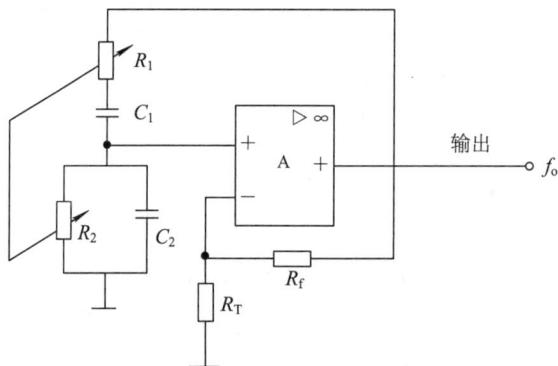

图 6-2 低频信号发生器主振电路

2. 电压放大器

电压放大器兼有隔离和放大的作用。隔离是为了不让后级电路影响主振荡器的工作；放大是把振荡器产生的微弱振荡信号放大，使信号发生器的输出电压达到预定的技术指标。低频信号发生器要求电压放大器具有输入阻抗高、输出阻抗低(有一定的带负载能力)、频率范围宽、非线性失真小等性能，一般采用射极跟随器或运算放大器组成的电压跟随器。

3. 输出衰减器

输出衰减器用于改变信号发生器的输出电压或功率，通常分为连续调节和步进调节。连续调节由电阻电位器实现，即输出微调；步进调节由波段转换开关步进调节电阻分压器实现，并以分贝值为刻度，也称为输出粗调。

4. 电子电压表

电子电压表一般采用均值检波器作为信号输出指示器，用来显示输出电压或输出功率的幅度，或对外部信号电压进行测量。

6.1.2　高频信号发生器

高频信号发生器也称为射频信号发生器，信号的频率范围为 100 kHz～30 MHz，广泛应用于高频电子线路的测试实验中。高频信号发生器具有一种或一种以上的组合调制(包括正弦调幅、正弦调频以及脉冲调制)功能，可满足各种通信电路及设备的测试。此外，高频信号发生器输出信号的频率、电平、调制度均可在一定范围内调节，并能准确读数。

高频信号发生器主要由主振级、缓冲级、调制级、内调制振荡器、输出级、监测器和电源等组成，如图 6-3 所示。

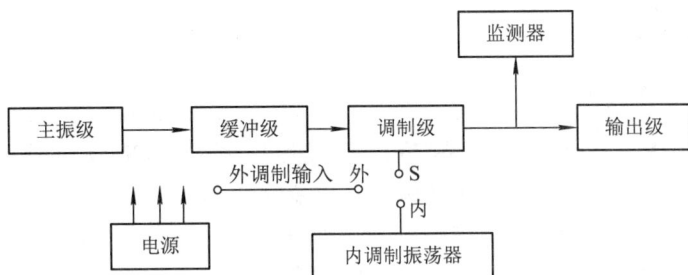

图 6-3　高频信号发生器组成

1. 主振级

主振级是高频信号发生器的核心，用于产生高频振荡信号并实现调频功能。它一般采用可调频率范围、频率准确度高、稳定性好的 LC 振荡器，如变压器耦合振荡器、三点式振荡器等，其振荡频率为

$$f_0 = \frac{1}{2\pi\sqrt{LC}} \tag{6-2}$$

一般情况下改变 L 进行分挡粗调，改变 C 进行细调。

2. 缓冲级

缓冲级主要起隔离和放大的作用，用来隔离调制级对主振级产生的不良影响，保证主振级工作稳定，并将主振信号放大到一定的电平。

3. 调制级

调制级实现调制信号对载波的调制，包括调频、调幅和脉冲调制等调制方式。调频方式主要用于 30 Hz～1000 MHz 的信号发生器，调幅方式多用于 300 kHz～30 MHz 的高频信号发生器，脉冲调制方式多用于 300 MHz 以上的微波信号发生器。信号发生器的调制方式通过面板上的选择开关来选择。调制信号可来自内调制振荡器，也可来自外部其他信号源。

4. 内调制振荡器

内调制振荡器用于产生调制信号，提供符合调制级要求的音频正弦调制信号。

5. 输出级

高频信号发生器输出级具有如下功能：

(1) 包含功率放大级，提供足够的输出功率。

(2) 能输出微调和步进衰减电路，因此输出信号的幅度可以任意调节。

(3) 阻抗匹配。在高频信号发生器输出端与负载之间加入阻抗变换，使其工作在负载匹配的条件下，否则不仅能引起衰减系数误差，还可能影响前级电路的正常工作，减少高频信号发生器的输出功率，在输出电缆中出现驻波。

6. 监测器

监测器一般由调制显示仪表和电子电压表组成，用于检测输出信号的载波幅度、调幅度等参数。

7. 电源

电源用来供给整机各部分电路所需的交直流电源。

6.1.3　函数信号发生器

函数信号发生器，具有调频、调幅等调制功能和压控频度特性，可产生正弦波、方波、三角波等函数波形，广泛用于通信生产测试、仪器维修等工作中。

函数信号发生器主要由比较器、积分器、差分放大器三大主要模块电路构成。其中，比较器和积分器组成正反馈闭合电路，能够完成自激振荡，分别输出方波和三角波。函数信号发生器的工作原理如下：经过比较器产生方波，再经过积分器产生三角波，然后由积分器输出信号反馈给比较器；再经过级间耦合电容接入差分放大器，对三角波进行整形变换，最后输出标准正弦波。也就是说，由比较器和积分器组成方波/三角波产生电路，比较器输出的方波经积分器得到三角波，三角波到正弦波的变换电路主要由差分放大器来完成。差分放大器具有工作点稳定、输入阻抗高、抗干扰能力较强等优点。特别是差分放大器作为直流放大器时，可以有效抑制零点漂移，因此可将频率很低的三角波变换成正弦波。波形变换的原理是利用差分放大器传输特性曲线的非线性。函数信号发生器的组成如图 6-4 所示。

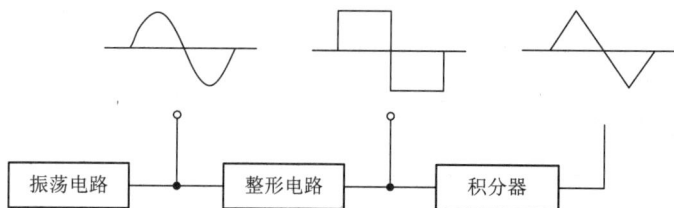

图 6-4　函数信号发生器的组成

6.1.4　任意波形信号发生器

本节以 DG5352 任意波形发生器为例，介绍任意波形信号发生器的功能和使用方法。DG5352 任意波形发生器如图 6-5 所示。

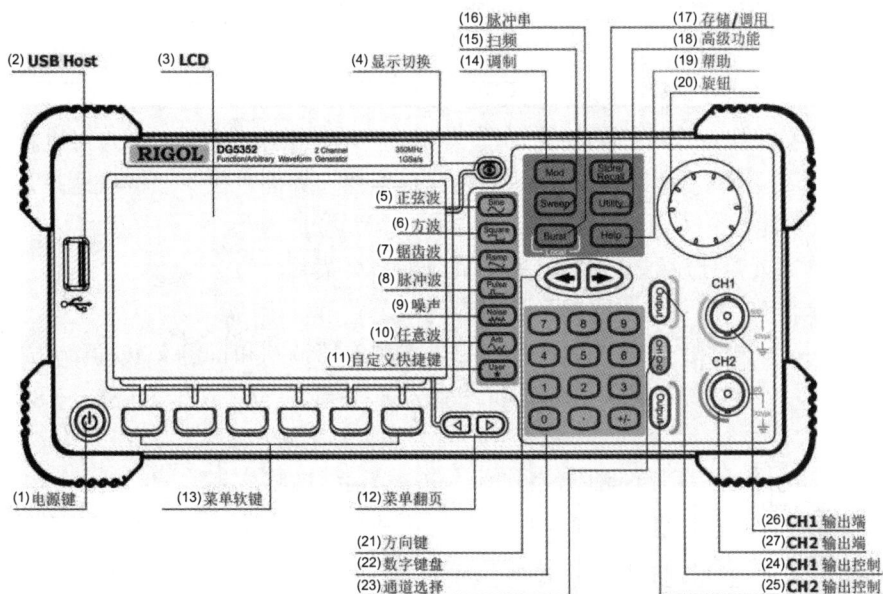

图 6-5 DG5352 任意波形发生器面板

(1) 电源键。电源软开关，用于启动或关闭信号发生器。

(2) USB Host。支持 U 盘、RIGOL DS1000E 系列数字示波器和功率放大器。

(3) LCD。480 × 272 TFT 彩色液晶显示器，显示当前功能的菜单和参数设置、系统状态以及提示消息等内容。

(4) 显示切换。对于双通道型号，该按键用于切换参数模式和图形显示模式，对于单通道型号，该按键不可用。

(5) 正弦波。提供频率 1 μHz～350 MHz 的正弦波输出。选中该功能时，按键背灯将变亮，可以改变正弦波的"频率/周期""幅度/高电平""偏移/低电平"和"起始相位"。

(6) 方波。提供频率 1 μHz～120 MHz 并具有可变占空比的方波输出。选中该功能时，按键背灯将变亮，可以改变方波的"频率/周期""幅度/高电平""偏移/低电平""占空比"和"起始相位"。

(7) 锯齿波。提供频率 1 μHz～5 MHz 并具有可变对称性的锯齿波输出。选中该功能时，按键背灯将变亮，可以改变方波的"频率/周期""幅度/高电平""偏移/低电平""对称性"和"起始相位"。

(8) 脉冲波。提供频率 1 μHz～50 MHz 并具有可变脉冲宽度和边沿时间的脉冲波输出。选中该功能时，按键背灯将变亮，可以改变脉冲波的"频率/周期""幅度/高电平""偏移/低电平""脉宽/占空比""上升沿""下降沿"和"延迟"。

(9) 噪声。提供带宽为 250 MHz 的高斯噪声输出。选中该功能时，按键背灯将变亮，可以改变噪声的"幅度/高电平"和"偏移/低电平"。

(10) 任意波。提供频率 1 μHz～50 MHz 的任意波形输出，提供"普通"和"播放"两种输出模式。可以输出 10 种波形：直流、Sinc、指数上升、指数下降、心电图、高斯、半正矢、洛伦兹、脉冲和双音频，也可以输出 U 盘中存储的任意波形，还可以输出用户在线编辑(512 kpts)或通过 PC 软件编辑后下载到仪器中的任意波形。支持长达 128 Mpts(1pts = 0.31 cm)的输出。选中该功能时，按键背灯将变亮，可改变任意波形的"频率/周期""幅度/高电平""偏移/低电平"和"起始相位"。

(11) 自定义快捷键。对于某些位置较"深"但又很常用的菜单，用户可以将这些菜单定义为快捷键(在"Utility"功能键下)，便可在任意操作界面，按下该键快速打开，并设置所需的菜单或功能。

(12) 菜单翻页。打开当前功能的上一页或下一页菜单。

(13) 菜单软键。按下任一软键激活对应的菜单。

(14) 调制。可输出经过调制的波形，提供多种常用调制和自定义 IQ 调制方式。

常用调制，支持内调制和外调制，可产生 AM、FM、PM、ASK、FSK、PSK 和 PWM 调制信号。

自定义 IQ 调制，支持内调制和外调制，可产生 IQ 调制信号。

(15) 扫频。可产生"正弦波""方波""锯齿波"和"任意波(DC 除外)"的扫频信号。选中该功能时，按键背灯将变亮，支持"线性""对数"和"步进"3 种扫频方式，提供对"起始保持""终止保持"和"返回时间"的设置，提供"标记"功能。

(16) 脉冲串。可产生"正弦波""方波""锯齿波""脉冲波"和"任意波(DC 除外)"的脉冲串输出。选中该功能时，按键背灯将变亮，支持"N 循环""无限"和"门控"3 种脉冲串模式，"噪声"也可用于产生门控脉冲串。在远程模式下，按下该键可切换到本地模式。

(17) 存储/调用。可存储/调用仪器状态或者用户编辑的任意波形数据。选中该功能时，按键背灯将变亮，支持文件管理系统，可进行常规文件操作。内置 1 GB 的非易失性存储器(C 盘)，并可外接两个 U 盘(D 盘和 E 盘)，可以将 U 盘中的文件复制到 C 盘中，以便长久保存。

(18) 高级功能。选中该功能时，按键背灯将变亮，可进行仪器的一些高级操作，如设置系统参数、波形存储和打印、功能扩展、远程接口配置等。

(19) 帮助。要获得任何前面板按键或菜单软键的上下文帮助信息，按下该键将其点亮后，再按下所需要获得帮助的按键。

(20) 旋钮。增大(顺时针)或减小(逆时针)当前突出显示的数值，也用于切换选择文件位置或文件名输入时软键盘中的字符。

(21) 方向键。切换数值的位数、数据页和文件位置等。

(22) 数字键盘。包括数字键 0～9、小数点"."和符号键"+/-"。注意，要输入一个负数，需在输入数值前输入一个符号"-"。此外小数点"."还可以用于快速切换单位。

(23) 通道选择。对于双通道型号，该键用于切换选中一个通道，对于单通道型号可忽略此键。

(24) CH1 输出控制。对于双通道型号，用于控制"CH1"的输出，打开输出时，按键背灯将变亮；对于单通道型号，用于"Sweep"和"Burst"的手动触发。

(25) CH2 输出控制。对于双通道型号，用于控制"CH2"的输出；对于单通道型号，用于控制通道的输出。打开输出时，按键背灯将变亮。

(26) CH1 输出端。使用 CH1 输出端时，BNC 连接器作为输出使用。对于双通道型号，启用或禁用 "CH1" 对应的[Output]连接器产生的波形信号，标称输出阻抗为 50 Ω；对于单通道型号，输出一个与主输出同步的 TTL 兼容脉冲信号，标称源阻抗为 50 Ω。

(27) CH2 输出端。使用 CH2 输出端时，BNC 连接器作为输出使用。对于双通道型号，启用或禁用 "CH2" 对应的[Output]连接器产生的波形信号；对于单通道型号，输出主通道的信号。标称输出阻抗为 50 Ω。

6.1.5　射频合成信号发生器

射频(Radio Frequency，RF)就是射频电流，是高频交流变化电磁波的简称，表示可以辐射到空间的电磁频率，频率范围为 300 kHz～30 GHz。每秒变化小于 1000 次的交流电称为低频电流，大于 10 000 次的称为高频电流，射频是一种高频电流。

安捷伦 N9310A 射频信号发生器如图 6-6 所示，它不仅可以生成 9 kHz～3 GHz 的常见射频信号，而且可以利用其内置模拟调制能力，轻松生成调制的 AM、FM 以及脉冲信号。它添加了可选的模拟 IQ 输入功能，能够从定制 IQ 输入生成复杂的 IQ 调制信号，如 GSM、CDMA 和 OFDM 信号。它是对现代消费类产品(如无绳电话、数字无线产品、GNNS 模块、RFID 和无线 LAN 设备)进行电子制造测试的理想选择。

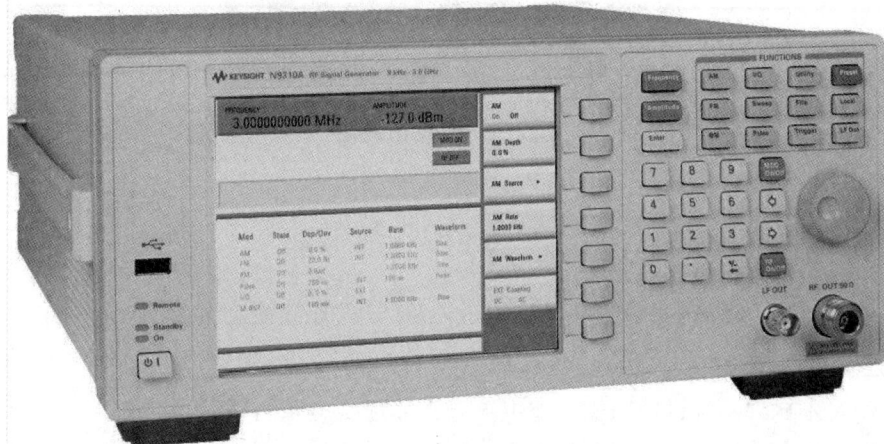

图 6-6　N9310A 射频信号发生器

N9310A 射频信号发生器的操作步骤具体如下：

(1) 按 "Preset" 复位按钮，设置出厂默认状态。

(2) 按 "Frequency" 选择频率大小。

(3) 按 "Amplitude" 选择幅度大小。

(4) 按 AM 键 "调幅"，将弹出调幅设置子菜单。

(5) 按 "RF On/Off" 开启信号输出。

6.2 电压测量仪器

6.2.1 电流表

本小节以图 6-7 所示的 J0407 型号的电流表为例，介绍电流表的使用方法。

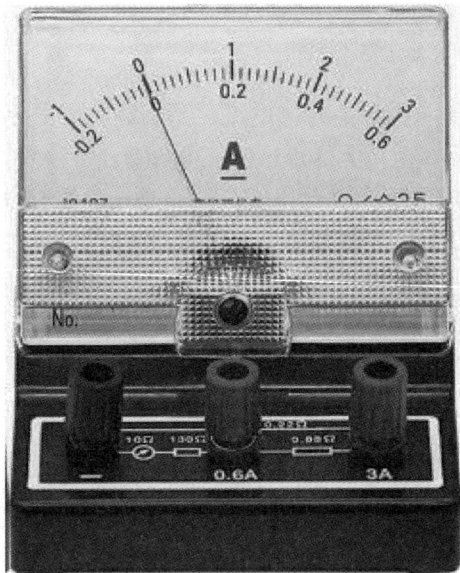

图 6-7　J0407 电流表

1. 使用方法

(1) 正确选择量程。

(2) 电流表串联在被测电路中。

(3) 使电流从电流表的"+"接线柱流进，从"-"接线柱流出。

2. 注意事项

(1) 绝对不允许不经过用电器而把电流表直接连到电源两极。

(2) 在使用电流表前，一定要先观察指针是否指在零刻度线上，如果没有，则需调零。

(3) 要看清电源的正负极，以便确定电流的方向。

(4) 连接电路时，开关一定要处于断开状态。

(5) 要认清电流表的三个接线柱。通常情况下，电流都是从电源的正极流进，经过导线和用电器流入到电流表的正接线柱，从负接线柱流出，再流回电源的负极。

(6) 在不能确定电路中电流的大小时，通常先连好一个接线柱，再用线头去试触量程大的接线柱，并注意观察指针偏转范围，如果偏转范围较小，就要使用小量程。

(7) 连好电路，检查没有错误后再闭合开关，待指针示数稳定后再进行读数。

(8) 实验完毕后，将开关断开。

6.2.2　电压表

电压表是测量电压的一种仪器。本节以图 6-8 所示的型号为 J0408 的电压表为例，介绍电压表的使用方法。

图 6-8　J0408 电压表

电压表使用方法如下：

(1) 根据需要测量的电压，选择合适的量程。J0408 有 0～3 V 或 0～15 V 两个量程，选择 0～3 V 读下面的示数，选择 0～15 V 读上面的示数。

(2) 将电压表并联在用电器的两端，不能串联，否则会造成断路。

(3) 根据电路电流方向，电位高的一端接在正接线柱，电位低的一端接在负接线柱。

6.2.3　多用表

1. 多用表的原理

多用表是一种多用仪表，可用来测量直流和交流电流、直流和交流电压以及电阻等，并且每种测量都有几个量程。

(1) 测量直流电流、直流电压的原理和直流电流表、直流电压表的原理相同。

(2) 测量电阻，内部电路是根据闭合回路的欧姆定律进行测量的。式 $I = E/(R_g + r + R + R_x)$ 中除 R_x 外均为定值电阻，不同的 R_x 对应不同的电流 I(电流 I 和被测电阻 R_x 不是正比的关系，所以电阻值的刻度是不均匀的)。如果在刻度盘直接标出了与电流 I 对应的电阻 R_x 值，则可以从刻度盘上直接读出被测量电阻的阻值。

(3) "调零"，当两表笔接触时，$R_x = 0$，此时电流调到满偏值(最大值)，对应电阻值为零。

(4) 中值电阻，多用表电阻挡的内阻，当被测电阻 $R_x = R_g + R + r$ 时，通过表头的电流为满偏电流的一半，此时指针指在刻度盘的中央，所以一般将电阻挡的内阻称为中值电阻。

2. 多用表的使用方法

(1) 测量电流时，跟电流表的测量方法一样，应把多用表串联在被测电路中。对于直流电，必须使电流从红表笔流进，从黑表笔流出来。

(2) 测量电压时，跟电压表的测量方法一样，应把多用表并联在被测电路两端。对于直流电，必须用红表笔接电势较高的点，用黑表笔接电势较低的点。

(3) 测量电阻时，在选择好挡位后，首先把两表笔相接触，调整电阻挡的调零旋钮，使指针指在电阻刻度的零位置；然后把两表笔分别与待测电阻的两端相连。应当注意，在换用欧姆挡的另一个量程时，需要重新调整电阻挡的调零旋钮才能进行测量。在测电阻前，必须将待测电阻与电源断开，否则相当于在欧姆挡内又加了一个电源，这不仅会影响测量结果，还有可能损坏表头。

注意：当多用表为电压挡或电流挡时，表量程最左端为零刻线；当多用表为欧姆挡时，表量程最右端为零刻线。

3. 多用表的读数方法

1) 测电阻

多用表刻度盘面上一般标有 3～4 组刻度线，最上面的通常是欧姆挡。欧姆挡的刻度线不是从左到右读的，而是从右到左读的，即从 0、1、2、3、4、5、10 至 ∞(这是倍率)。

测电阻时黑表笔的电势高，中值电阻等于内阻。

选好挡位，用表笔分别连接电阻的两端，等指针不动了再读倍率，用挡位乘以倍率，就可以得到阻值。

2) 测电流(电压)

用"直流 10 mA 挡测量电流"中的 10 mA 去除以 250 mA(最大电流标 250 mA)再乘以多用表上所表示的数字(用"直流 1 mA 挡测量电流"时看(0～250)，"直流 100 mA 挡测量电流"时看中间示数，"直流 10 mA 挡测量电流"时看最下面的示数)。测电压也一样。

3) 注意事项

(1) 所有多用表的使用，还有一个要求：选择合理的挡位，使指针停留在表盘满刻度的 1/3～2/3 之间。这虽然不是一个严格的要求，但必须考虑这个原则。

(2) 换挡必先调零：红黑表笔短接。

(3) 读数时尽量选择中间刻线。

(4) 电源连接按红进黑出的原则。

(5) 读数时，指针靠近哪个格读哪个数。

6.3　频率、时间测量仪器

6.3.1　频率计

1. HC-F1000L 型频率计

本小节以兆信 HC-F1000L 型频率计为例，介绍频率计的主要技术性能及使用方法。HC-F1000L 型频率计正面操作板如图 6-9 所示。

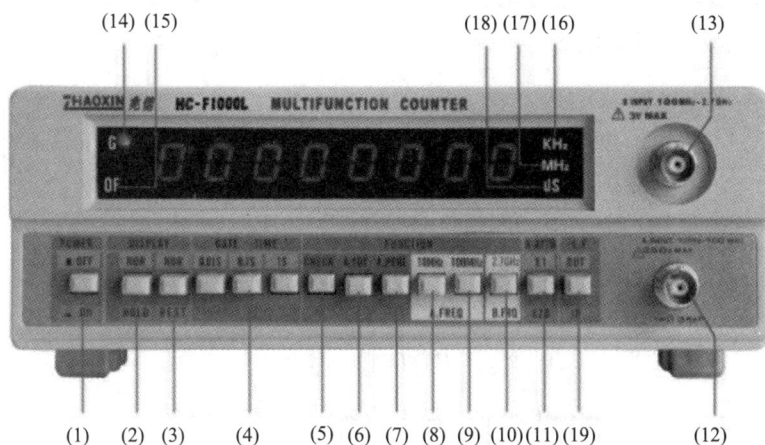

图 6-9　HC-F1000L 型频率计正面操作板

HC-F1000L 型频率计正面各个按键说明和使用方法如下：

(1) 电源开关(POWER)：按下锁住时电源接通，弹起时电源断开。

(2) 暂停(HOLD)：暂停开关按下，中止测量，并保持中止前数据。

(3) 复位键(RESET)：按下"RESET"键，所有显示数据清除、复零。

(4) 闸门周期：用于频率、周期测量时，选择不同的分辨率及计数器计数的周期。

(5) 自校：主要检查整个计数器及其显示功能是否正常。按下此键，8 位显示器同时反复显示 0～9 字符。

(6) A.TOT：累计测量(通道 A 输入)。

(7) A.PERI：周期测量(通道 A 输入)。

(8) A.FREQ：10 Hz～10 MHz 量程(通道 A 输入)。

(9) A.FREQ：10 MHz～100 MHz 量程(通道 A 输入)。

(10) B.FREQ：100 MHz～2.7 GHz 量程(通道 B 输入)。

(11) ATT：输入信号衰减开关。当按下此键时，输入灵敏度被降低为原来的 1/20(仅限于 A 通道)。

(12) A.INPUT：A 通道输入端。当输入信号幅度大于 300 mV 时，按下衰减开关 ATT 降低输入信号，能提高测量值的精确度。

(13) B.INPUT：B 通道输入端。

(14) 闸门指示：指示闸门的开关状态，闸门开时显示灯亮。

(15) 溢出指示：显示超出 8 位时灯亮。

(16) kHz：显示器所显示的频率单位。

(17) MHz：显示器所显示的频率单位。

(18) μs：显示器所显示的周期单位。

(19) 低通滤波器：AC.100 kHz(3 dB)。

HC-F1000L 频率计背面操作板如图 6-10 所示，各个部分的使用方法和说明如下：

(1) 13 MHz 输出。内部基准振荡器输出接线端。该接线端提供一个 13 MHz 信号，可用作其他频率计数的基准信号。

(2) AC 220V 交流输入口。

(3) AC 交流输入保险丝盒。

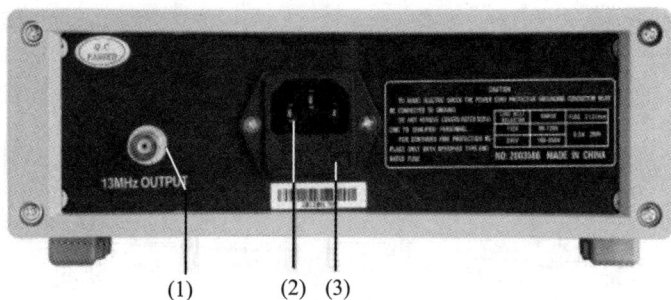

图 6-10　HC-F1000L 型频率计背面操作板

2. HC-F1000L 型频率计的操作

HC-F1000L 型频率计的操作方法如下：

(1) 背面操作板输入 220 × (1±10%)V，50 Hz 电源，按下"POWER"键通电预热 15 min 后，可稳定工作。

(2) 将保持键"HOLD"处于释放状态。

(3) 测量信号在 10 Hz～10 MHz 频段内时，信号输入"A.INPUT"端，按下测量选择 "A.PREQ:10 MHz"键，当"GATE"灯熄灭即告测量完毕，这时可从显示窗读出测量值。

(4) 测量信号在 10 MHz～100 MHz 频段内时，信号输入"A.INPUT"端，按下测量选择 "A.PREQ:100 MHz"键，当"GATE"灯熄灭即表示测量完毕，这时可从显示窗读出测量值。

(5) 测量信号在 100 MHz～2.7 GHz 频段内时，信号输入"A.INPUT"端，按下测量选择"B.PREQ"键。

(6) 当不需要记忆前次测量所显示数据时，可按一次"RESET"键予以复位。

(7) 若需要记忆显示数据，可按下"HOLD"键锁住，在需要新测量时要释放该键。

3. 测量实例

[例 6-1]　用 HC-F1000L 型频率计测量黑白电视机行扫描电路的行同步保持范围。

行同步保持范围是指能使电视机维持同步状态的行频可调节范围，其测量连线方法如图 6-11 所示。

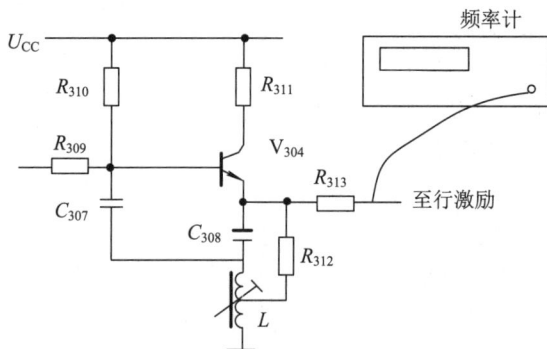

图 6-11　频率计测量行同步保持范围连线方法

将电视信号发生器 RF 信号接至电视机的输入端，频率计选用 HF 通道，测试探头接至行振荡管 V_{304} 的射极 R_{313} 后，测量过程如下：

(1) 调节行振荡线圈 L 使频率计显示正确的行频 15 625 Hz，同时电视机屏幕上显示稳定的方格图像(或阶梯灰度图像)。

(2) 调节行振荡线圈 L 使行频缓慢升高，直到屏幕上的图像出现失步，记下此时的频率值 f_H。

(3) 调节行振荡线圈 L 使行频缓慢降低，直到屏幕上的图像再次失步，记下此时频率计的读数 f_L。

(4) $f_H - f_L$ 值即为行同步保持范围，一般要求 $f_H - f_L > 500$ Hz。

6.3.2　相位计

SMG3000 型手持式三相相位伏安表采用高精度模拟/数字转换(analog to digtal converter，ADC)及数字信号处理(digital signal processing，DSP)技术进行测量，利用基于 Windows、Mobile 5.0 操作系统的嵌入式掌上电脑进行操作和数据处理。SMG3000 型手持式三相相位伏安表完全是图形化界面，真彩色显示，触摸屏操作，汉字手写输入，人机界面友好，软件升级方便，是划时代的智能化现场测量仪器。该仪表轻巧、美观，便于携带，功能强大，具有其他基于单片机的仪器无法比拟的优点。

1. 产品性能

SMG3000 型手持式三相相位伏安表的三路电压输入通道相互绝缘隔离，三路电流采用钳形电流互感器输入，安全可靠，可在不断开被测电路的情况下同时测量 1～3 路交流电压、1～3 路交流电流幅值及其各量间的相位。其技术性能如下：

(1) 集测量三相电压、电流、相位、相序及频率、有功功率、无功功率、功率因数等功能于一体，并同屏以向量图或表格显示。

(2) 触摸屏操作，汉字手写输入；高亮度真彩精显(thin film transistor，TFT)屏幕，自动背光调节。

(3) 有向量图、表格、分通道等多种显示方式。其中表格方式可显示 20 多个参数，测量数据一目了然；彩色向量图细腻清晰，可以在每个向量上同时显示幅值和角度等多种信息，向量图绘制可以设置为顺时针或逆时针为正方向，12 点钟或 3 点钟方向为 0° 角方向，基准量角度为 330° 或 0°，符合各种用户习惯和接线方式。

(4) 六输入量全部隔离，支持任意接线方式；三路电压不共地，每路都可以进行任意两点的电压测量；可以进行互感器初次级之间电压相位测量，进而判断互感器极性；可以以任意输入为基准，测量任意信号间的相位。

(5) 支持用户软件校准。

(6) 测量结果可以加入备注，并且测量数据无限存储。

(7) 超低功耗，大容量锂电池可以连续工作 10 h 以上；待机时间更长，充电次数大于等于 500 次，充电时间约 2.5 h；充电过程中仪表可使用交流供电正常工作。

(8) 新型超小型高精度，0.2 级电流钳。

(9) 支持数据上传计算机，掌上电脑数据可以在计算机上直接进行浏览、导出、编辑、打印(A4 幅面)、备份、恢复等，并可导出为标准网页格式文件，生成实验报告。

(10) 软件免费升级支持，SD 卡(secure digital memory card)扩充存储，多媒体播放，多种应用程序下载安装，系统功能可随软件升级扩展。

2. 用途

相位计用于电力系统电能计量和继电保护，进行二次回路现场检测，也广泛用于电气设备制造、石油化工、钢铁冶金、铁路电气化、科研教学等领域，具体用途有：

(1) 检测继电保护各组 CT 之间相位关系；

(2) 检查电度表接线正确与否；

(3) 判断电度表运行快慢，合理收缴电费；

(4) 判别感性和容性电路；

(5) 检查变压器接线组别；

(6) 在电气设备生产中测量电流电压相位；

(7) 作为漏电流表使用等。

3. 主要显示界面

1) 测量结果的显示方式

相位计每次测量得到的数据或保存在记录中的测量结果都可以按照向量图、幅值、相位、相序、单路、备注等不同方式显示，用户可以根据需要来选择。幅值和相位方式可以表格方式同屏显示多个参数，包括三路交流电压、交流电流的幅值、电压与电流之间的相位角及功率因数、有功功率、无功功率、频率，以及三路电压之间、电流之间的相位角等23 个参数，还能显示测量时间。真彩色向量图细腻清晰，不同输入量可用不同颜色区分。测量角度显示在箭头方向，同屏还有各输入量幅值及频率信息。SMG3000 型手持式三相相位伏安表测量结果的显示方式如图 6-12 所示。测量结果中还包括日期、操作员等信息，这些信息还可以手写加入备注。

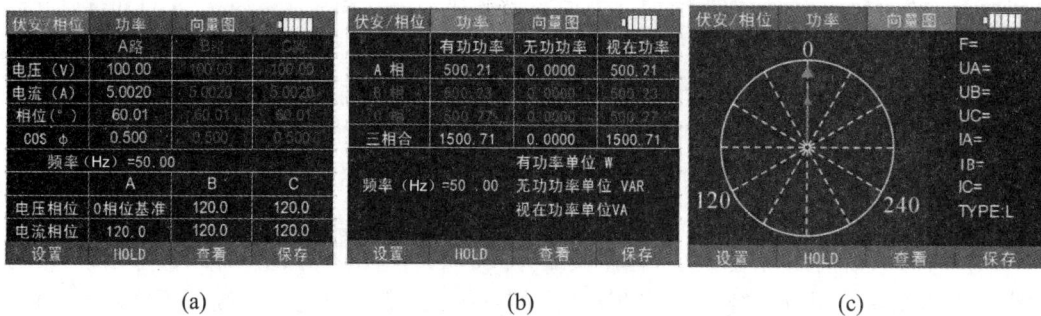

(a)　　　　　　　　　(b)　　　　　　　　　(c)

图 6-12　测量结果显示

2) 向量图绘制方式设定

由于电测计量部门和继电保护部门不同的用户习惯不同，因此不同设备上显示向量图的方式也不同。为方便用户使用，SMG3000 型手持式三相相位伏安表向量图绘制根据用户习惯进行设置，角度正方向可设为顺时针或逆时针，0° 角可设为 12 点钟方向或 3 点钟方向，基准量可以设为 0° 或 330°，如图 6-13 所示。

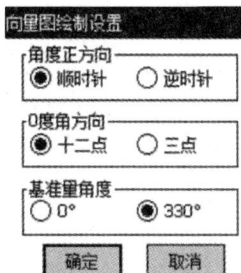

图 6-13　向量图绘制设置

如设置基准量角度为 330°，则在向量图显示时会将基准量的角度调整显示为 330°，其余各量会根据同基准量之间的相位角进行相应的调整，保证各输入量之间的相位关系。

增加向量图绘制方式设定功能是为方便电测计量使用部门在三相三线制时的测量。根据相电压与线电压之间的关系，若假定 UA 为 0°，则 UAB 应为 330°。使用三相三线两元件法时，如选择 U_1 接入 UAB，I_1 接入 IA，U_3 接入 UCB，I_3 接入 IC，则取 U_1 为基准量。设置 0 度角为"十二点"钟方向，角度正方向为"顺时针"，基准量角度为"0°"或"330°"时的向量图分别如图 6-14 和图 6-15 所示。

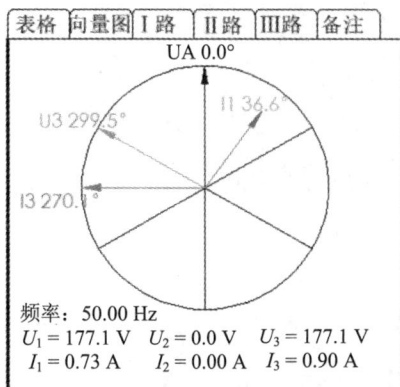

图 6-14　0° 时的向量图

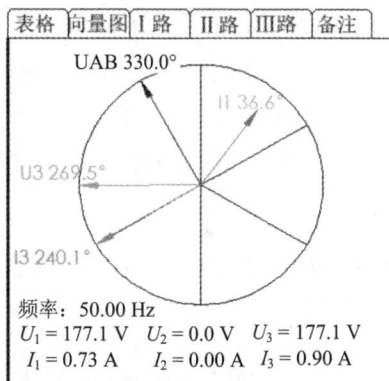

图 6-15　330° 时的向量图

3) 测量存储数据

掌上电脑对测量数据的浏览、导出、编辑、打印十分方便快捷，如图 6-16 和图 6-17 所示。

图 6-16　测量结果的编辑

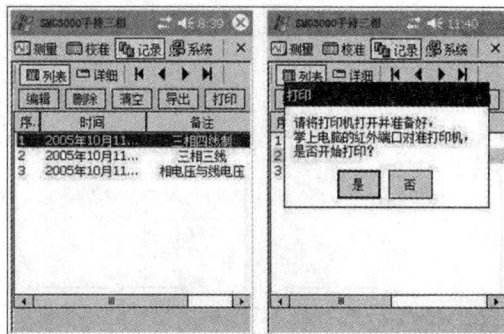

图 6-17　测量结果的打印

从图 6-16 和图 6-17 可以看出，测量结果存储信息丰富，导航浏览方便，无存储记录数量限制；数据可以导出为标准网页格式文件，带有表格和向量图，并可编辑生成实验报告。

6.4 信号分析仪器

6.4.1 模拟示波器

YB43020B 型模拟示波器整体外观如图 6-18 所示。

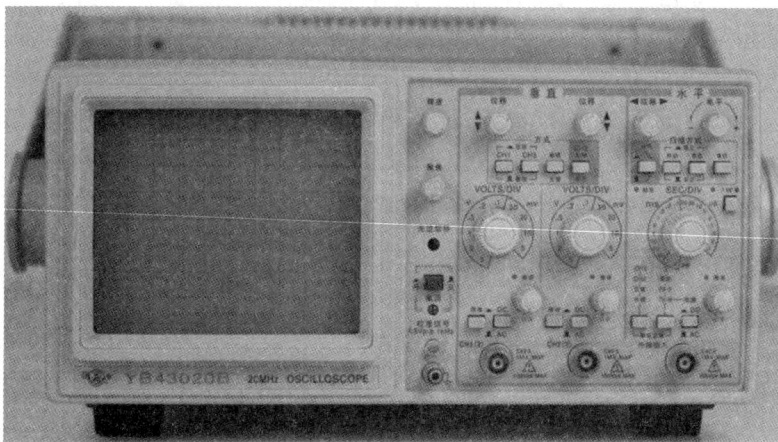

图 6-18 YB43020B 型示波器外观

YB43020B 型模拟示波器的主要按键及旋钮如图 6-19 所示。

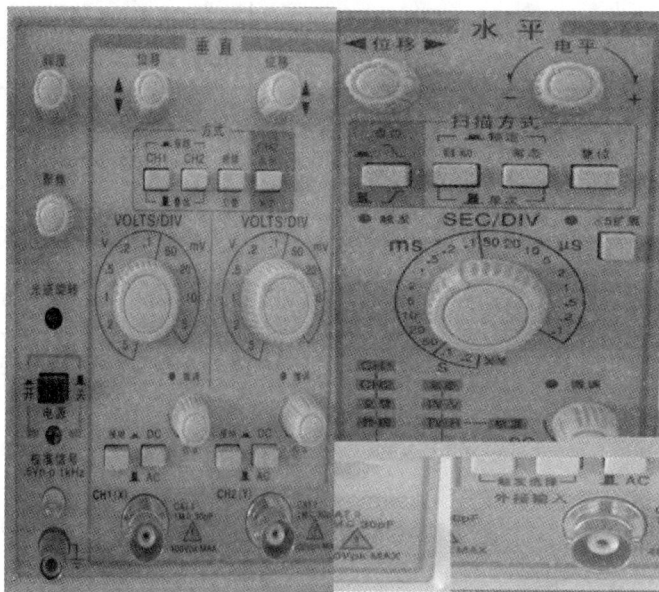

图 6-19 YB43020B 型模拟示波器的主要按键和旋钮

(1) 电源开关。按下电源开关，仪器电源接通，指示灯亮。

(2) 聚焦。调节示波管电子束的焦点，使显示的光点成为细而清晰的圆点。

(3) 校准信号。输出幅度为 0.5 V、频率为 1 kHz 的方波信号。

(4) 垂直位移。调节光迹在垂直方向的位置。

(5) 垂直方式。选择垂直系统的工作方式。

① CH1。只显示 CH1 通道的信号。

② CH2。只显示 CH2 通道的信号。

③ 交替。同时观察两路信号。这两路信号交替显示，适合在扫描速率较快时使用。

④ 断续。两路信号断续工作，适合在扫描速率较慢时使用，可同时观察两路信号。

⑤ 叠加。显示两路信号相加的结果，当 CH2 极性开关按下时，则显示两路信号相减的结果。

⑥ CH2 反相。按下此键，CH2 的信号被反相。

(6) 灵敏度选择开关(VOLTS/DIV)。选择垂直轴的偏转系数，从 2 mV/div～10 V/div 分 12 个挡级调整，可根据被测信号的电压幅度选择合适的挡级。

(7) 微调。连续调节垂直轴偏转系数，调节范围≥2.5 倍。该旋钮逆时针旋足时为校准位置，此时可根据 "VOLTS / DIV" 开关度盘位置和屏幕显示幅度读取该信号的电压值。

(8) 耦合方式(AC GND DC)。垂直通道的输入耦合方式选择。

① AC。信号中的直流分量被隔开，用以观察信号的交流成分。

② DC。信号与仪器通道直接耦合，当需要观察信号的直流分量或者被测信号的频率较低时，应选用此方式。这时 GND 输入端处于接地状态，用于确定输入端为零电位时光迹所在位置。

(9) 水平位移。调节光迹在水平方向的位置。

(10) 电平。调节被测信号在变化至某一电平时触发扫描。

(11) 极性。选择被测信号在上升沿或下降沿触发扫描。

(12) 扫描方式。选择产生扫描的方式。

① 自动。当无触发信号输入时，屏幕上显示扫描光迹，一旦有触发信号输入，电路就自动转换为触发扫描状态，此时调节电平可使波形稳定地显示在屏幕上。此方式适合观察频率在 50 Hz 以上的信号。

② 常态。无信号输入时，屏幕上无光迹显示，有信号输入时，且触发电平旋钮在合适位置上，电路被触发扫描。如果被测信号频率低于 50 Hz，必须选择该方式。

③ 锁定。仪器工作在锁定状态后，无须调节电平即可使波形稳定地显示在屏幕上。

④ 单次。产生单次扫描。进入单次状态后，按复位键，电路工作在单次扫描方式，扫描电路处于等待状态，当触发信号输入时，扫描只产生一次，下次扫描需再次按复位键。

(13) ×5 扩展。按下此键后扫描速度扩展 5 倍。

(14) 扫描速率选择开关(SEC/DIV)。根据被测信号频率的高低，选择合适的挡级。当扫描 "微调" 置校准位置时，可根据度盘的位置和波形在水平轴的距离读出被测信号的时间参数。

(15) 微调。连续调节扫描速率，调节范围≥2.5 倍，逆时针旋转按钮为校准位置。

(16) 触发源。选择不同的触发源。

① CH1。在双踪显示时，触发信号来自 CH1 通道，单踪显示时触发信号则来自被显示的通道。

② CH2。在双踪显示时，触发信号来自 CH2 通道，单踪显示时触发信号则来自被显示的通道。

③ 交替。在双踪交替显示时，触发信号交替来自两个 Y 通道。此方式用于同时观察两路不相关的信号。

④ 外接。触发信号来自外接输入端口。

[例 6-2] 校准信号测量。

实验步骤：

(1) 把校准信号接入 CH2 通道。

(2) 扫描方式选择自动，通道选择 CH2，耦合方式选择 GND，把地线通过垂直位移旋钮调整到屏幕中央。

(3) 耦合方式选择 DC，调整电压灵敏度开关和扫描速率选择开关到合适的位置，使屏幕显示 2～3 个波形，并读出其幅度和周期。接线及实验波形如图 6-20 所示。

读数：$U_{pp} = 0.2 \text{ V/div} \times 2.5 \text{ div} = 0.5 \text{ V}$；$T = 0.2 \text{ ms/div} \times 5 \text{ div} = 1 \text{ ms}$；$f = 1/T = 1 \text{ kHz}$。

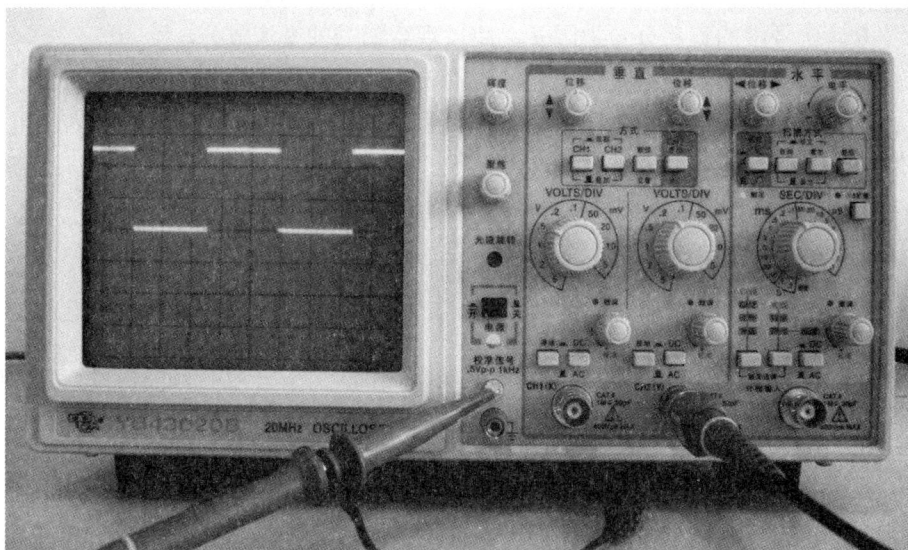

图 6-20 校准信号测量接线及实验波形

[例 6-3] 正弦波测量。

显示 $f = 2 \text{ kHz}$，$U_{pp} = 5 \text{ V}$ 的正弦波测量，接线及实验波形如图 6-21 所示。实验步骤与例 1 基本相同，正弦波耦合方式选择 AC 读数。

读数：$U_{pp} = 1 \text{ V/div} \times 5 \text{ div} = 5 \text{ V}$；$T = 0.1 \text{ ms/div} \times 5 \text{ div} = 0.5 \text{ ms}$；$f = 1/T = 2 \text{ kHz}$。

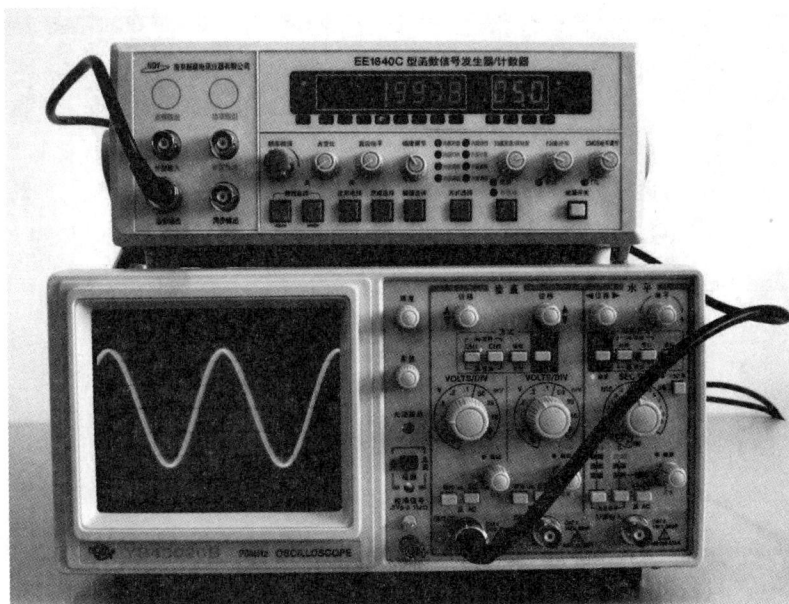

图 6-21　正弦波测量接线及实验波形

6.4.2　数字示波器

本小节以如图 6-22 所示的 GDS-1102B 型数字存储示波器为例，介绍数字示波器的使用方法。

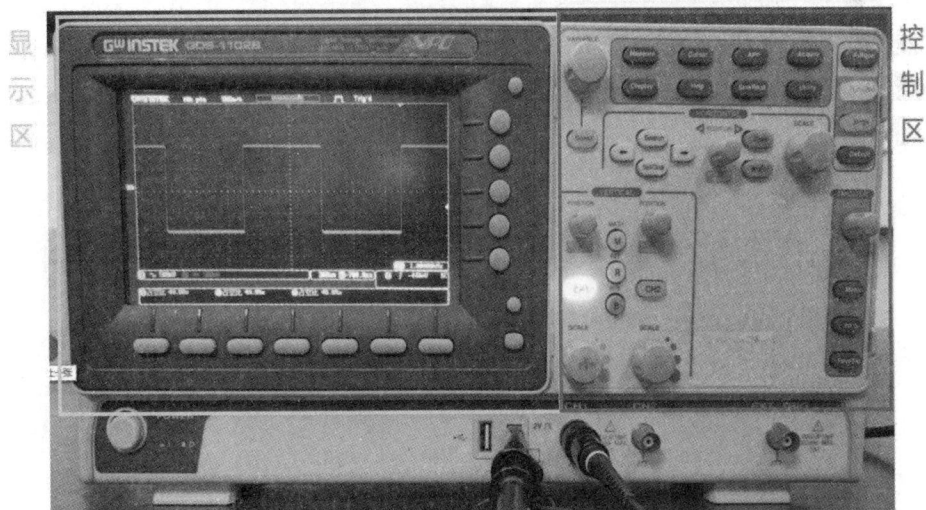

图 6-22　GDS-1102B 型数字存储示波器外形

1. GDS-1102B 型数字存储示波器的面板和操作说明

GDS-1102B 型系列数字存储示波器前面板如图 6-23 所示，包括旋钮和功能按键。

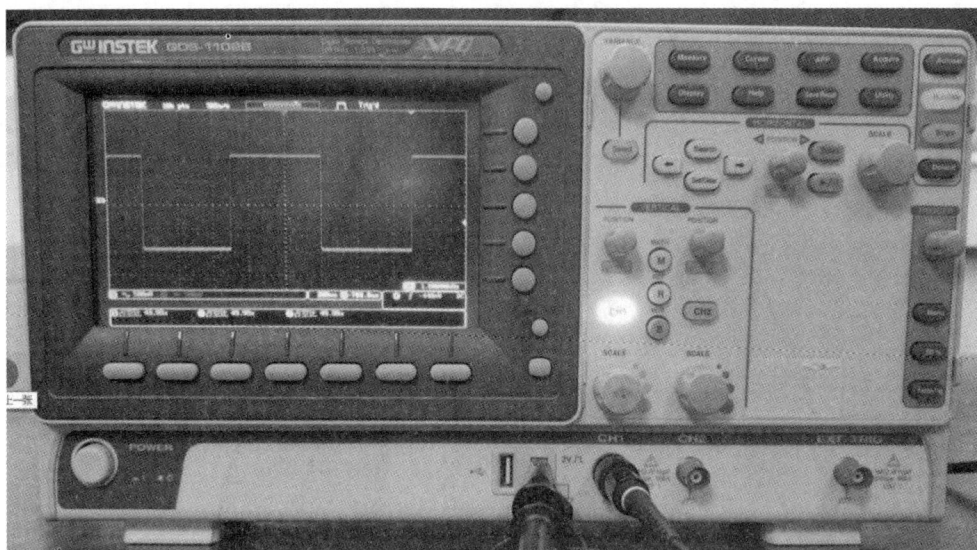

图 6-23　GDS-1102B 型数字存储示波器前面板

　　GDS-1102B 型数字存储示波器的旋钮控制类似模拟示波器，如移位(POSITION)、电平(LEVEL)、挡级(VOLTS/DIV)，功能按键主要是选择各种不同功能的菜单和运行的控制。

　　GDS-1102B 型数字存储示波器面板操作说明如图 6-24 所示。

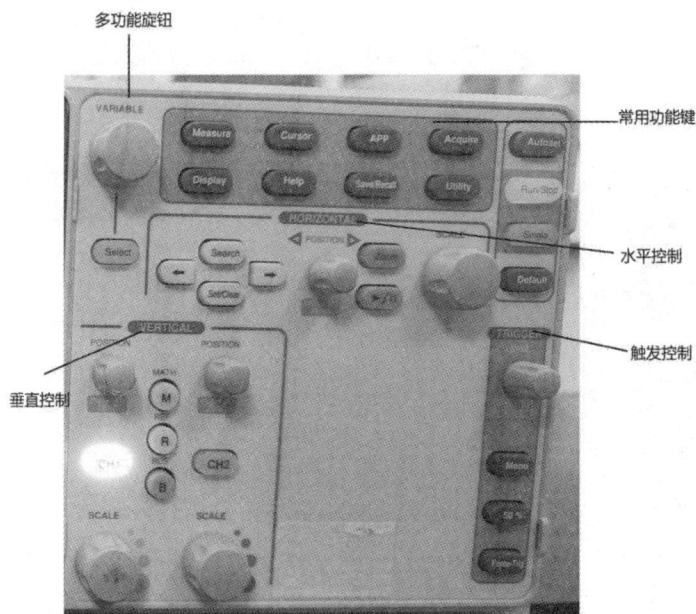

图 6-24　GDS-1102B 型数字存储示波器面板操作说明

　　菜单操作键，在液晶屏幕右侧显示相应的菜单，用未标记的五个菜单操作键进行选项。GDS-1102B 数字存储示波器使用下列两种方法显示菜单选项：

　　(1) 循环列表，每次按下选项按钮时，示波器都会将参数设定为不同的值。

　　(2) 动作，按下运作选项按钮时，立即发生的动作类型。

GDS-1102B 型数字存储示波器的显示窗口如图 6-25 所示。

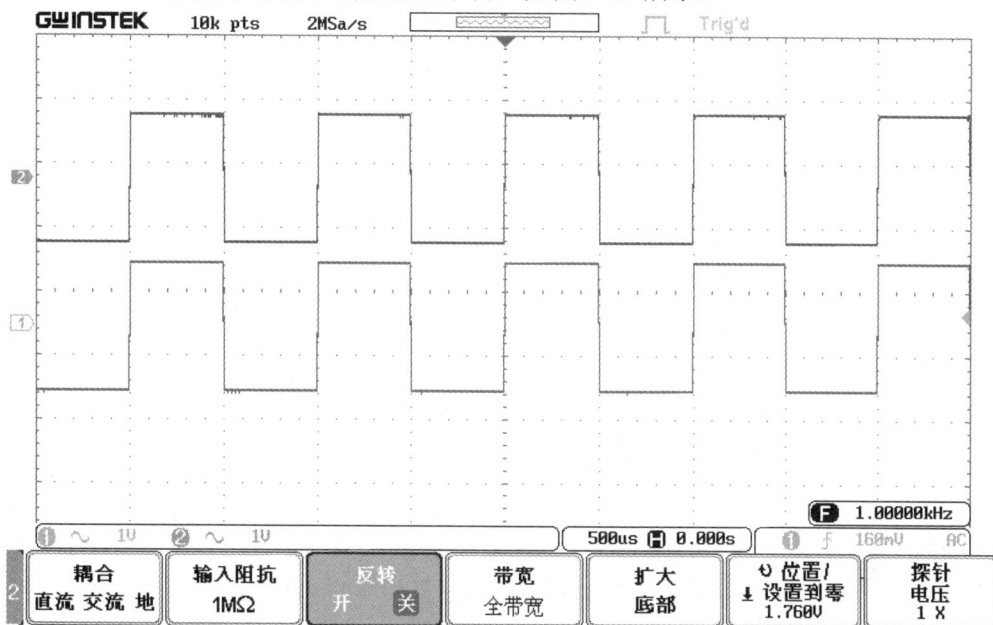

图 6-25　GDS-1102B 型数字存储示波器显示窗口

1) 功能检查

功能检查操作过程如下：

(1) 接通仪器电源并打开，片刻后按任意键进入测试界面。

(2) 将 GDS-1102B 型数字存储示波器探头连接至通道 CH1，将探极上的衰减开关设定为"×1"，并将探头连接器上的插槽对准 CH1 的输入插座(BNC)的凸键上，插入并右转以锁定到位，如图 6-26 所示。

(3) 将探头端部和接地夹连接至探头补偿器的输出端，按"Autoset"(自动设置)按钮，数秒钟内可见示波器显示(3 V，1 kHz)，如图 6-27 所示。

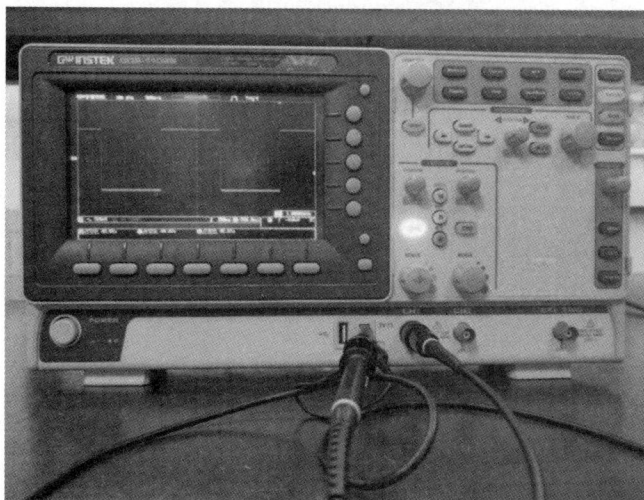

图 6-26　探头补偿器功能检查连接图

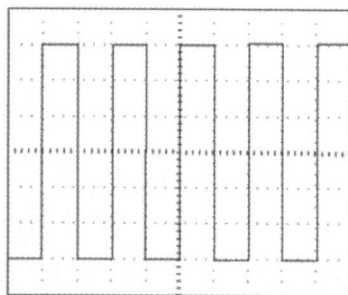

图 6-27　探头补偿器波形

(4) 以同样的方法检查通道 CH2，按"CH1"功能键关闭 CH1，按 CH2 菜单键打开通道 CH2，重复步骤(2)和步骤(3)。

2) 探头补偿

探头补偿操作过程如下：

(1) 按上述功能检查，连接示波器和探头，并按"Autoset"键，显示波形。

(2) 检查所显示波形的形状，判断补偿是否适中，如图 6-28 所示。

补偿过度　　　　　　　　补偿正确　　　　　　　　补偿不足

图 6-28　探头补偿波形

(3) 如有必要，调探头上的可变电容，至屏幕上显示的波形补偿正确。

3) 自动设置

GDS-1102B 型数字存储示波器具有自动设置功能，根据输入信号可自动调整，可用垂直、时基、触发方式显示合适的波形。使用自动设置功能时，要求被测信号的频率大于或等于 50 Hz，占空比大于 1%。

自动设置操作过程如下：

(1) 将被测信号连接至通道输入端。

(2) 按下"Autoset"键，波形将会自动显示，如有需要，可手工调整，以得到所需最佳波形。

4) 垂直系统

图 6-29 所示为 GDS-1102B 型数字存储示波器的垂直控制区。

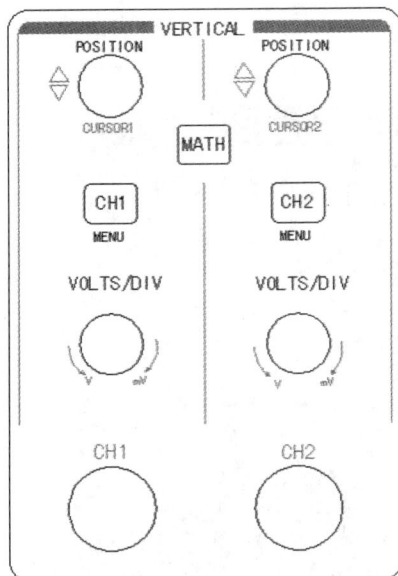

图 6-29　GDS-1102B 型数字存储示波器的垂直控制区

垂直系统的各功能键说明如下：

(1) POSITION：转动该旋钮可使波形上下移动。

(2) VOLTS/DIV：转动该旋钮可改变垂直放大器的放大挡级，有粗调和细调两挡。

(3) CH1、CH2、MATH 菜单选择键：转动(或按下)这些菜单选择键屏幕显示相应键的菜单，有 5 个菜单操作键执行相应的操作。

5) 时基系统

图 6-30 所示为 GDS-1102B 型数字存储示波器的时基控制区。

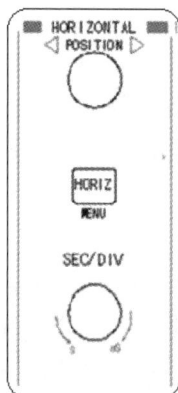

图 6-30　GDS-1102B 型数字存储示波器的时基控制区

时基控制区的各功能键说明如下：

(1) POSITION：转动该旋钮可改变信号在波形窗口的位置。

(2) SEC/DIV：转动该旋钮可改变时基的扫描速度，范围 2 ns～50 s(最快扫描速度与具体机型有关)。

(3) HORIZ 菜单键：按下此菜单键可选择延迟扫描、X-Y、触发释抑等工作方式。

6) 触发系统

图 6-31 所示为 GDS-1102B 型数字存储示波器的触发控制区。

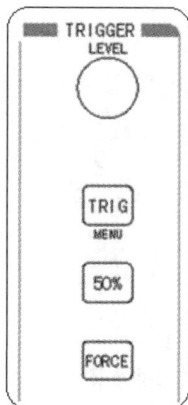

图 6-31　GDS-1102B 型数字存储示波器触发控制区

触发控制区各功能键说明如下：

(1) LEVEL：转动该旋钮，屏幕上出现一条触发线及标志并随之移动，停止转动后在数秒钟内触发线及标志消失。在移动触发线时，触发电平的数值以百分比的形式做相应改变(触发耦合为交流或低频抑制时，触发电平以百分比显示)。

(2) TRIG：按下此菜单键，可选择触发类型、信源选择、边沿类型、触发方式和耦合等。改变选择时，屏幕右上角的状态栏会出现相应的变化。

(3) 50%：按下此键，可设定触发电平在触发信号幅值的垂直中点。

(4) FORCE：按下此键，强制产生一个触发信号，主要用于触发方式中的"普通"和"单次"模式。

2. 示波器功能的使用说明

通过前面的入门了解后，用户初步掌握了示波器的基本使用方法，了解了屏幕的状态栏变化，体会到数字存储示波器屏幕界面的直观、方便、明了，按键与旋钮的操作都将在状态栏通过数据和标志来反映，下面将详细介绍各菜单功能的操作。

1) 垂直系统

CH1 和 CH2 菜单为通道的操作菜单，分上下两页，七种选择。

(1) 耦合：交流、直流、接地，左下角相应标志分别为 ∽、••••、⊥。其中：

交流：屏幕显示无直流分量的波形，如观察直流电源上的波纹。

直流：屏幕显示含直流分量的波形，可测量波形的直流电平。

接地：断开输入信号。

(2) 带宽限制：打开时，带宽限制为 20 MHz。在观察频率较低的信号时，可抑制掉高频噪声，使波形清晰稳定。

(3) 探头：1×、10×、100×、1000×，根据探极衰减因数选取，以保证 Y 灵敏度的正确性。

(4) 数字滤波：接入数字滤波器。

(5) 挡位调节：粗调，以 1-2-5 进制设定垂直灵敏度；细调，调节变细微。

(6) 反相：打开时波形反相，关闭时波形正常显示。

(7) 输入：1 MΩ，输入阻抗为 1 MΩ；50 Ω，输入阻抗为 50 Ω。

2) 功能说明

(1) 耦合：被测信号与示波器的耦合方式，按图 6-32 所示进行选择。

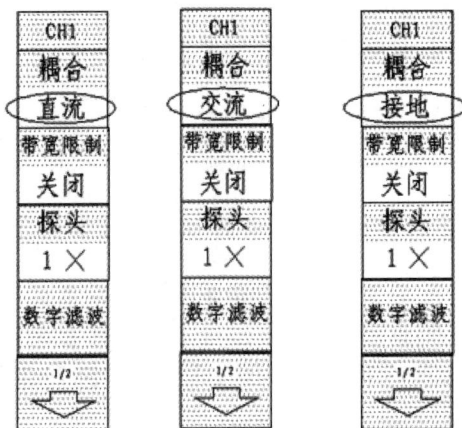

图 6-32   示波器的耦合方式

耦合菜单选择包括：

交流：被测信号的直流分量被隔离，适宜观察直流分量大，信号波形幅度小，如直流电源纹波。

直流：被测信号的直流分量和交流分量均被通过，可以测量信号的直流成分。

接地：示波器显示零电平位置。

状态标记：左下角显示耦合状态标记。

(2) 设置通道带宽限制：按图 6-33 所示进行设置。

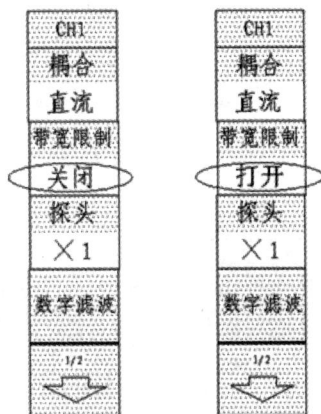

图 6-33　示波器通道带宽设置

关闭时，被测信号的高频分量可以通过；打开时，示波器带宽限制为 20 MHz，此时大于 20 MHz 的高频分量将被隔离。

带宽限制标记：左下角"B"显示时，表示带宽限制被打开。

(3) 调节探头比例：按图 6-34 所示调节探头比例。

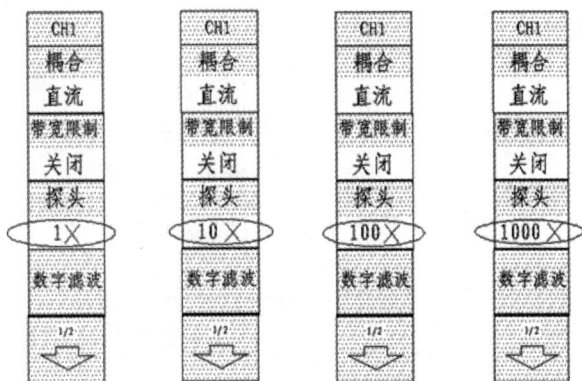

图 6-34　示波器探头调节比例

改变探头衰减系数的菜单设置如下：

探头衰减系数改变时用 1∶1、10∶1、100∶1、1000∶1 分别表示 1×、10×、100×、1000×，相对的垂直挡位的标记也会相应更改，如 1∶1 时垂直挡位为 1 V，10∶1 时垂直挡位为 10 V。

(4) 挡位调节：按图 6-35 所示调节挡位。

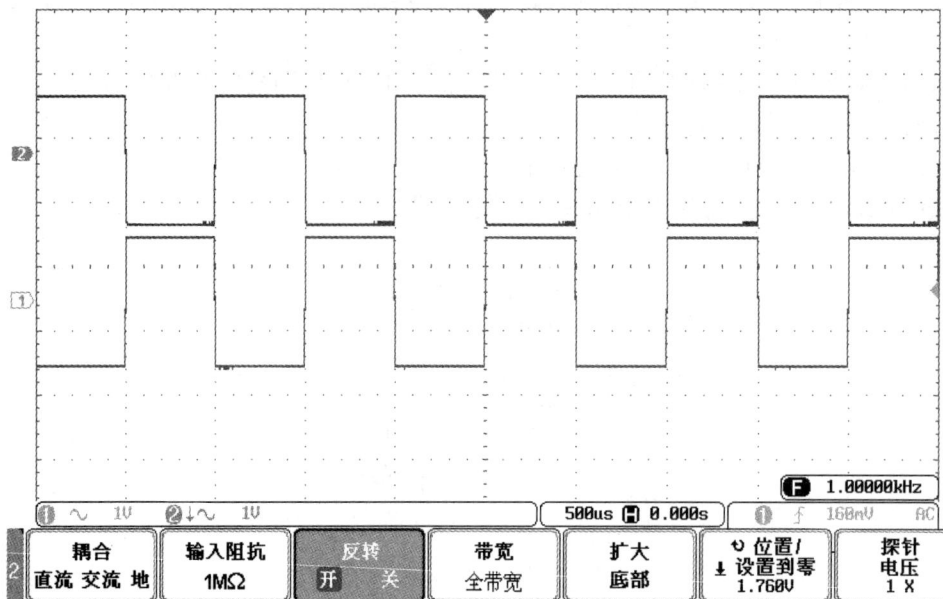

图 6-35 探头挡位调节操作

挡位调节分粗调和细调两种模式，垂直灵敏度的范围为 2 mV/div～5 V/div，粗调是以 1-2-5 进制确定垂直挡位的灵敏度。细调是指在当前垂直挡位下进一步细微调节，以便对波形进行观察与比较。

垂直挡位的标记在屏幕的左下角，如粗调时的标记为 2 mV，5 mV，10 mV，20 mV，…，5 V，细调的标记为 2.05 mV，2.10 mV，2.15 mV(在 2 mV 粗调挡位上变化)。

(5) 波形反相设置：波形反相即相对低电位翻转 180°。

(6) 输入阻抗：按图 6-36 所示设置输入阻抗。

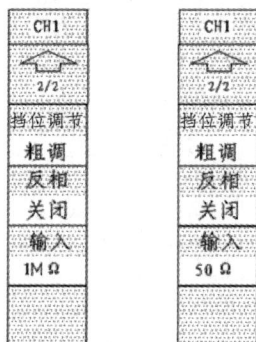

图 6-36 示波器的输入阻抗设置

示波器的输入阻抗可以设置为 1 MΩ 和 50 Ω，设置 50 Ω 可方便在高频、快速电路中的测试，或作为 50 Ω 电缆的匹配阻抗。

50 Ω 设置时，输入信号幅度不得超过电压额定值(5 Vrms)。50 Ω 设置的标志为左下角的"Ω"。

(7) 数字滤波：按图 6-37 所示设置数字滤波。

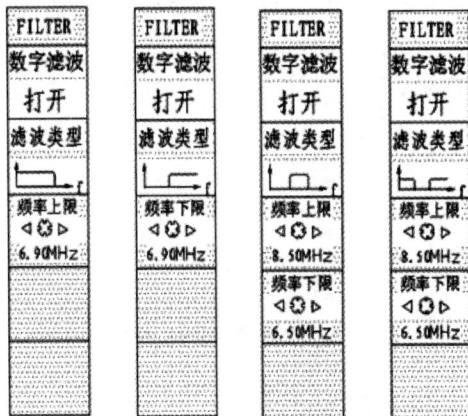

图 6-37　数字滤波设置

在通道菜单的第一页打开"数字滤波"选项，屏幕将显示数字滤波功能菜单，调节水平 POSITION 按钮就可以设置频率的上限或下限。其中：

① 菜单功能：数字滤波关闭/打开。

② 滤波类型：滤波类型如图 6-38 所示。

设置为低通滤波器　　设置为高通滤波器　　设置为带通滤波器　　设置为带阻滤波器

图 6-38　滤波类型设置

③ 频率上限、频率下限：调节水平挡级 SEC/DIV 和 POSITION 可以设置频率的上下限。

3) 数字运算功能

示波器的数字运算功能如图 6-39 所示，可以实现两通道的加、减、乘、除及快速傅里叶变换 FTF 运算。

图 6-39　示波器数字运算功能

(1) 操作：分 A + B、A - B、A × B、A ÷ B、FFT。A、B 分别为两个信号源，由菜单键选择。

(2) 反相：数字运算波形可反相显示。

运算波形的幅度可通过垂直 VOLTS/DIV 挡级进行调整，幅度以百分比的形式显示，从 0.1%～1000%，以 1-2-5 进制分挡。

FFT 频谱分析：按图 6-40 所示进行选择。

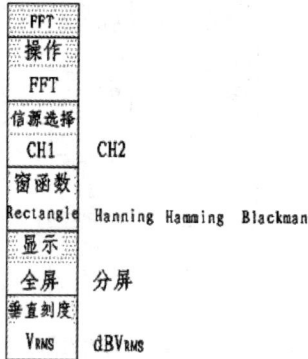

图 6-40　FFT 频谱分析选择

使用快速傅里叶变换可以将时域信号转换成频谱信号，可用于研究信号中的谐波分量、失真、噪声，用于分析振动、滤波器及系统的脉冲响应。FFT 频谱分析菜单选择包括：

① 显示全屏：全屏显示 FFT 波形。

② 分屏：半屏显示 FFT 波形。

③ 垂直刻度，V_{RMS}：以 V_{RMS} 为垂直刻度单位。

④ dBV_{RMS}：以 dBV_{RMS} 为垂直刻度单位。

4) 垂直 POSITION

垂直 POSITION 用于调节波形在垂直方向的位置，它标记在屏幕左下方。调节时自动显示，数秒后消失，如 POS：-1.20 V，屏幕中心为 0。

5) 垂直 VOLTS/DIV

垂直 VOLTS/DIV 为挡位调节旋钮，在 1 × 时为 2 mV/div～5 V/div，按 1-2-5 进制分挡。

挡级标记显示在框格外的左下方，如 CH1-500 mV。彩色液晶屏以不同的颜色表示不同的通道和 MATH、REF 等波形。

6) 水平系统

水平系统各项功能如下：

(1) POSITION：可调节水平位置，也就是触发点在内存的相对位置；可调节触发释抑时间，即触发电路重新启动的时间间隔。屏幕水平方向中点是波形时间参数点。

(2) SEC/DIV：扫描速度调节，从 50 s/div～2 ns/div(150 Hz 带宽)。

(3) MENU 水平菜单：如图 6-41 所示。

(4) 延迟扫描：当需要观看图像的某些细节部位时，由于

图 6-41　MENU 水平菜单

延迟扫描的时基快于主时基，故能拉开波形细节。用 POSITION 和 SEC/DIV 旋钮来选择延迟扫描的水平位置和大小。

由于在延迟扫描模式下，屏幕分上下两部分，相应波形幅度小了一半，故垂直挡级也相应改变，如原垂直挡级为 1 V/div 在延迟扫描打开变成 2 V/div。

(5) 触发位移：调整触发位置在内存中的水平位置，用 POSITION 旋钮调节的时间值在屏幕左下方显示，如 T→200.0000 ns，按触发位移复位键可复位至 T→0.000000 s 中心位置。

(6) 触发释抑：当需要观察一些重复的组合波形，保证每次触发取样点一致时，可使用触发释抑功能调整间隔时间，使观察波形同步稳定。释抑时间范围为 100 ns～1.5 s。按触发释抑复位，可使释抑时间复位到 100 ns。

释抑时间标记在屏幕左下方，如 Hold off：2 ms。

(7) X-Y 方式：采用 X-Y 方式时，CH1 为水平轴电压，CH2 为垂直轴电压，采样速率可调，缺省采样率为 1.0 GSa/s，一般来说采样率适当降低可获得较好的李沙育图形。

7) 触发系统

触发点是示波器采集和显示波形的定位点。在模拟示波器中只能显示触发点(满足触发条件)以后的波形。数字示波器开始波形数据采集后，当触发条件满足的触发点出现时，继续采集足够数据，因此在数字示波器中采集的数据包括触发点前后的数据，触发前的数据显示在触发点的左方，触发后的数据显示在触发点的右方。数字示波器可以观察触发前的信号，这对研究器件损坏前工作状态或继电器触点的波形都十分方便。

触发系统各项功能如下：

(1) LEVEL 触发电平，调节触发点对应的信号电压。

(2) 50%设置触发电平为被测信号幅值中点。

(3) FORCE 强制产生一个触发信号。

(4) MENU 触发菜单，触发方式分边沿、视频及脉宽触发。

(5) 以输入沿(上升沿或下降沿)的某一电平为触发条件的触发，如图 6-42 所示。

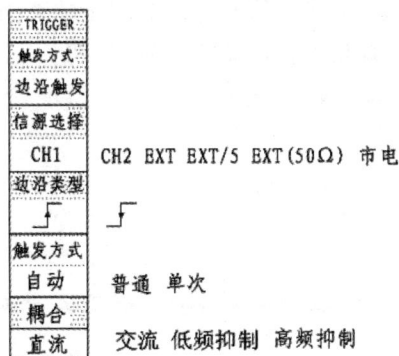

图 6-42 边沿触发选择

边沿触发可对信号源进行选择，可分别选择 CH1、CH2、EXT(外触发输入)、EXT/5(外触发输入信号衰减 5 倍)、EXT(50 Ω)(外触发输入，其输入阻抗设置为 50 Ω)和市电(市电频率信号)作为触发源。在外触发时，触发信号从面板的 EXT TRIC 输入端输入。

　　边沿触发器可选择信号源的上升沿、下降沿。

　　边沿触发工作方式分自动、普通和单次三种。其中，自动在没有检测到触发条件下，也能采集波形；普通只有满足触发条件时才能采集波形；单次，一次触发，采样一个波形，然后停止。

　　触发源信号与触发信号形成电路之间的耦合方式有以下 4 种：直流，允许信号所有频率分量通过；交流，阻止直流分量和低于 5 Hz 的信号分量通过；低频抑制，只允许信号的高频分量通过，衰减 8 kHz 以下的信号；高频抑制，只允许信号的低频分量通过，衰减 150 kHz 以上的信号。

　　(6) 可以对不同电视制式(PAL、NTSC、SECAM)的标准视频信号进行选场和选行的触发，如图 6-43 所示。

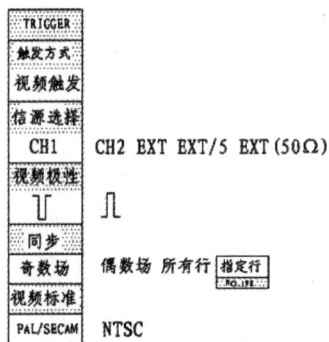

图 6-43　视频触发选择

　　视频触发也可对信号源进行选择，可选 CH1、CH2、EXT、EXT/5 及 EXT(50 Ω)作为触发源。

　　视频触发器还可对不同视频信号的极性进行选择。其中，"⎍"适用于黑色电平为低的视频信号，"⎍"适用于黑色电平为高的视频信号。

　　视频触发器有不同的同步方式，即选场、选行方式。其中，奇数场：在奇数场上触发同步；偶数场：在偶数场上触发同步；所有行：行同步脉冲触发；指定行：指定的行同步脉冲触发，用触发电平旋钮选择指定行，如图 6-44 所示。

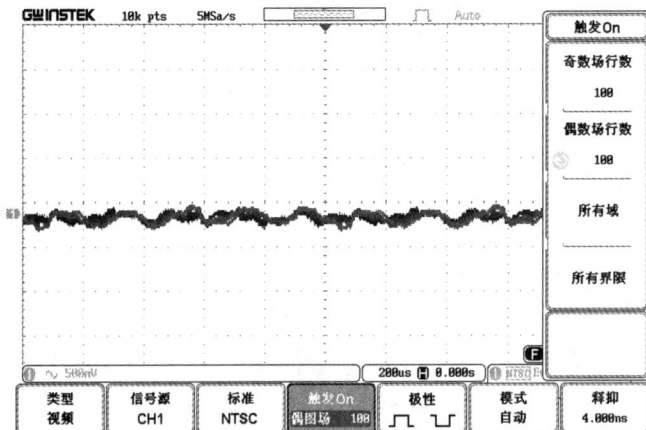

图 6-44　指定行{第 100 行}信号

(7) 脉宽触发，按图 6-45 所示进行选择。脉宽触发是由被测脉冲宽度来确定触发条件，这个功能在观察某些特殊脉冲群时十分有用。

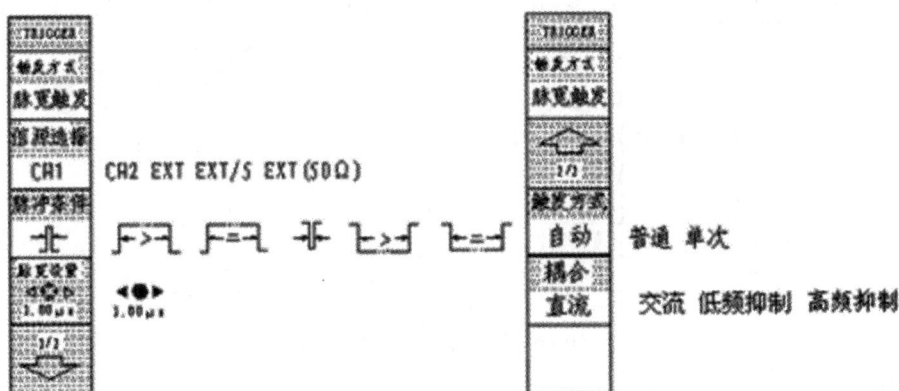

图 6-45　脉宽触发选择

脉宽触发信号源可以选择 CH1、CH2、EXT、EXT/5、EXT(50 Ω)。

脉冲条件：设置触发脉冲的条件。脉冲条件的符号如下：

 正脉冲，且宽度小于脉冲宽度设置值。

 正脉冲，且宽度大于脉冲宽度设置值。

 正脉冲，且宽度等于脉冲宽度设置值。

 负脉冲，且宽度小于脉冲宽度设置值。

 负脉冲，且宽度大于脉冲宽度设置值。

 负脉冲，且宽度等于脉冲宽度设置值。

(8) 脉宽设置。 为设置脉冲宽度的符号。

按相应菜单键，设置脉冲宽度，符号颜色反转，此时可旋转水平 POSITION 旋钮，改变脉冲宽度值，脉宽宽度调节范围为 20 ns～1.5 s。

脉宽触发方式有自动、普通、单次三种，其功能同边沿触发。

脉宽耦合方式有直流、交流、高频抑制、低频抑制，其功能同边沿触发。

8) 采样系统

采样系统(ACQUIRE)在 MENU 区域内，按"ACQUIRE"键进入采样系统，如图 6-46 所示。

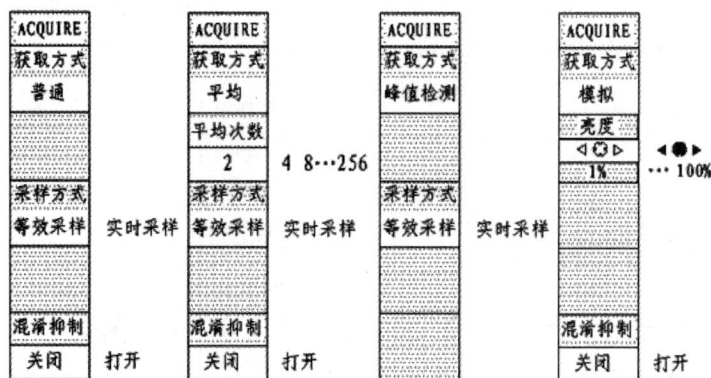

图 6-46　数字示波器采样选择

采样系统采样的获取方式如下：

(1) 普通。快速触发采样，按相等的时间间隔对信号进行采样，建立波形。

(2) 平均。平均采样方式，用多次采样的平均值显示信号，消除随机噪声。在生物研究时可获取淹没在随机噪声中的、有规律的生物电信号。

(3) 模拟。模拟显示方式，用亮度表示采集数据出现的概率。数据出现的概率越大，显示时亮度就越强。

(4) 峰值检测。通过采集采样周期内的最大值和最小值，检测信号的包络或其中的窄脉冲。这种取样方式可以避免信号的混淆，但显示信号的噪声较大。

采样系统的几点说明：

(1) 滚动模式，若需观察低频信号使用滚动模式。当扫描速度小于等于 50 ms/div、触发方式在自动时，仪器工作于滚动模式，波形自左向右滚动显示更新值。在滚动工作模式下，水平移位和触发控制不起作用。因为是观察低频信号，所以通道耦合应在"直流"状态。

(2) 模拟方式，亮度选中后由水平 POSITION 按钮调节，范围为 1%～100%，最低扫速度挡级为 20 ms/div。

(3) 混淆抑制，如果示波器对信号采样不够快，就无法建立精确的波形，从而产生假波。示波器采样速率在理论上能重现波形的最高频率，这就是奈奎斯特频率。混淆抑制打开时可判别信号的最大频率，并能以两倍的最大采样速率采集信号，避免假波现象出现。

(4) 实时采样和等效采样。实时采样是每次采样内存空间的数据，可以捕捉非周期性或单次信号。在采样率为 20 nSa/s 或更快时，示波器会自动进行内插计算，在采样点之间填补光点。等效采样是一种重复采样方式，适宜于观察重复的周期信号，它有很高的水平分辨率"20 ps"，等效于 50 GSa/s 的采样率。

9) 显示系统

显示系统(DISPLAY)在 MENU 区域内，按"DISPLAY"键进入显示系统。

显示系统的显示类型包括：

(1) 矢量。采样点之间用数字内插的方法连接显示，有线性内插和 SinX/X 内插两种模式。SinX/X 适用于实时采样，并在采样率为 20 nSa/s 及更快时基下有效。

(2) 点。直接显示采样点。

(3) 屏幕网络。包括网络和坐标显示、只显示坐标、网络和坐标均不显示。

(4) ◐ ⊞，增强屏幕显示对比度； ◑ ⊟，减少屏幕显示对比度。

(5) 波形保持。波形保持关闭时，采样数据以高刷新率变化，高刷新率具有快速观察信号动态变化的能力；波形保持打开时，采样数据一直保持直至此功能关闭。

(6) 菜单保持。菜单在屏幕上保持的时间，分 1 s、2 s、5 s、10 s、20 s、无限 6 挡。

(7) 屏幕。普通，正常显示模式；反相，反相显示模式。

10) 存储与调出

储存/调出(SAVE/RECALL)在 MENU 区域内，按"SAVE/RECALL"键进入该菜单，如图 6-47 所示。

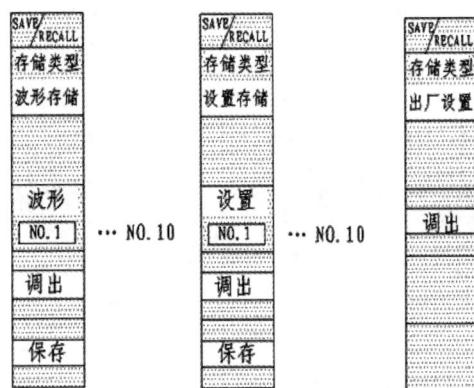

图 6-47　存储系统设置

存储类型有波形存储、出厂设置、设置存储。其中存储位置有 10 个存储器地址，其功能如下：

(1) 波形存储。进行波形保存、调出及删除波形的操作。

(2) 设置存储。进行波形保存、调出及删除设置的操作。

(3) 出厂设置。出厂前已为正常操作进行了预定设置，用户可根据需要调出工厂的设置。

(4) 存储位置。设有 NO.1，NO.2，…，NO.10 的存储器地址，可在每个单元中进行存储及调出。

11) 辅助功能

辅助功能(UTILITY)在 MENU 区域内，按"UTILITY"键进入菜单进行功能选择。辅助功能包括：

(1) 接口设置，有以下 3 种接口设置：

① RS-232 波特率，如显示******，说明主机没有连接具有 RS-232 通信功能的扩展模块，波特率从 300～38 400。

② GPIB 地址，如显示****，说明主机没有连接具有 GPIB 通信功能的扩展模块，地址值为 0.1.2.….30。

③ USB 接口， ⇜✕ 说明 USB 连接无效， ⇜✓ 说明 USB 连接成功。

(2) 声音。◁ 表示打开按键声音，◁ 表示关闭按键声音。

（3）频率计。关闭：关闭频率计功能；打开：打开频率计功能，此时在屏幕右上方显示信号频率。

（4）Language 语言设置。可设置简体中文、英文等为系统显示语言。

（5）其他辅助功能。在菜单 2/2 中，还有通过测试、波形录制、自校正、自测试等其他辅助功能选项。

① 通过测试。判定被测信号是否在设定的范围内，以确定通过与失败的记录，监视信号的变化，如图 6-48 所示。

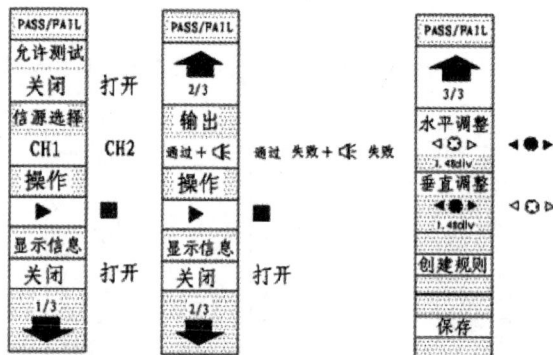

图 6-48　通过测试选择

a. 1/3 菜单。允许测试，可选择关闭、打开。按下关闭键时，退出通过测试菜单。1/3 菜单包括以下功能选项：

信源选择：可选择 CH1、CH2。

操作：▶停止通过测试，■运行通过测试。

显示信息：可选择关闭、打开。

b. 2/3 菜单，包括以下功能选项：

输出：有 4 种状态可选择。其中，失败：输出失败波形。失败+◁：输出失败波形和提示声音。通过：输出通过波形。通过+◁：输出通过波形和提示声音。

输出即停：可选择打开、关闭。其中，打开：有输出即停止采样。关闭：有输出继续采样。调出：调出已保存的创建规划。

c. 3/3 菜单，包括以下功能选项：

水平调整：按键激活后，用水平"POSITION"旋钮调节水平容差，范围为 0.04～4.00 div。

垂直调整：按键激活后，用垂直"POSITION"旋钮调节垂直容差，范围为 0.04～4.00 div。

创建规则：由水平、垂直调整后的容差范围创建规则。

保存：保存创建的规则。

注意：在时基 X-Y 模式下，不能使用通过/失败功能。

② 波形录制。波形录制可以记录 CH1、CH2 输出的波形。通过设置帧与帧之间的时间间隔录制波形，最大可录制 1000 幅波形，还可以通过回放及保存功能进行波形分析。录制模式有 4 种：关闭、录制、回放、存储，如图 6-49 所示。

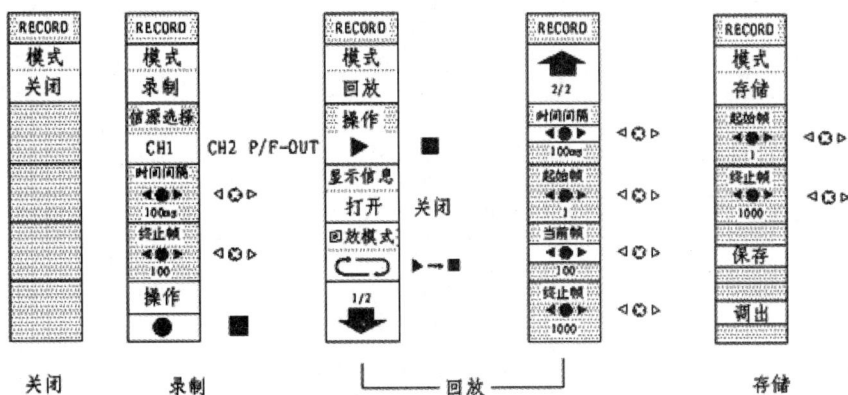

图 6-49　录制的模式

a. 关闭：关闭 RECORD 波形录制功能。

b. 录制：录制波形时需进行信源选择，信源有 CH1、CH2 和 P/T-OUT(通过测试的输出波形)。两帧之间的时间间隔为 1.00～1000 ns，按键激活后用水平"POSITION"旋钮调节。终止帧为波形录制的最大帧数，按键激活后用水平"POSITION"旋钮调节，最大至 1000 帧。操作时，在■状态下开始录制波形，在●状态下停止录制波形。

c. 回放：功能选择项如下：操作在■状态下回放波形，在▶状态下停止回放。显示信息：打开时左上角显示回放信息，关闭时，不显示回放信息。回放模式：在⌒⌒状态下循环回放记录波形，在▶→■状态下单步回放记录波形。

时间间隔：按键激活后用水平"POSITION"旋钮调节两帧之间的回放时间。起始帧：设置起始回放帧数，按键激活后用水平"POSITION"旋钮调节，在 1～1000 帧内设定。当前帧：回放时显示当前帧，且帧数相应变化。停止回放时，按键激活后用"POSITION"旋钮可以调出记录波形的任何一帧，作为当前的显示波形。终止帧：按键激活后用水平"POSITION"旋钮调节回放终止帧数，按"RUN/STOP"键可停止或继续波形的回放。

d. 存储：按键激活后用水平"POSITION"按钮设置起始帧和终止帧(1～1000)，并用保存键保存所设置的波形，用调出键调出录制波形。

③ 自测试：包括系统信息和屏幕测试。其中，屏幕测试：按"RUN/STOP"键进行显示屏红、绿、蓝三色或黑白二色(单色液晶)的测试，检查显示的波形是否均匀一致。系统信息：显示本系统的一些基本信息。

④ 自校正：在仪器工作数月后，用户可进行自校正。按键激活后进入自校正工作界面，按"RUN/STOP"键开始，自校正结束后按"RUN/STOP"键退出。

注意：输入端口不能连接信号或短路。

12) 自动测量

自动测量功能键在 MENU 区域内。自动测量需进行信源选择，分电压测量和时间测量，全部测量参数可屏幕显示或关闭，也可以用清除测量键清除显示，如图 6-50 所示。信源选择有 CH1 和 CH2。

图 6-50　自动测量菜单

13) 电压测量

数字示波器具有 10 种电压测量功能：峰峰值、最大值、最小值、平均值、幅度、顶端值、底端值、均方根值、过冲、预冲等，如图 6-51 所示。

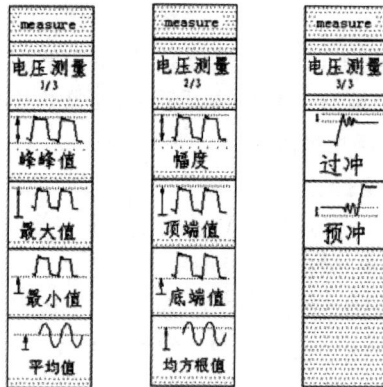

图 6-51　电压测量菜单

14) 时间测量

数字示波器具有 10 种时间测量功能：频率、周期、上升时间、下降时间、正脉宽、负脉宽、正占空比、负占空比、延迟 1→2「(上升沿的延迟时间)和延迟 1→2「(下降沿的延迟时间)，如图 6-52 所示。

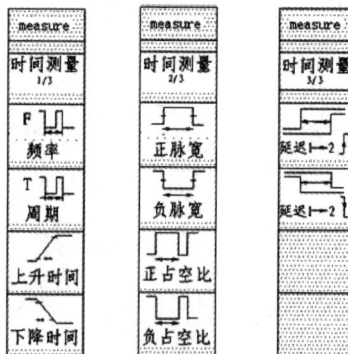

图 6-52　时间测量菜单

自动测量的结果显示在屏幕下方，最多可同时显示 3 个数据，并自动左移，可用清除测量键清除显示。

全部测量键打开时，18 种测量结果显示在屏幕中心区，若数据显示*****，则表明在当前的设置下，该参数不能测。

电压参数的定义，如图 6-53 所示。

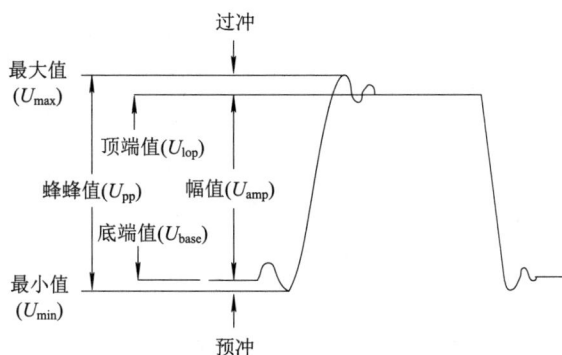

图 6-53　电压参数定义

峰峰值(U_{pp})：波形最高点和最低点的电压值。

最大值(U_{max})：波形最高点对 GND(地)的电压值。

最小值(U_{min})：波形最低点对 GND(地)的电压值。

幅值(U_{amp})：波形顶部与底部的电压值。

顶端值(U_{top})：波形顶部对 GND(地)的电压值。

底端值(U_{base})：波形底部对 GND(地)的电压值。

过冲(Overshoot)：波形最大值与顶端值之差与幅值之比。

预冲(Preshoot)：波形最小值与底端值之差与幅值之比。

平均值($U_{average}$)：信号的平均值。

均方根值(U_{rms})：信号的有效值。

时间参数的定义如图 6-54 所示。

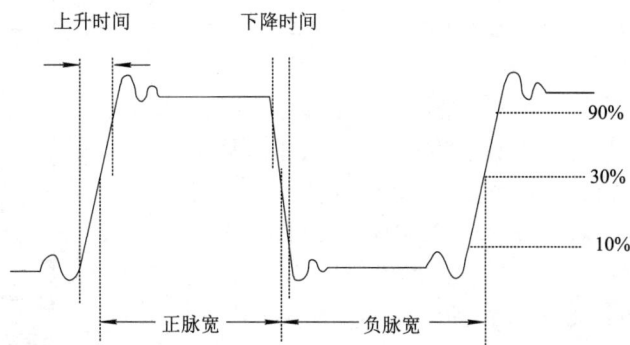

图 6-54　时间参数定义

上升时间(rise time)：波形幅度从 10%上升至 90%的时间。

下降时间(fall time)：波形幅度从 90%下降至 10%的时间。

正脉宽(positive width)：正脉冲在 50%幅度时的脉冲宽度。

负脉宽(negative width)：负脉冲在 50%幅度时的脉冲宽度。

延迟 1→2ʃ：通道 1.2 相对于上升沿的延时。

延迟 1→2ʇ：通道 1.2 相对于下降沿的延时。

正/负占空比：正/负脉冲与周期的比值。

15) 光标系统

光标测量分为手动方式、追踪方式和自动测量三种。

(1) 手动方式。手动调节电压和时间的光标间距。菜单下方显示光标 A、B 的电压值或时间值，或 ΔY、ΔX、1/ΔX 的值。

手动方式操作方法如图 6-55 所示。

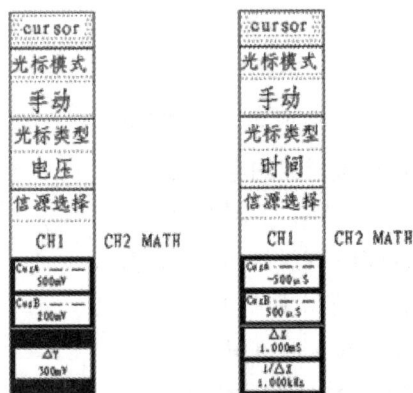

图 6-55　手动方式操作方法

① 按光标模式键进入手动菜单，选择光标类型的电压或时间；选择信源：CH1、CH2 或 MATH。

② 使用垂直移位 CH1 的信源"POSITION"和 CH2 的信源"POSITION"移动光标 A 和 B，在测量电压时光标上下移动，在测量时间时光标左右移动。

③ 将光标移动至所需测试位置，此时菜单下方显示光标 A 和 B 所处位置的电压值或时间值，以及 ΔY、ΔX、1/ΔX(即频率)的值。

(2) 追踪方式：追踪方式是在被测波形上显示十字光标，由水平和垂直光标交叉构成十字光标，通过垂直移位 CH1、CH2 信源的"POSITION"键移动十字光标，此时在菜单下方显示 Cur-Ax、Cur-Ay、Cur-Bx、Cur-By、ΔY、ΔX、1/ΔX 的值。

追踪方式操作方法如图 6-56 所示。

(3) 自动测量：设定自动测量，选中 MEASURE 功能和选定测量参数后，系统会自动显示对应的电压和时间值，并计算相应的参数值。

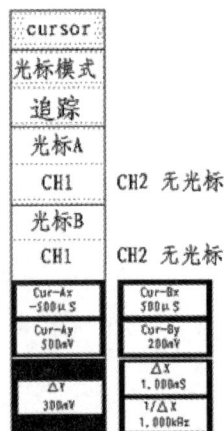

图 6-56　光标追踪操作方式

自动测量操作方式如图 6-57 所示。在自动测量时，只有当 MEASURE 功能被选中并选择了参数值时，光标才会显示，并显示在相应的参数定义的位置上。

图 6-57 光标自动测量选择

16) 自动(AUTO)和运行/停止(RUN/STOP)

(1) AUTO：自动设定仪器的各挡级及其范围，以产生适宜观察的输入信号的波形。挡级自动设定如图 6-58 所示。

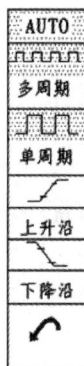

图 6-58 挡级自动设定

AUTO 菜单选项如下：

① 多周期：自动显示多个周期信号。

② 单周期：自动显示单个周期信号。

③ 上升沿：自动设置并显示上升时间。

④ 下降沿：自动设置并显示下降时间。

⑤ 撤销：撤销自动设置。

(2) RUN/STOP：波形采样/停止波形采样。在波形采样停止状态下，水平和垂直挡位和移位可在一定范围内调整，以便观察波形。

在 AUTO 下，可自动设定功能的状态，挡级、电平、耦合等均在屏幕相应位置的状态栏显示，也可通过各菜单 MENU 调出显示。

自动设定功能的项目如表 6-1 所示。

表 6-1　自动设定功能的项目

功　能	自动设定	功　能	自动设定
显示方式	Y-T	采样方式	等效采样
获取方式	普通	垂直耦合	根据信号确定交流或直流
垂直(V/DIV)	根据信号确定适当挡位	垂直挡位调节	粗调
水平位置	居中	"SEC/DIV"	根据信号确定适当挡位
带宽限制	关闭	信号反相	关闭
触发类型	边沿	触发信源	自动检测到有信号输入的通道
触发耦合	直流	触发电平	中点设定
触发方式	自动	水平位移	触发位移

17) 参考(REF)

数字示波器可以选择一个通道波形作为参考波形，并将其保存，然后按下"REF"键可显示参考波形，供比较。参考波形选择菜单如图 6-59 所示。

图 6-59　参考波形选择菜单

参考波形菜单选择包括：

(1) 信源选择：CH1 或 CH2 作为参考通道。

(2) 保存：将选定的参考波形保存。

(3) 反相：打开时参考波形反相。

18) MENU/CH OFF 菜单和通道显示关闭

按下"CH1"或"CH2"键可关闭菜单及显示波形。

3. 应用示例

[例 6-4]　简单测量。

当需要测量电路中的某个信号，但又不清楚信号的幅度和频率，希望能迅速显示波形时，使用自动设置(AUTO)。

操作步骤如下：

(1) 按下 CH1 菜单，将探头衰减设置为 10×，并将探头开关设置为 10×。

(2) 连接探极至被测电路。

(3) 按下"AUTO"键。

示波器自动设置垂直水平和触发控制,如果要优化波形的显示,可手动调整上述控制。

[例 6-5] 自动测量。

示波器可自动测量大多数显示出来的信号,若要测量信号的幅度和频率,可按如下步骤操作:

(1) 测量幅度。按 MEASURE→选择信源 CH1→选择电压测量→电压测量 2/3 菜单→选择幅度,此时屏幕左下角显示幅度值。

(2) 测量频率。按 MEASURE→选择信源 CH1→选择时间测量→时间测量 1/3 菜单→选择频率,此时屏幕左下方会跳出信号的频率值。

[例 6-6] 测量电路的增益和延迟。

如果需要测量一个放大器的增益和信号,可通过该放大器产生延迟,按以下步骤操作。用数字示波器测电路信号的示意图,如图 6-60 所示。

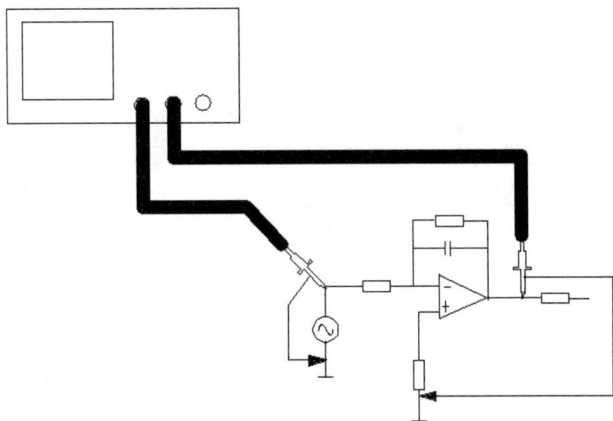

图 6-60 用示波器测电路信号的电路

(1) 连接示波器探极至电路测试点。

(2) 按下"AUTO"键。

(3) 分别调整 CH1 的 VOLTS/DIV 挡级和移位 POSITION,使两个波形不重叠,便于比较观察。

(4) 按上述例 2 中的测量幅度方法测量 CH1 和 CH2 信号的幅度,放大量 $K = U_2/U_1$。

(5) 按 MEASURE 键→选择时间测量→时间测量 3/3 菜单选择延迟 1→2⌠,此时屏幕左下角会跳出 DlyA 的数值。

[例 6-7] 光标测量。

使用光标可快速对波形进行时间和电压的测量,还可测量信号上升沿的振荡频率和幅度,具体操作步骤如下:

(1) 频率测量。按下光标键 Cursor→光标模式选择手动模式→光标类型选择时间→旋转 CH1 的"POSITION"旋钮将光标 1 置于振荡波形的第一峰,旋转 CH2 的"POSITION"旋钮将光标 2 置于振荡波形的第二峰,此时光标菜单中将显示出光标之间时间 ΔX 和频率 $1/\Delta X$,如图 6-61 所示。振荡频率为 1 kHz。

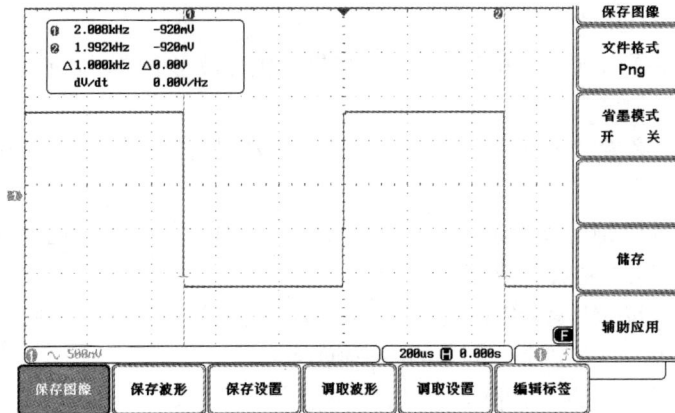

图 6-61　数字示波器测量频率

(2) 幅度测量。进入 CURSOR 菜单→手动模式→光标类型选择电压→旋转 CH1 的 "POSITION" 旋钮将光标 1 置振荡波形的峰顶，旋转 CH2 的 "POSITION" 旋钮使光标 2 置于振荡波形的谷底，此时光标菜单中将显示光标间的电压值 ΔU，如图 6-62 所示。振荡幅度为 2.00 V。

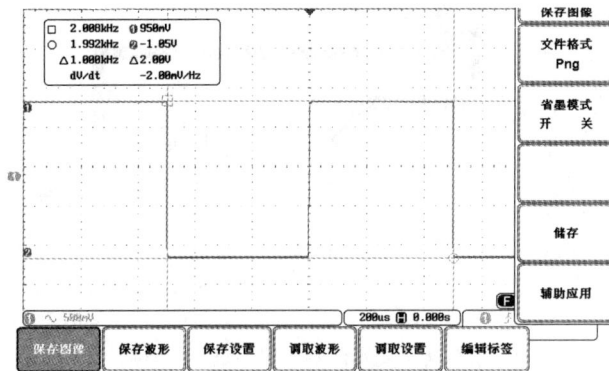

图 6-62　数字示波器测量幅度

[例 6-8]　分析信号的细节。

当信号中包含有尖峰和噪声时，如图 6-63 所示，可以用获取菜单 ACQUIRE 中的峰值检测将信号从随机噪声中分离。

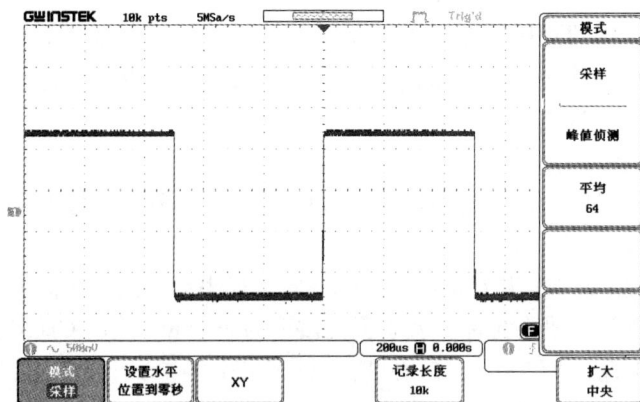

图 6-63　含噪声的波形

若信号中含有较大的随机噪声，会影响对波形的观察与分析，可选择获取菜单 ACQUIRE 中的"平均"功能减少随机噪声，并查看信号的细节。图 6-64 所示波形是图 6-63 所示波形经 64 次平均获得去噪后的波形。

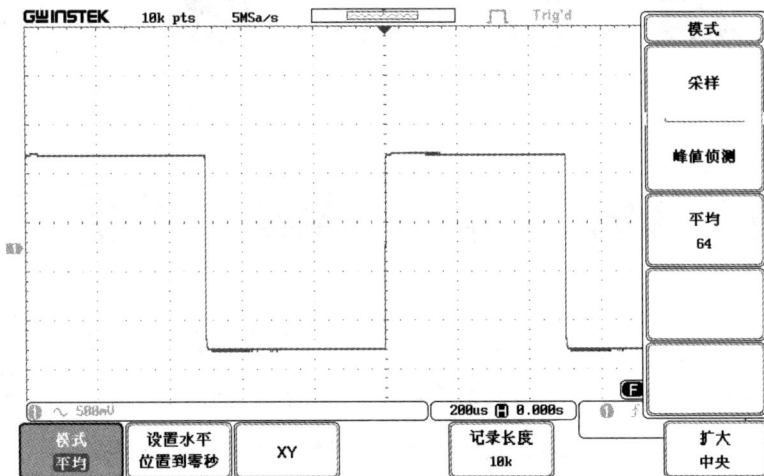

图 6-64　去噪后的波形

[例 6-9]　单次信号显示。

捕捉单次信号是数字示波器的优势，信号捕捉后可稳定、清晰地显示。采集单次信号，一定要先设置垂直和水平方式、挡级和触发方式。在设置这些参数时，应先大致了解信号，通过自动或普通触发方式进行观察、了解。

"单次"信号采集操作步骤如下：

(1) 设置探极，CH1 通道的衰减系数、挡级和时基挡级。

(2) 按触发"TRIGGER"键，进入触发菜单，选择触发类型：边沿触发，边沿类型为上升沿；信源选择 CH1，触发方式为单次，耦合为直流。

(3) 旋转触发电平"LEVEL"旋钮至信号电平合适位置。

(4) 按"RUN/STOP"键，一旦出现符合触发条件的信号，仪器就采样一次，并显示在屏上。

单次功能对幅度较大的、有突发性毛刺的信号的捕捉比较有效，只要触发电平超过正常信号电平，且落在毛刺幅度之内的信号就可以捕捉到毛刺以及毛刺发生前后的信号波形，以便分析。

[例 6-10]　视频信号触发。

GDS-1102B 型数字存储示波器具有全电视信号的选场、选行功能，可以方便地显示奇数场、偶数场的同步信号和视频信号，也可选择某一行的视频信号。操作如下：

(1) 按"TRIGGER"键，按 1 号功能键进入视频触发方式。

(2) 按 2 号功能键选择信源。

(3) 按 3 号功能键选择视频极性。

(4) 4 号功能键为同步方式，可以选奇数场、偶数场、所有行或指定行。

(5) 调整垂直和时基的挡级及移位，显示合适的波形，如图 6-65 和图 6-66 所示。

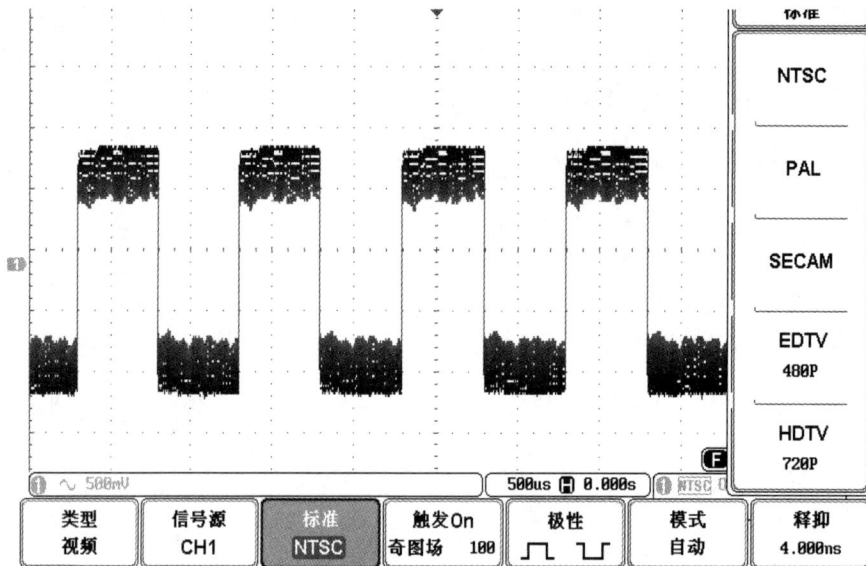

图 6-65　用延迟扫描方式和视频触发观测 100 行的色同步信号

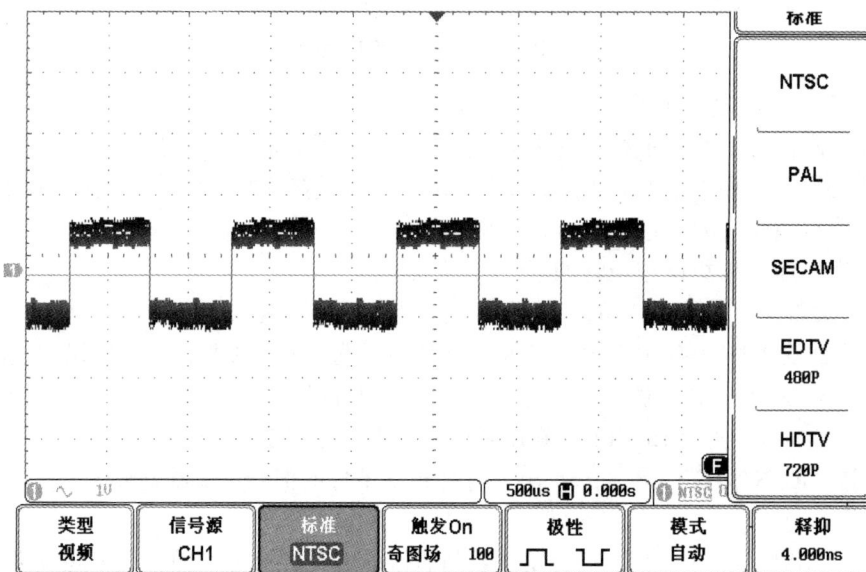

图 6-66　场同步信号

[例 6-11]　通过失败测试。

对观察信号设置 X、Y 方向上的容差范围，若观察信号超出范围即为失败，并计数 1 次。

输出波形，可以设置成失败或通过波形，也可以设置成有输出即停止测试，或反之。此时数字示波器一直工作于检测，并在屏幕左上角计数 Fall(失败)、Pass(通过)和 Total(总数)的次数。操作如下：

(1) 按 UTILITY→2/2 菜单→按通过测试 PASS/FALL。

(2) 按"允许测试"键并选择信源，如 CH1，先进入 3/3 菜单。

(3) 在 3/3 菜单中创建规则。首先，按键激活水平调整，用水平"POSITION"旋钮调整水平方向容差范围；其次，按键激活垂直调整，用水平"POSITION"旋钮调整垂直方向的容差范围；最后，按"创建规则"键确认，即已建立容差范围。此容差范围可保存也可供以后调出。在通过测试中，容差范围可以新建立，也可调出已保存的容差范围。

(4) 在 2/3 菜单中，先选择输出方式：失败，失败+ ◁；通过，通过+ ◁。然后选择输出即停的"打开"方式，即有输出即停止，或选择输出即停的"关闭"方式。最后按"继续调出"键，调出以前保存的创建规则(容差范围)。

(5) 在 1/3 菜单中，选择信源，如 CH1，显示信息在屏幕的左上角，为 Fall(失败)次数，Pass(通过)次数，Total(总数)总次数(Wave FormS)，也可关闭显示信息。

(6) 按操作键，操作键由▶变为■时，检测开始，显示信息随之变化，如图 6-67 所示。

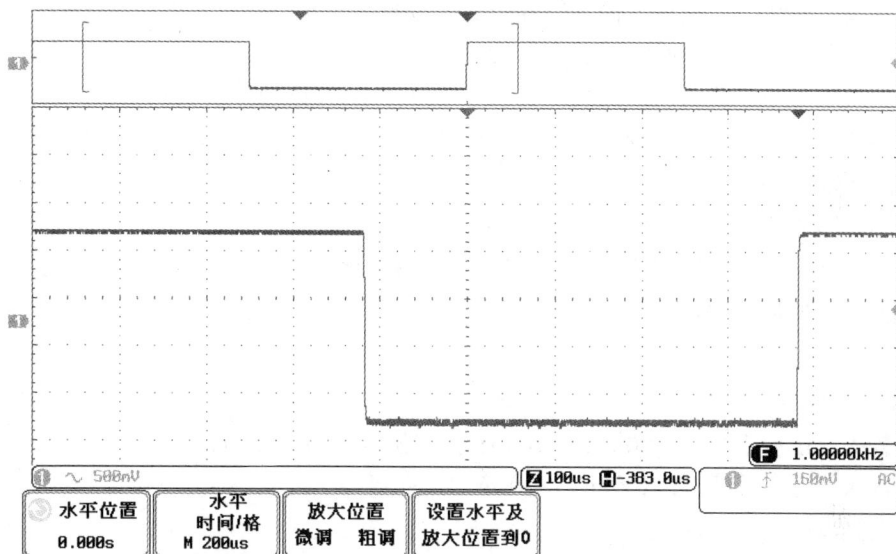

图 6-67　通过失败测试波形

6.4.3　失真度分析仪

ZC4136 型低失真度测量仪是一台新型全自动数字化的仪器，是根据当前科研、生产、计量检测、教学和国防等领域实现快速精确测量的迫切需要重新设计的，最小失真测量达到 0.005%。ZC4136 型低失真度测量仪是一台性能/价格比较高的智能型仪器，是中策仪器 ZC41 系列全数字失真仪家族中的最新成员。

ZC4136 型低失真度测量仪被测信号的电压、失真、频率全部集中在一块 LCD 液晶屏上自动显示，采用真有效值检波器检波，电压测量可在输入电压 300 μV～300 V、频率 10 Hz～550 kHz 内实现全自动测量；失真度测量可在输入电压 100 mV～300 V、频率 10 Hz～110 kHz 内实现全自动测量，失真测量范围为 30%～0.005%。该仪器具有平衡和不平衡输入电压和失真测量的功能，同时还具有测量信噪比(S/N)、信杂比(SINAD)的功能。幅度显示单位可为 V、mV、dB，失真度显示单位可选择 % 或 dB，S/N、SINAD 显示单位为 dB。该仪器内设 400 Hz 高通、30 kHz 和 80 kHz 低通滤波器，方便用户使用。

ZC4136 型低失真度测量仪是一台具有全自动测量信号电压、频率和信号失真等多功能的新一代智能型仪器，也是国内目前在信号失真测量领域具有较高水平的一种全数字化、全自动、多功能型的智能化仪器。

1. 主要特征

(1) 具有全自动失真度测试功能，内部自动校准、自动跟踪滤波。

(2) 可测量的最小失真度≥0.005%。

(3) 设置了 30 kHz、80 kHz 低通滤波器，降低了宽带非谐波(如噪声)的影响，使测量低频段信号的谐波失真时更精确。

(4) 增加了测量信杂比(SINAD)和信噪比(S/N)的功能。

(5) 提高了测量信号失真时输入信号的电压范围：100 mV～300 V。

(6) 具有测试平衡信号或不平衡信号的功能。

(7) 增设了频率计数功能，被测信号频率可直接由 LCD 液晶屏精确显示。

(8) 保留了示波器输出监视插孔，方便使用者观察被测信号的波形，以及小失真信号测量时的整机滤谐状态。

(9) 陷波网络滤除特性可达 90～100 dB。

(10) 采用高精度真有效值检波器检波，有效减小检波误差。

2. 基本工作特性指标

1) 失真度测量

失真度测量指标如下：

(1) 频率范围：不平衡，20 Hz～110 kHz；平衡，20 Hz～100 kHz。

(2) 输入信号电压范围：100 mV～300 V。

(3) 失真度测量范围：

① 输入电压 300 mV～300 V：100 Hz～100 kHz，30%～0.01%；20～100 Hz，30%～0.03%；100～110 kHz，30%～0.05%。

② 输入电压 100～300 mV：20 Hz～110 kHz，30%～0.05%。

(4) 准确度：20 Hz～20 kHz，±1%，±0.5 dB；10 Hz～110 kHz，±2%，±1 dB。失真在 0.03% 及以下，输入信号在 100～300 mV：±3%，±2 dB。

(5) 残余失真和噪声(>1Vrms 输入时)：20 Hz～20 kHz，≤0.0058%；10 Hz～50 kHz，≤0.0088%；50～110 kHz，≤0.0098%。

(6) 显示分辨率(%)：10%～100%，0.1%；1%～9.99%，0.01%；1%以下，0.001%。

(7) 显示分辨率(dB)：0.01 dB。

2) SINAD 测量

SINAD 测量指标如下：

(1) 频率范围：不平衡，20 Hz～110 kHz；平衡，20 Hz～100 kHz。

(2) 测量范围：10～80 dB(其他指标同失真测量)。

3) AC 电压测量

(1) 电压测量范围：300 μV～300 V。

(2) 频率范围。不平衡，10 Hz～550 kHz；平衡，10 Hz～120 kHz。

(3) 以 1 kHz 为基准的频响：不平衡，20 Hz～20 kHz 为≤±0.5 dB，10 Hz～100 kHz 为≤±1 dB，100～550 kHz 为≤±1.5 dB，平衡，10 Hz～100 kHz 为≤±1 dB；100～120 kHz 为≤± 1.5 dB。

(4) 电压表准确度(以 1 kHz 为基准)：±3%，固有噪声≤50 μV。

(5) 电压表有效值波形误差：≤3%(输入信号波峰因数≤3 时)。

(6) 显示分辨率：100 V 以上，100 mV；10 V 以上，10 mV；1 V 以上，1 mV；100 mV 以上，0.1 mV；10 mV 以上，0.01 mV；1 mV 以上，0.001 mV；1 mV 以下，0.0001 mV。

4) S/N 测量

S/N 测量指标包括频率范围：10 Hz～550 kHz；S/N 测量范围：0～99.99 dB。

5) 频率测量

频率测量指标如下：

(1) 电压测量时频率范围：10 Hz～550 kHz，输入信号≥5 mV。

(2) 失真测量时频率范围：10 Hz～110 kHz，输入信号≥100 mV。

(3) 准确度：0.1%±2 个字。

3. 面板介绍

ZC4136 型低失真度测量仪的面板如图 6-68 所示。

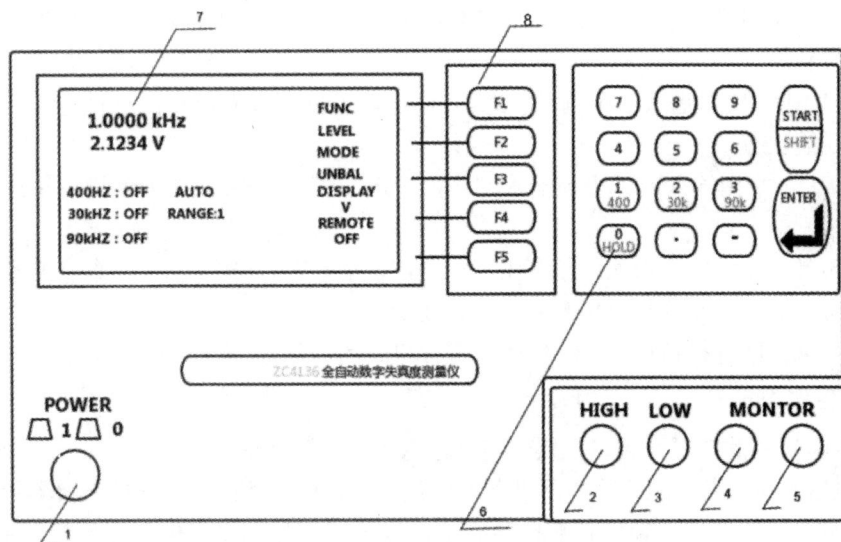

图 6-68　ZC4136 型低失真度测量仪面板

(1) 电源开关。将仪器电源线插入仪器后面板插座中，另一端接 220 V 交流电源，按下此键即接通仪器电源。

(2) 信号输入端"HIGH"。

(3) 信号输出端"LOW"。

"HIGH"和"LOW"是为测量平衡输入信号设置的，当测量不平衡信号时，信号接入"HIGH"端；当测量平衡信号时，信号高端接入"HIGH"，低端接入"LOW"即可。

(4) 波形监控端子。将示波器输入接到该插孔可直接观看被测信号的波形或滤谐后谐波波形。示波器接入端输出阻抗为 600 Ω。

(5) 接地端子。前面板上的接地端子是机壳接地用的，在使用仪器前，应首先将接地端子与被测设备接地端子连接，再可靠地接入大地。

(6) 辅助滤波器选择控制区，各功能选项说明如下：

HOLD 专门用来锁定滤谐网络。当对复杂信号进行失真测量时，频率测量准确度可能变差，为防止网络误动，可按此键，锁定网络，以便准确滤谐。如果锁定的不是要测量的信号频率，需输入一失真小的信号，然后按该键，锁定该频率，再进行测量。自动跟踪频率时，对应 LCD 显示为 AUTO；锁定时，显示为 HOLD。

(7) 测量显示 LCD 屏。

(8) 功能按键选择区，各功能键说明如下：

① F1 键：测量功能选择按键，依次按下，对应不同的显示区分别显示。

a. DISTN：仪器进入失真度测量状态。首次进入失真测试状态，测试时间一般大于 10 s，此后再测试，则可较快得出准确结果。一般情况下，被测信号频率低时，滤谐时间长；频率高时，滤谐时间就短。当电平显示"LIMIT"时，表示输入信号低于测量幅度要求，此时增大输入信号幅度即可。

b. SINAD：仪器进入信杂比测量状态，测量方法与失真度测量相同，显示单位为 dB。

c. S/N：仪器进入信噪比测量状态(不平衡或平衡信号的接入法同电压测量)，关闭信号源输出或者将被测设备输入短路，此时 ZC4136 型低失真度测量仪显示的分贝数，即为被测系统的信噪比。

d. LEVEL：仪器进入电压测量状态。ZC4136 型低失真度测量仪已设定好开机时自动进入电压测量状态。

② F2 键：平衡输入或不平衡输入的切换按键。ZC4136 型低失真度测量仪开机默认为不平衡输入。

③ F3 键：显示单位切换键。电压测量时，可选择 V、dB 显示；失真度测量时，可选择%、dB 显示；S/N 和 SINAD 测量只用 dB 显示。

④ F4 键：串行接口控制键。OFF：串行口关闭，ON：串行口开启。

4. 操作指南

(1) 按面板上的电源开关键，仪器自动进入电压测量状态。

(2) 电压测量。当被测信号为不平衡电压信号时，只需将信号电缆接入仪器的"HIGH"端，则被测信号的电压和频率就会自动显示；当被测信号为平衡电压信号时，首先按 F2 键，然后将高端接入"HIGH"，低端接入"LOW"，即可实现平衡电压的自动测量。电压显示单位可通过按 F3 键设置。

(3) 失真度测量。被测的不平衡或平衡信号的接入法同电压测量。被测信号的电压应大于或等于 100 mV(否则将显示"LIMIT")。按下"F1"键选择失真度测量方式，系统自动跟踪被测信号的电平和频率，无需任何操作，显示稳定后则可记录数据。失真度显示可选择 dB 或 % 显示，若按失真键，仪器则自动选择"%"显示。

(4) SINAD 测量。被测的不平衡或平衡信号的接入法同电压测量。按下"F1"键选择信杂比测量，测量方法与失真度测量相同，显示单位为 dB。

(5) S/N 测量方式。被测的不平衡或平衡信号的接入法同电压测量。在电压测量状态下按下"F1"键，选择 S/N 测量方式，仪器首先显示被测设备输出端的电平，一般用 dB 显示；然后关闭信号源的输出或将被测设备输入短路，此时仪器显示单位为 dB，为被测系统的信噪比。

6.4.4 频谱分析仪

1. 仪器用途

频谱仪，是频谱分析仪的简称，它的作用是以图形的方式显示被测信号的频谱、幅度和频率，通常使用频谱仪的看频段、测峰值或平均功率、RS 信号功率和 EVM(Error Vector Magnitude)、星座图等功能。

频谱分析仪的知名品牌有安捷伦(如图 6-69 所示)和 R&S 罗德(如图 6-70 所示)。

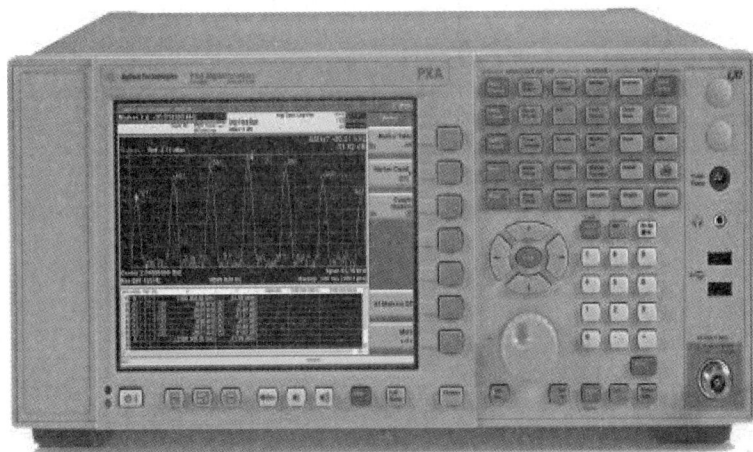

图 6-69　安捷伦频谱分析仪的外观

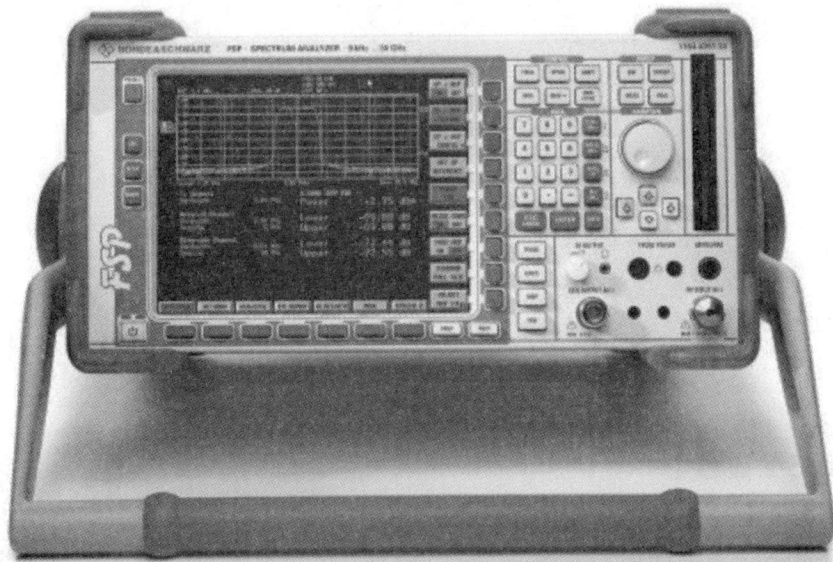

图 6-70　R&S 罗德频谱分析仪的外观

2. 常用按键功能介绍

(1) 频率设置(仪表对应按键 FREQ Channel)。

此键在信号源中唯一的作用是设置输出信号的频率。在频谱仪中，默认设置为中心频点，也可以单独设置起始频点和终止频点，此时，带宽<SPAN>为固定默认值。

(2) 带宽设置(仪表对应按键 SPAN X Scale)。

此键在频谱仪中的作用是，当设置了中心频点后，用此键设置总带宽，也就是屏幕上 X 轴显示的总带宽。例如，中心频点为 2.0 GHz，带宽为 20 M，那么测试和显示频率为 1990～2010 MHz。

(3) 电平设置(仪表对应按键 AMPTD Y Scale)。

此键在频谱仪中的作用是，当设置了频率和带宽后，用此键设置显示高度值，也就是屏幕上 Y 轴显示的最大信号强度值。例如需要测量一个 −10 dBm 的信号，参考电平的设置应大于 −10 dBm。

(4) 信号峰值读取(仪表对应按键 PEAK SEARCH)。

此键用来读取信号功率峰值，并读取对应的频率。

(5) 模板选取(仪表对应按键 MODE)。

此键用来选取模板，如定位中测试 FDD 设备和 TDD 设备时，就选取 MODE 中的 LTE 模板。

(6) 复位按键(仪表对应按键 PRESET)。

此键用于仪表复位，复位后，仪表会回到开机后的界面。该键可用于以下情况：信号读取异常，界面显示停卡。

3. 常作使用场景

1) 校准线

频谱仪校准测试电路连接如图 6-71 所示。

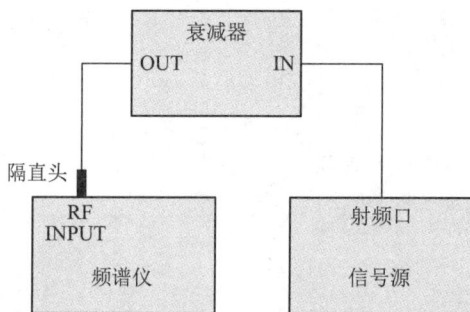

图 6-71 频谱仪校准测试连接

校准线设置如下：

(1) 按图 6-71 搭建测试链路连线，在信号源上按"FREQ"键设置频率，如图 6-72 所示。例如设置为 1.815 GHz，按"AMPTD"键选择信号幅度(如 0 dBm)，点击"RF/ON"进行触发。

图 6-72　频谱仪按钮选择

(2) 在频谱仪上按"FREQ"键选择 1.815 GHz，按"SPAN"键选择带宽(如 20 MHz)，再按"PEAK SEARCH"键读取信号峰值。例如校准 1.815 GHz 时，按"PEAK SEARCH"键读取信号峰值为 −42.42 dBm，则此时测试链路衰减为 42.42 dBm，如图 6-73 所示。

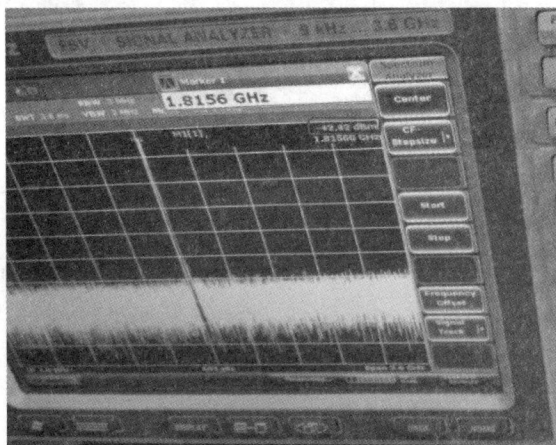

图 6-73　信号衰减图

2) 测试 WL 设备下行信号

在实验室，用频谱仪测试 WL 设备的射频和基带信号。WL 下行信号测试连接示意图如图 6-74 所示。

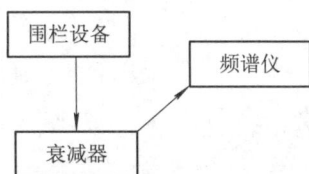

图 6-74　WL 下行信号测试连接示意图

WL 下行信号测试步骤如下：

(1) 按图 6-74 搭建定位设备的下行测试环境，注意衰减器不能接反，围栏设备测试中一般使用 40 dB 以及 100 W 的衰减器(如果没有 100 W 的按采用越大越好的原则选取)。一定要注意，频谱仪需接上隔直头。测试指标：RS 功率和 EVM。

(2) 打开频谱仪，按 MODE→选取 LTE 模板，进入图 6-75 所示界面。

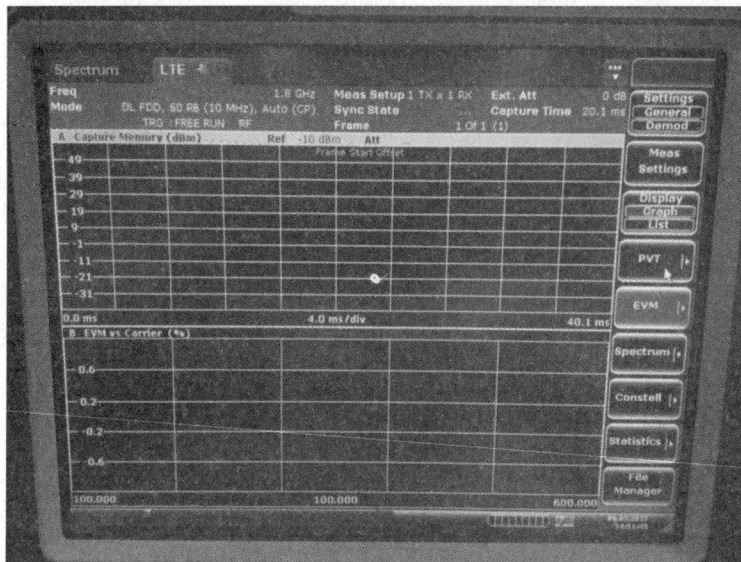

图 6-75　LTE 模板窗口

(3) 根据测试需要，设置频谱仪，如测试围栏 FDD 设备，按"FREQ Channel"键，出现如图 6-76 所示设置界面。

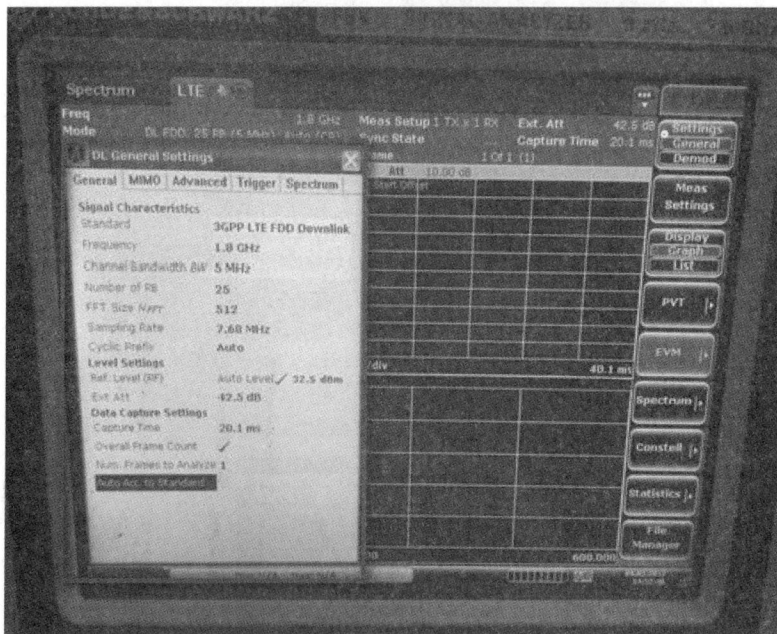

图 6-76　频谱仪设置界面

首先，把 Standard 设为 3GPP LTE FDD Downlink，中心频率 Frequency 改成要测试的频率，信号带宽根据要求设置为 10 MHz 或者其他，在 Ext Att 输入衰减值，去掉 Auto ACC to Standard 项右边的勾选。然后设置界面，此时界面是上下两个网格，先任意点击上面网格，按键 Meas→Constell；再点击下面网格，按键 Meas→Statistics→Allocation Summary，完成设置。完成设置后，会呈现如图 6-77 所示的 WL 下行信号测试界面。

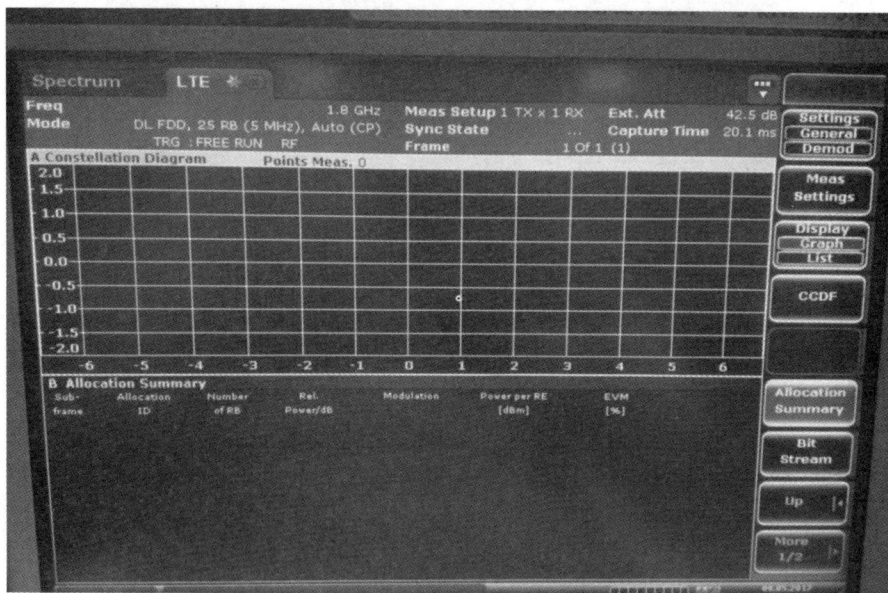

图 6-77　WL 下行信号测试设置窗口

(4) 按"Run cont"键，界面会显示要测试的 RS 功率和 EVM，如图 6-78 所示。

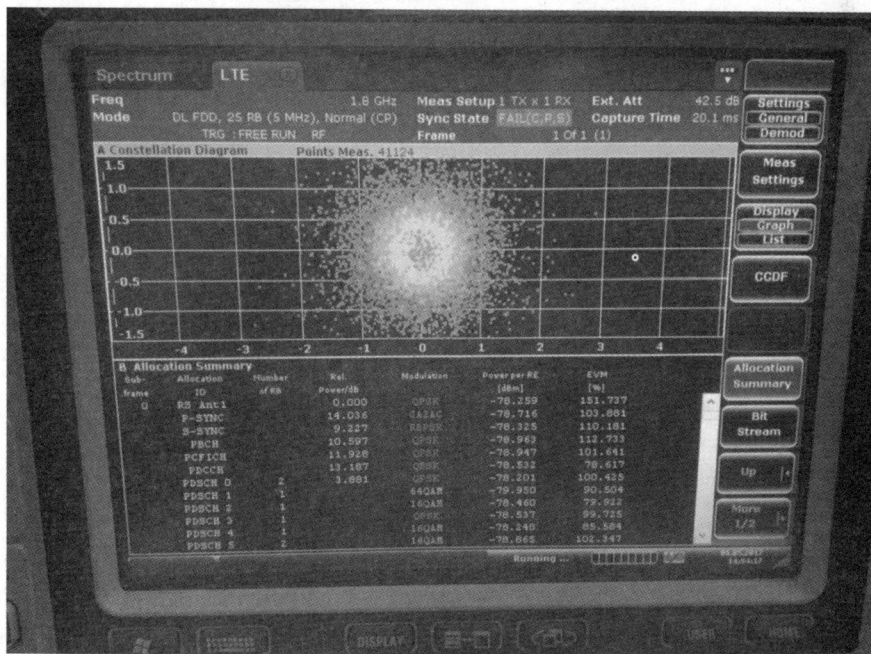

图 6-78　RS 功率和 EVM

(5) 若测试围栏的 TDD 设备，频谱仪的设置与 FDD 设备的设置稍有差异，一是要把 Standard 改成 3GPP LTE TDD Downlink，二是多了一处设置：按 Meas→Demod→DL Frame Config→把 TDD UL/DL Allocations 项选为 Conf.2，把 conf.Special Subframe 项选为 Conf.7，注意该配比要根据实际要求而配，如图 6-79 所示。

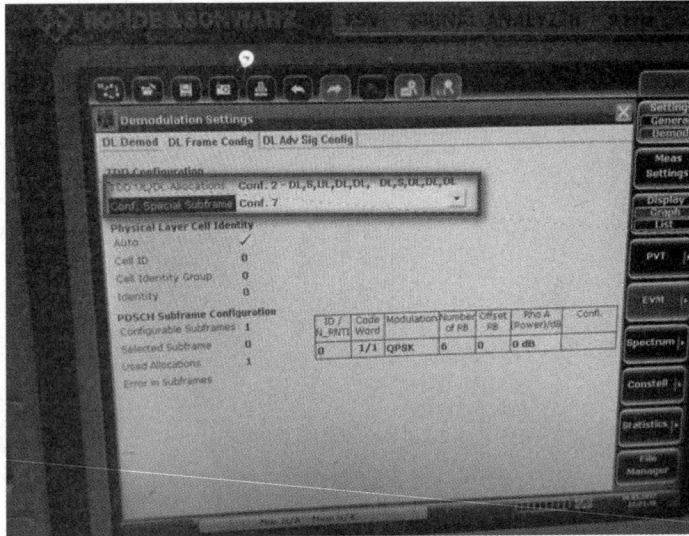

图 6-79　频谱仪设置界面

(6) 频谱仪设置完毕后，建小区使设备工作，读取相应的 RS 功率和 EVM。

3) 在外场测试中用手持频谱仪测试 DW 设备射频信号

使用手持频谱仪测试 DW 设备射频信号的电路连接图如图 6-80 所示。

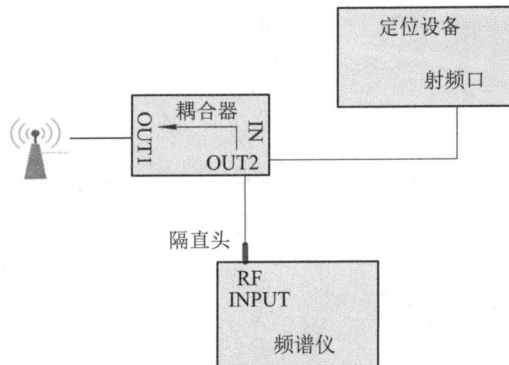

图 6-80　DW 设备测试连接示意图

测试 DW 设备射频信号操作步骤如下：

(1) 按图 6-80 搭建下行测试环境，注意耦合器按箭头方向连接。在定位设备的测试中一般用 40 dB 和 200 W 的耦合器，连接天线的一端是直通，信号没有衰减(除去射频线损)，连接频谱仪的一端有 40 dB 的衰减(除去线损)。同样，手持频谱仪在使用中一定要接隔直头。

(2) 在只观察频谱情况下，可以不用模板，只需简单看一下某个频点是否有频谱输出或者干扰。在主界面 F1 栏，按"FREQ"键设置中心频点，然后设置 SPAN(带宽)即可，如

图 6-81 所示。

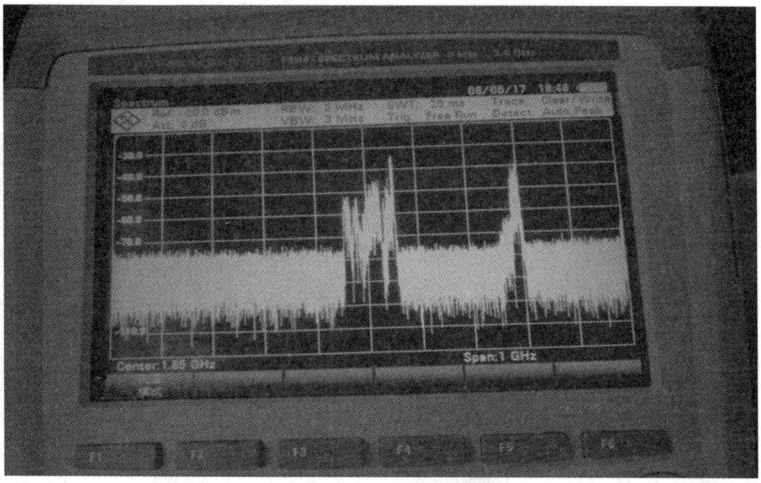

图 6-81　频谱观察窗

(3) 手持频谱仪和台式频谱仪的按键功能一样，在使用上也是大同小异。打开频谱仪，按键 MODE→F3，数字调制分析仪→选 LTE-FDD BTS 或者 TD LTE BTS→进入模板。

① FDD 模板设置，如图 6-82 所示。

开始设置，首先，按"FREQ"键设置频率，按 AMPT→F4(参考偏移，即设置衰减值)；其次，按 MEAS→信号设置→信道带宽(即设置 Ch BW)。完成以上设置后，即可在界面 Reference Signal Overview 栏读取 RS 功率和 EVM 值。

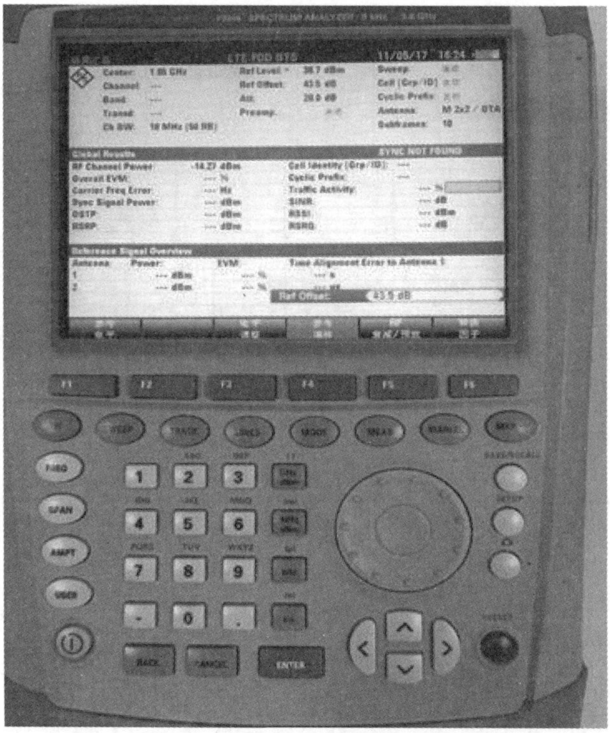

图 6-82　FDD 模板设置界面

② TDD 模板设置，如图 6-83 所示。

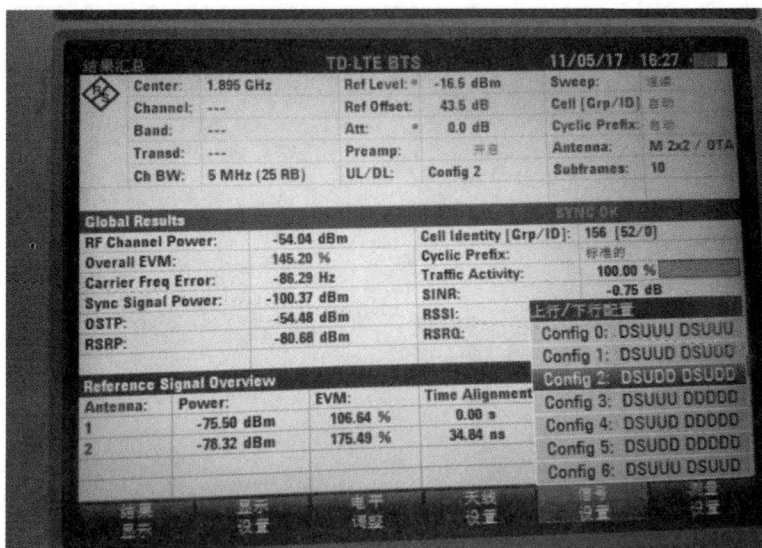

图 6-83　TDD 模板设置界面

　　TDD 模板设置与 FDD 模板设置不同之处在于多了一个"上行/下行配置"设置，按 MEAS→信号设置，进行设置即可。

4．手持频谱仪干扰排查

　　在实验室用手持频谱仪排查干扰，例如轨道交通，目标是查看轨道交通上除已知的 1797.5 MHz 频段设备外是否还有其他 1797.5 MHz 频段设备。

　　手持频谱仪干扰排查电路连接，首先，关闭已知的所有轨道交通上的 1797.5 MHz 频段设备，然后连接设备，手持频谱仪用射频线与蘑菇头天线相连，如图 6-84 所示。

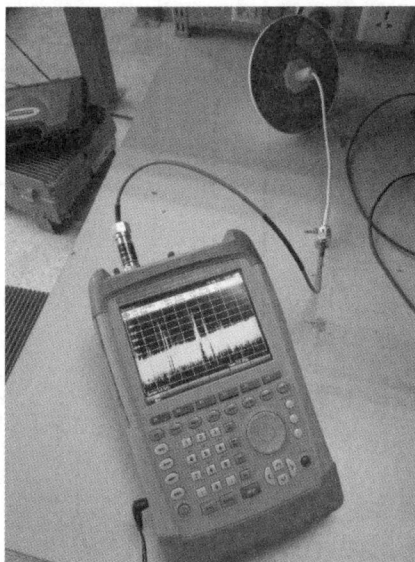

图 6-84　频谱仪测干扰连线

操作步骤如下：

(1) 按下手持频谱仪左下方黄色开机按钮(按的时间稍微长一点)。

(2) 按下左边第一列"FREQ"选择中心频率，输入 1797.5，按" MHz"按钮。

(3) 按下左边第一列"SPAN"选择带宽，输入 10，按" MHz"按钮。

(4) 观察扫频信号强度是否高于干扰要求，即将蘑菇头天线对准各个方向进行观察，观察屏幕最中间五格是否有信号高于干扰要求(高于底噪信号)，如图所示 6-85 所示。

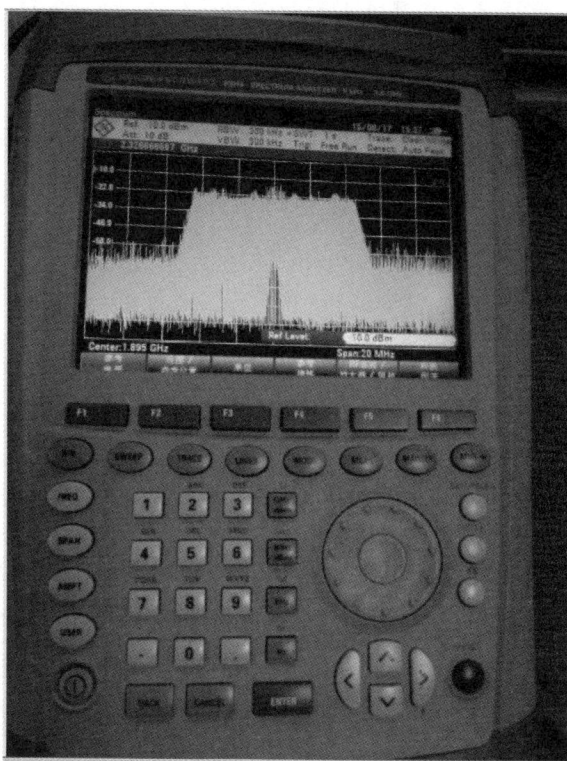

图 6-85　干扰信号与扫描信号观察窗口

第 7 章　印制电路板设计与制作

7.1　概　述

7.1.1　PCB 简介

印制线路板(printed circuit board，PCB)是在绝缘基材上，按预定设计，制成印制线路、印制元件或两者组合而成，用于提供元件之间电气连接的导电图形，称为印制电路，把印制电路或印制线路的成品板称为印制线路板(PCB)，也称为印制板，如图 7-1 所示。

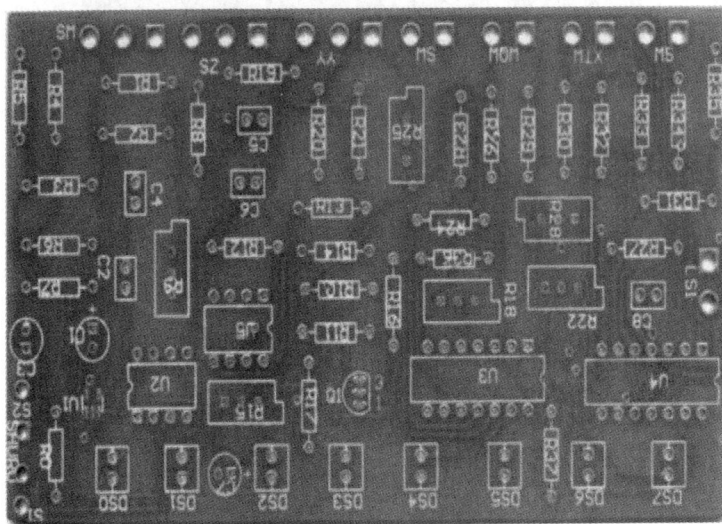

图 7-1　PCB 实例

我们生活中能够见到的各种电子产品都离不开 PCB，小到电子手表、MP3、计算器，大到电视机、计算机，只要有电子元器件，它们之间的电气互联都要使用 PCB。

目前，全球 PCB 产业的产值占电子元器件产业总产值的四分之一以上，是各个电子元器件细分产业中比重最大的产业，随着 PCB 应用领域的不断扩大，其重要性还在进一步提高。经过改革开放 40 多年尤其是近十来年的迅猛发展，PCB 产业由小到大，由弱到强，我国已经成为世界第一大 PCB 生产国，并以强劲的发展势头，全力冲击世界 PCB 产业高端领域。

目前，PCB 制造技术向高密度、高精度、细孔径、细导线、细间距、高可靠、多层化、高速传输、轻量、薄型方向发展，向提高生产率、降低成本、减少污染、适应多品种、小批量生产方向发展。PCB 的种类很多，主要种类见表 7-1。

表 7-1　PCB 的种类

分类方法	种　类
按电路层次分	单面板、双面板、多层板
按基板材质分	刚性板、挠性板、刚挠板

PCB 在电子设备中的主要功能见表 7-2。

表 7-2　PCB 在电子设备中的主要功能

序号	主要功能说明
1	提供集成电路等各种电子元器件固定、装配的机械支撑
2	实现集成电路与各种分离电子元器件之间的布线和电气连接或电绝缘
3	提供电子产品电路所要求的电气特性，如特性阻抗等
4	为电子产品大规模生产中的自动焊锡提供阻焊图形，为元件插装、检查、维修提供识别字符和图形

PCB 的生产过程是一种非连续的流水线形式，任何一个环节出问题都会造成全线停产或大量报废的后果。PCB 一旦报废，就无法回收再利用。

7.1.2　PCB 的生产工艺流程

一般来说，PCB 生产工艺可分为底片制作、金属过孔、线路制作、阻焊制作、字符制作、OSP(organic solderability preservatives)防氧化处理六大块，其流程如图 7-2 所示。

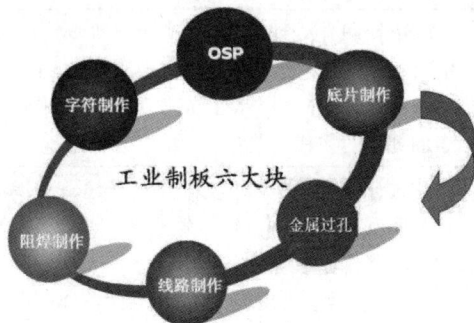

图 7-2　PCB 的生产工艺流程

本书将中小型 PCB 生产企业的工艺流程作了进一步细化，便于初学者更好地理解 PCB 的生产过程，掌握各个工艺环节的技术要点，详见表 7-3。

表 7-3 中小型 PCB 生产企业的工艺流程简介

项目	序号	工艺	工 艺 任 务	关键设备
步骤1 PCB 线路 形成	1	光绘制片	将绘制好的电路图通过 CAD/CAM 系统制作成图形转移的底片	激光光绘机
	2	裁板	根据设计的 PCB 图的大小，在符合要求的大张 PCB 覆铜板上，裁切成与生产板件相应大小的覆铜板	裁板机
	3	表面抛光	除去 PCB 铜面的污物，增加铜面的粗糙度，以利于后续沉铜制程	抛光机
	4	数控钻孔	在镀铜板上钻通孔/盲孔，用于建立线路层与层之间以及元件与线路之间的连通	自动数控钻床
	5	金属过孔	双面板和多层板的孔与孔间、孔与导线间通过孔壁金属化建立最可靠电路连接，将铜沉积在贯通两面、多面导线或焊盘的孔壁上，使原来非金属的孔壁金属化	智能金属 过孔机
	6	线路感光层制作	将底片上的电路图转移到 PCB 上，具体方法有干膜工艺、湿膜工艺两种	干膜覆膜机、 线路板丝印机
	7	图形曝光	通过光化学反应，将线路光感层制作底片上的图像精确地印制到感光板上，实现图像的再次转移	曝光机
	8	图形显影	将 PCB 进行图形转移的感光层中未曝光部分的活性基团与稀碱溶液反应生成亲水性基团(可溶性物质)而溶解下来，而曝光部分则经光聚合反应不被溶胀，成为抗蚀层保护线路	全自动喷淋 显影机
	9	图形电镀	在电路板部分镀上一层锡，以保护线路部分(包括器件孔和过孔)不被蚀刻液腐蚀。镀锡前，对电路板进行微蚀，进一步去除残留的显影液，再用清水冲洗干净	全自动镀锡机
	10	图形蚀刻	以化学方法将线路板上不需要的铜箔除去，使之形成所需要的电路图	全自动喷淋 腐蚀机
步骤2 PCB 表面 处理	11	阻焊字符制作	将底片上的阻焊字符图像转移到腐蚀好的电路板上，主要作用是防止在焊接时造成线路短路(如锡渣掉在线与线之间或焊接不小心等)	线路板丝印机
	12	焊盘表面处理	OSP 防氧化处理工艺是在焊盘上形成一层均匀、透明的有机膜，该涂覆层具有优良的耐热性，在高温条件下，可以耐多次 SMT。SMT 可作为热风整平和其他金属化表面处理的替代工艺	自动 OSP 防氧化机
步骤3 PCB 后续 处理	13	飞针检测	通过计算机编制程序支配步进马达、同步带等系统，从而驱动独立控制探针接触到测试焊盘(PAD)和通孔；通过多路传输系统连接到驱动器(信号发生器、电源供应等)和传感(数字万用表、频率计数器等)，测试 PCB 的导通与绝缘性能	智能线路板 测试机
	14	分板包装	通过分板机完成不规则 PCB 的切割(直线、圆、圆弧)，再采用包装机完成 PCB 出厂前的打包	分板机、 包装机

7.1.3　PCB 分类

根据线路层的数量，PCB 可以分为单面板、双面板、多层板；根据成品板的软硬程度，PCB 可以分为硬板、软板、软硬板，硬板也称为刚性板，软板也称为柔性板，软硬板是刚柔结合的板；根据孔的导通状态，PCB 可以分为埋孔板、盲孔板、通孔板；根据表面处理的类型，PCB 可以分为喷锡板、金手指板、碳油板、镀金板、镀锡板、防氧化板、沉金板、沉锡板、沉银板、裸铜板、光板等。

7.1.4　PCB 相关概念

线路：线路板上连接各孔之间的金属层，起通电的作用。

飞线：系统根据网络表生成的连线，只表示各元件之间的连接关系，没有电气连接意义，只是预拉线。

锡圈：围绕各孔的金属层，用于焊接。

阻焊：防止线路上锡，保护线路。

焊点：放置焊锡、连接导线和元件引脚，需要焊接的地方。

导孔：连接不同板层间的导线，是布线层之间的电气连接。

字符：指出零件位置，便于安装及日后维修，起指示标示作用。

金手指：连接其他线路板的插头，起连接导通作用。

零件孔：安装零件的孔，起通电、焊接作用。

连接孔：接通零件面与焊接面，亦称导电孔。

工具孔：安装螺丝或定位的孔。

零件面：零件安放面。

焊接面：与零件面相对应的另一面。

绿油桥：焊接位置之间的阻焊。

蚀刻：用化学方法除去覆铜箔的非线路部分，形成印制图形。

7.1.5　覆铜板

1. 定义与用途

覆铜板制造行业是一个朝阳工业，它随着电子信息、通信业的发展，具有广阔的发展前景。覆铜箔板是将电子玻纤布或其他增强材料浸以树脂，一面或双面覆以铜箔并经热压而制成的一种板状材料，称为覆铜箔层压板(Copper Clad Laminate，CCL)，简称覆铜板。

覆铜板作为印制电路板制造中的基板材料，对印制电路板主要起互联导通、绝缘和支撑作用，但对电路中信号的传输速度、能量损失和特性阻抗等有很大的影响，因此，印制电路板的性能、品质、制造中的加工性、制造水平、制造成本以及长期的可靠性及稳定性在很大程度上取决于覆铜板。

覆铜板的制造技术是一项多学科相互交叉、相互渗透、相互促进的高新技术，它与电子信息产业，特别是与印制电路行业同步发展，不可分割，一直受到电子整机产品、半导体制造技术、电子安装技术及印制电路板制造技术的革新与发展所驱动。

2. 覆铜板的分类

覆铜板按防火性分为防火性覆铜板(94V0/1/2) 和不防火性(94HB)覆铜板，按材质分为纸板、半玻璃纤维和全玻璃纤维覆铜板。

典型的全玻璃纤维覆铜板有 FR-4 玻璃纤维环氧板,常见的半玻璃纤维有 22F 覆铜箔环氧酚醛棉纸层压板、CEM-1/3 阻燃环氧树脂复合基板，常见的纸板有 FR-1/2 酚醛树脂覆铜箔板、XPC 酚醛树脂覆铜箔板。

7.2 PCB 制板工艺流程

从覆铜板到电路板，需要经过 14 道工艺，本节详细介绍 PCB 的工艺流程。

1. 光绘制片(光绘与冲片)

制片是利用激光光绘机直接将 CAD 设计的 PCB 图形数据文件导入光绘机的计算机系统，控制光绘机利用光线直接在底片上绘制图形(见图 7-3)，再经过显影、定影得到菲林底版。制片主要有两个步骤：光绘和冲片。

图 7-3 计算机上的 PCB 图形

激光光绘机以 He-Ne 激光器为光源，将声光调制器作为扫描激光的控制开关，由计算机发送的图像信息经光栅图像处理器(RIP)处理后进入驱动电路控制声光调制器工作；被调制的衍射激光经物镜聚焦在滚筒吸附的胶片上，滚筒高速旋转做纵向主扫描，光学记录系统做副扫描，然后将两个扫描运动合成，实现将计算机内部更换图形信息以点阵形式还原在胶片上，最后用冲片机得到菲林底片。图 7-4 是激光光绘、冲片生产的底片的一个案例。

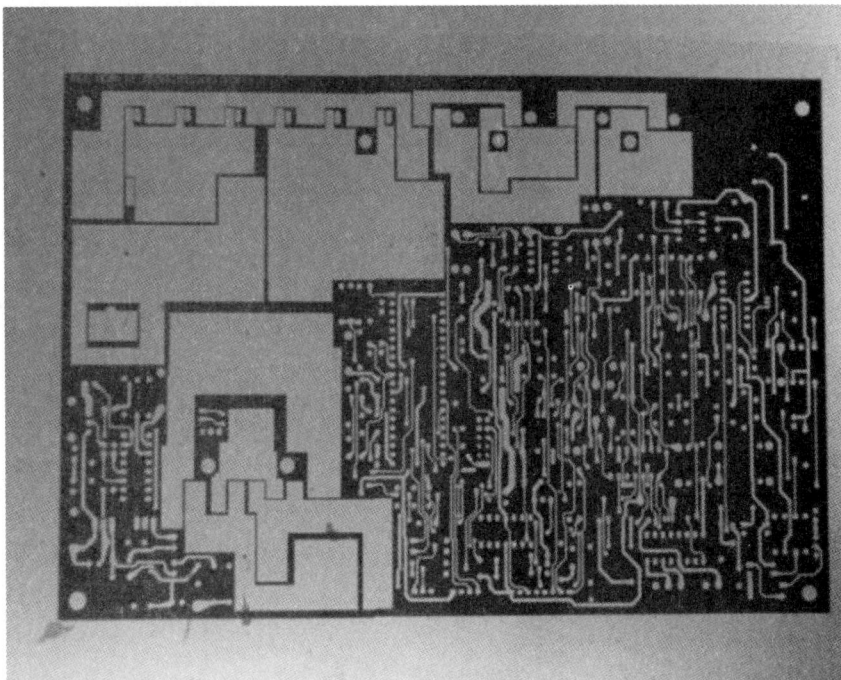

图 7-4　激光光绘、冲片产生的底片

2. 裁板

裁板又称下料，如图 7-5 所示。在 PCB 制作前，应根据设计好的 PCB 图 KEEPOUT 的大小来确定所需 PCB 覆铜板的尺寸规格。

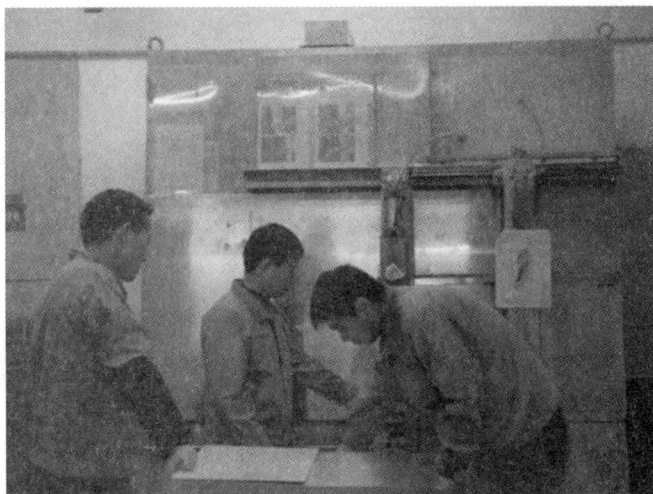

图 7-5　PCB 生产中的裁板(下料)

裁板的基本原理是利用上刀片受到的压力及上下刀片之间的狭小夹角，将夹在刀片之间的材料裁断。常用的裁板设备有两种，一种是手动裁板机，如图 7-6 所示，另一种是脚踏裁板机，如图 7-7 所示。

图 7-6　手动裁板机　　　　图 7-7　脚踏式裁板机

3. 表面抛光

除去 PCB 铜面的污渍，增加铜面的粗糙度，以利于后续沉铜制程。全自动线路板抛光机采用双刷抛光烘干工艺，主要用于基板表面抛光处理，如钢板、铝板、不锈钢板等，表面粗糙度可达 6.3 以上。抛光工艺效果如图 7-8 所示。

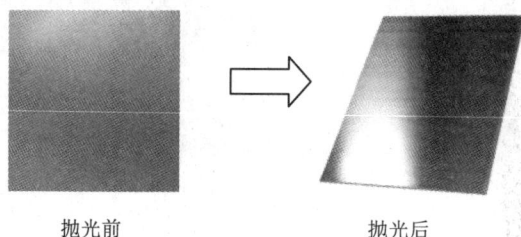

抛光前　　　　　　　　抛光后

图 7-8　抛光前后效果

4. 数控钻孔

钻孔是在镀铜板上钻通孔/盲孔，目的是建立线路板层与层之间以及元件与线路之间的连通。

小型数控钻床以其快速、高精度的产品性能不仅缩短了制板周期，同时还降低了快速制板的难度，有效地提高了制板的成功率。用户只需在计算机上完成 PCB 文件设计并将 PCB 文件或 NC Drill 文件通过 USB 或 RS-232 串行通信口传送给数控钻床，数控钻床就能快速地完成终点定位、分批钻孔等操作，其剖面图如图 7-9 所示。

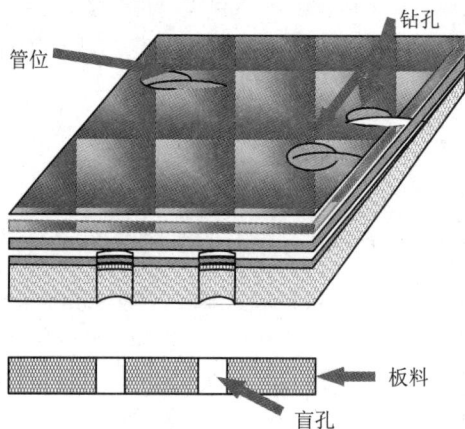

图 7-9　钻孔板的剖面图

钻孔流程：联机上电→固定板件→导入文件→定位设置→分批钻孔。

5. 金属过孔

金属过孔是双面板及多层板的孔与孔间、孔与导线间通过孔壁金属化建立最可靠电路连接，将铜沉积在贯通两面、多面导线或焊盘的孔壁上，使原来非金属的孔壁金属化。

金属过孔工艺包括孔内沉铜(PTH)及板面电镀两道工艺。孔内沉铜的主要目的在于通过一系列化学处理方法在非导电基材上沉积一层导电体，广泛应用于有通孔的双面板或多层板的生产加工中。金属过孔要求金属层均匀、完整，与铜箔连接可靠，电性能和机械性能符合标准，其剖面图如图 7-10 所示。

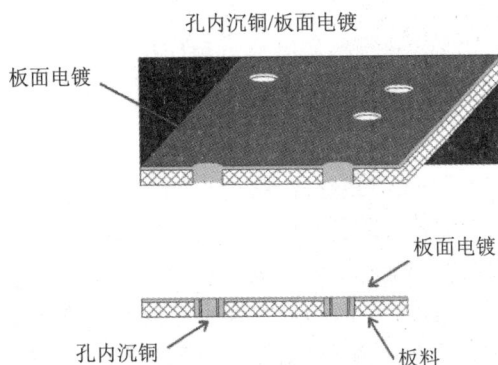

图 7-10　孔内沉铜/板面电镀剖面图

板面电镀的目的是保护刚刚沉积的、薄薄的化学铜，防止化学铜氧化后被酸浸微蚀掉，通过电镀将其加厚到一定程度。

金属过孔机具有物理沉铜和镀铜双工艺，采用国外流行的黑孔工艺。金属过孔工艺后的效果如图 7-11 所示。

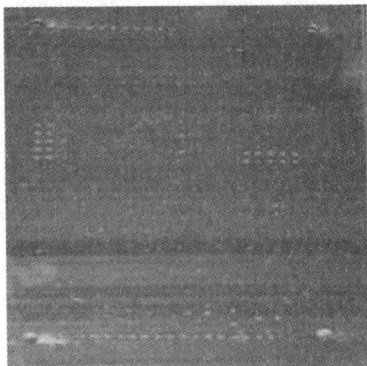

图 7-11　过孔工艺后的铜板

6. 线路感光层制作

线路光感层制作是将光绘制片底片上的电路图像转移到电路板上。

在工业级线路板制作工艺方面，主要采用两种工艺，第一种为干膜工艺，第二种为湿膜工艺。干膜工艺采用自动覆膜机。自动覆膜机专为在覆铜板上双面均匀压贴感光干膜而设计，压辊的温度、压力、速度可调。自动覆膜机的压辊选用特种合金铝辊芯，加热快且均匀，压辊表面为特殊硅胶，压膜均匀、平实、无气泡，其目的是将经处理的基板铜面通过热压方式贴上抗蚀干膜。压模工艺的示意图如图 7-12 所示。

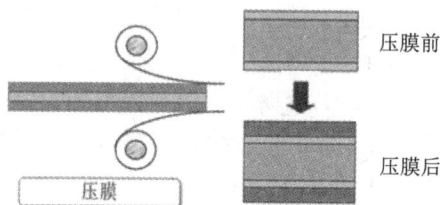

图 7-12　压模工艺示意图

湿膜工艺使用丝印机完成感光线路层制作。丝印机是印刷文字和图像的机器，一般由装版、涂墨、压印、输纸(包括折叠)等组成，具有直观、清晰、控温精度高等优点。

7. 图形曝光

图形曝光是通过光化学反应，将线路光感层制作底片上的图像精确地印制到感光板上，实现图像的再次转移。经过线路感光层制作，铜板上覆盖了一层感光干膜或感光湿膜。

图形曝光的工艺原理是：白色透光部分发生聚合反应，黑色部分则因不透光，不发生反应，显影时发生反应的部分不能被溶解掉而保留在板面上。

曝光机适用于丝印网版的曝光，工作时高压真空机将玻璃平面与橡胶皮之间抽成真空，使感光材料紧贴玻璃平面，保证曝光精度。曝光机广泛应用于线路制作、阻焊制作及丝印制作等的曝光工艺中。

8. 图形显影

显影是将 PCB 进行图形转移的感光层中未曝光部分的活性基团与稀碱溶液反应，生成亲水性的基团(可溶性物质)而溶解下来，而曝光部分经由光聚合反应不被溶胀，成为抗蚀层保护线路。

显影的目的是用碱液将未发生化学反应的干湿膜部分冲掉，而发生聚合反应的干膜则保留在板面上作为蚀刻时的抗蚀保护层。

水溶性干膜主要由有机酸根组成，会与弱碱反应使其成为有机酸盐类。当干膜被水溶解掉后，就显露出图形。

9. 图形电镀(镀锡)

图形电镀(镀锡)是在电路板图形部分镀上一层纯锡，用来保护线路部分(包括器件孔和过孔)不被蚀刻液腐蚀。镀锡前，对电路板进行微蚀，进一步去除残留的显影液，再用清水冲洗干净。

镀锡是制板中非常重要的一个环节，镀锡质量直接影响制板的成功率和线路精度。电镀过程：在显影完成后的板材的一个边缘，用刀片或其他锐器将表面的线路油墨刮除，露出导电的铜面；然后用电镀夹具将板材夹好，挂在电镀摇摆框上(阴极)并拧紧；最后，打开电源，调整好电镀电流开始电镀。最佳电镀电流为 $1.5\sim2$ A/dm^2，最佳电镀时间为 20 min。在电镀过程中，在线路表面会产生少量气泡，这属于正常情况，但是如果气泡量非常大，则表示电镀电流过大，应及时调整。电流调整应从小到大进行调节，刚开始电镀，应将电流调得比较小，待电镀到总时间三分之一后，再将电流调节到标准电流。电镀完毕后，应及时用水冲洗干净，这时在线路表面和孔内壁应有一层雪亮的锡。PCB 镀锡后效果如图 7-13 所示。

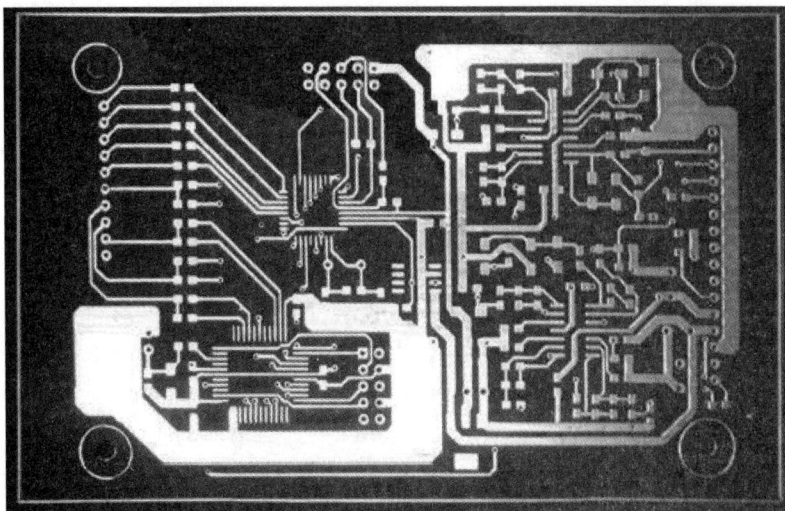

图 7-13　PCB 镀锡后的效果

10. 图形蚀刻

腐蚀是以化学的方法将线路板上不需要部分的铜箔除去，留下所需要的电路图，即利用药液将显影后露出的铜蚀掉，形成内层线路图形。目前，主要使用的蚀刻药液为氯化铜。PCB 喷淋腐蚀后的效果如图 7-14 所示。

图 7-14　PCB 喷淋腐蚀后的效果

本书所使用的以下蚀刻液配方仅供用户参考：

$CuCl_2 \cdot H_2O$，100～150 g/L；NaCl，100 g/L；$NH_3 \cdot H_2O$，670～700 ml/L；$NH_4 \cdot HCO_3$。

11. 阻焊及字符感光层制作

阻焊及字符感光层制作是将底片上的阻焊和字符图像转移到腐蚀好的电路板上。阻焊的目的是防止在焊接时造成线路短路现象，如锡渣掉在线与线之间或焊接不小心等。制作的字符是焊接、检测、维修操作等的标记。

目前工业上还没有阻焊及字符感光层制作的干膜工艺，所以，线路板阻焊与字符感光层制作主要采用湿膜工艺，即使用丝印机完成阻焊、字符感光线路层制作。丝印机是印刷文字和阻焊图像的机器，其固化、烘干工艺与线路感光层制作工艺的固化、烘干工艺流程一样，此处不再重复讲述。

阻焊及字符感光层制作工艺(湿膜工艺)操作流程如下：

(1) 表面清洁。将丝印台有机玻璃台面上的污点用酒精清洗干净。

(2) 固定丝网框。将做好图形的丝网框固定在丝印台上，用固定旋钮拧紧。

(3) 初步对位。对着刮丝印的PCB(如顶层丝印)，在丝网框上找到相应的图形，用手初步对位后，将丝网框压下，使PCB紧贴有机玻璃台面；然后调节PCB的位置，尽量使PCB上孔的位置与丝印框上相应图形孔的位置重合，再用胶布稍微固定一下PCB。

(4) 微调。开启对位光源，通过调节 X、Y、Z 和 a 方向旋钮来调节PCB的位置，使PCB上图形与丝印框上图形完全重合。

(5) 刮丝印油墨。在有图形区域均匀上一层丝印油墨，一手拿刮刀，一手压紧丝网框，刮刀以 45° 倾角顺势刮过来，然后揭起丝网框，即实现了一次阻焊/文字印刷。

湿膜制作工艺流程如图 7-15 所示。

(a)

(b)

(c)

(d)

图 7-15 湿膜制作工艺流程

PCB 阻焊层和字符感光层效果分别如图 7-16 和图 7-17 所示。

图 7-16 阻焊层

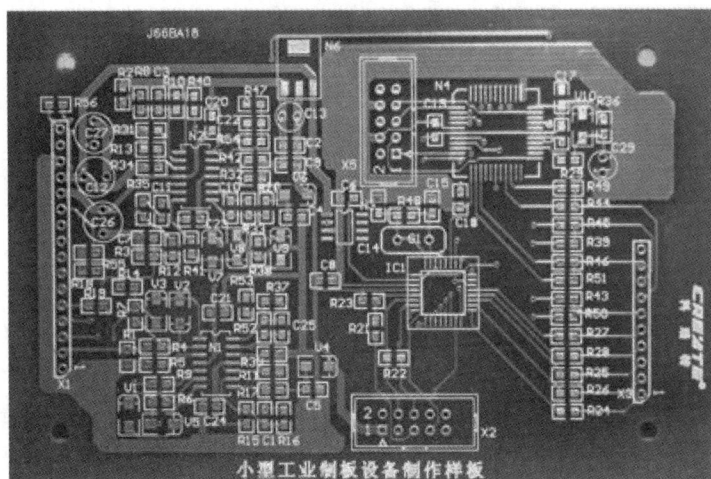

图 7-17 字符感光层

12. 焊盘表面处理

OSP 防氧化处理工艺是在焊盘上形成一层均匀、透明的有机膜。该涂覆层具有优良的耐热性，在高温条件下，可以进行多次表面贴装(SMT)。它可作为热风整平和其他金属化表面处理的替代工艺，用于许多表面贴装工艺中。

OSP 工艺能选择性地与铜面产生反应，形成一层均匀、透明的有机膜。该涂覆层具有优良的耐热性，能适用于不洁助焊剂和锡膏。OSP 工艺具强抗热处理性能，因此能保护复杂的导通孔电路，以及采用 SMD 安装元件时在波锋焊前需经多次回流焊处理的电路。

OSP 工艺使用的焊剂与多种最常见的波锋焊助焊剂(包括无清洁作用的焊剂)均能相容，不污染电镀金面，是一种环保制程；其次，因 OSP 工艺使用的焊剂不含任何有机溶剂或铜络合剂，十分稳定，不会分解副产物。

OSP 工艺流程：除油→水洗 1→微蚀→水洗 2→纯水洗→成膜→水洗 3→烘干。详细内容见表 7-4。

表 7-4 OSP 工艺流程

工艺序号	工艺名称	OSP 工艺说明
1	除油	采用高压双面喷淋除油，温度可调，也可视实际情况设置除油温度(各工艺流程的参数值可用出厂设置值，除油温度通常为参考值为 45℃)。除油效果直接影响成膜品质，除油不良，则成膜厚度不均匀。一方面，可以通过分析溶液，将除油液浓度控制在工艺范围内；另一方面，要经常检查除油效果，若除油效果不好，则应及时更换除油液
2	水洗 1	采用高压双面喷淋水洗，水洗温度为室温。水洗工艺可有效防止各个槽内液体交叉污染
3	微蚀	采用高压双面喷淋微蚀，温度可调(微蚀温度参考值为 25℃)。微蚀的目的是形成粗糙的铜面，便于成膜。微蚀的厚度直接影响成膜速率，因此，要形成稳定的膜厚，保持微蚀厚度的稳定非常重要
4	水洗 2	工艺同水洗 1，水洗 1、2 共用同一水箱
5	纯水洗	采用高压双面喷淋方式，温度为室温。纯水洗的目的是进一步防止将板材上剩余的微蚀液带入成膜槽中污染成膜液
6	成膜	采用溢流浸泡的方式，温度 20～40℃(成膜温度参考值为 40℃)。成膜目的是在铜表面形成铜防氧化膜
7	水洗 3	采用市水压力双面喷淋水洗，温度为室温
8	烘干	烤干箱烘干，参考时间：85℃热风 1 min 烘干

13. 飞针检测

飞针检测机是一个在制造环境下测试 PCB 的系统，通过计算机编程支配步进马达、同步带等系统，从而驱动独立控制探针接触测试焊盘(PAD)和通孔，再通过多路传输系统连接驱动器(信号发生器、电源供应等)和传感器(数字万用表、频率计数器等)来测试 PCB 的导通及绝缘性能。智能线路板测试机能很好地完成这一工艺。

飞针检测作业流程如下：

1) 整机配置

(1) 电脑：目前市场上销售的电脑都能满足需求。

(2) 计算机软件配置要求如表 7-5 所示。

表 7-5 计算机软件配置

名 称	用 途	名 称	用 途
Windows 98SE	系统软件	Ediapv	测试资料处理软件
Cam350 7.0	工程资料处理软件	Wincmd	Windows 文件管理
Cam350 9.1	工程资料处理软件	WinRAR	解压缩软件
测试系统	测试软件		

注：电脑维护需要由培训人员培训后方可进行操作。在正常使用情况下，系统一般不会出现问题，操机人员最好不要更改电脑设置。

(3) 整机：从机器正前方看，机器有四个轴，通过步进电机的正转和反转同步带动探针移动，从而朝 X、Y、Z 三个方向行走。机器是整个系统的最终执行机构，内配有 X、Y、Z 轴步进电机马达驱动板，驱动板通过接收电脑发出的信号指令驱动机器上 X、Y、Z 轴步进电机旋转来移动四根轴，从而完成线路板的测试。

2) 安装调试

将智能线路板测试机放到适当的位置，放平、放稳，周围留约 1 m 的空间，用于专业工程师进行安装调试。

3) 利用 Cam350 软件进行工程数据处理

利用 Cam350 软件处理工程数据的流程如图 7-18 所示。

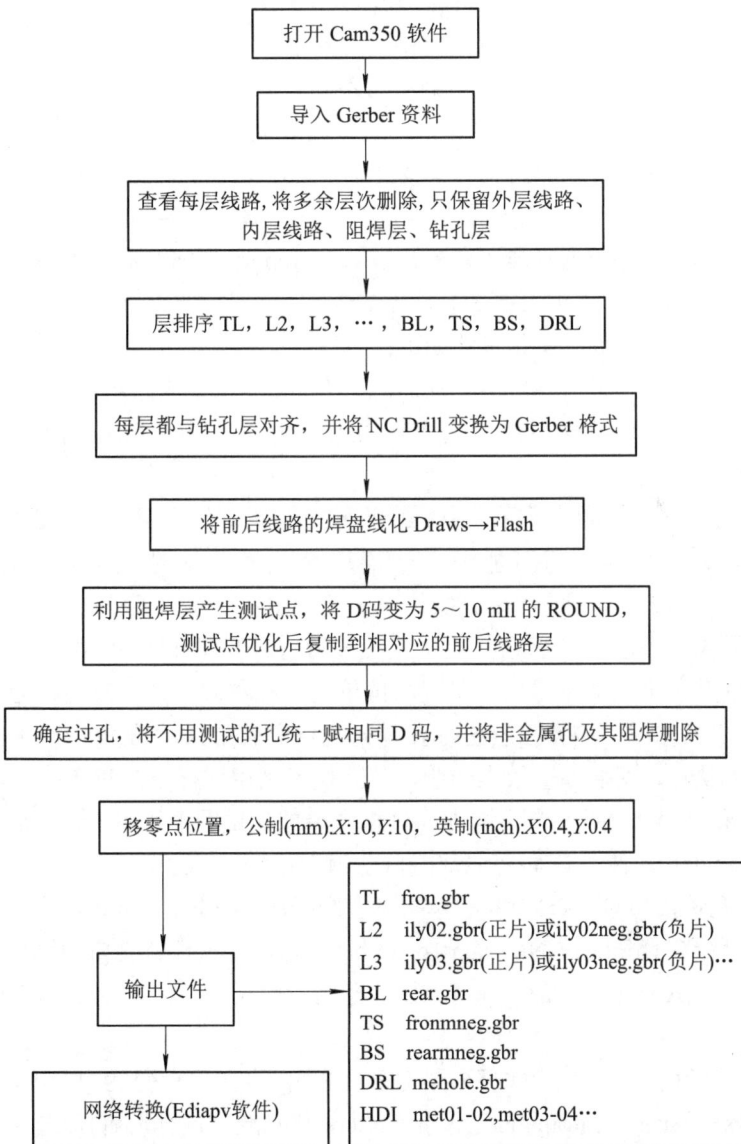

图 7-18　利用 Cam350 软件进行工程数据处理的流程

智能线路板测试机是利用客户的 Gerber 文件，通过 Cam350 软件进行一系列的选点处理后，由专用的测试软件 Ediapv 转换成测试文件来实现测试操作。为了更好地了解与处理飞针测试资料，现将 Cam350 软件的详细操作步骤介绍如下(以 Cam350 9.1 为例)。

(1) 检查客户原始文件是否齐全。客户原始文件有 Gerber 文件，包括前后线路层、内层、阻焊层；Dcode 文件或自带光圈表；Drl 文件(通孔、盲孔)。

(2) 利用 Cam350 软件处理文件。

自动导入客户 Gerber 文件。对于 RS274-X 文件，因自带 D 码即可将文件调入，而对于 RS274-D 文件，则需通过调整文件格式调试到显示正确的图形。操作前先把所有的 Gerber 文件存放在同一个目录中(如果是压缩包必须释放)，操作过程中自动读入一个 Gerber 文件。操作：File→Import→AutoImport，检查资料是否齐全。完整的 Gerber 文件包括线路层、前后阻焊层以及钻孔层。如果读入的最后结果有不合理的断、短路或外形尺寸不正确，则表示读入的 Aperture Format 数字或格式有错，这时就要调整读入时所选的单位格式，直到读正确为止(多数 PADS 格式都是英制 2：4 或公制 3：3)。在 Aperture Format 列表中为可自动识别的 D 码格式，在 Gerber Format 中为设置当前的底片文件的资料格式类型。

注：有时钻孔文件不能自动导入，需用 File→Import→Drill 命令重新导入钻孔。调入格式通常为英制 2：4，2：5 或公制 3：3，2：5。

利用 Cam350 处理文件的操作步骤如下：

① 层排序。执行主菜单命令 Edit→Layers→Reorder。常用的层次排列是：

GTL 为顶层，G1 为内层，G2 为内层，GBL 为底层，GTS 为顶层阻焊，GBS 为底层阻焊，DRL 为钻孔。

② 层删除。执行主菜单命令 Edit→Layers→Remove，将不用的层次删除。

③ 层对齐。文件导入后可能没有一层层叠放好，这时就可以执行主菜单命令 Edit→Layers→Align，一层层叠放好。操作前先要确定哪一层为不动层，哪一层为移动层，如果定义了钻孔层为不动层，那么其他层就应该与它对齐(即设钻孔层为参照层)。选择命令后在不动层的某一个点上单击鼠标左键，再单击鼠标右键，然后在要移动的层上相对应的点，用同样的方法单击鼠标左键(这时会看见此点变成白色)，用鼠标双击右键后会出现一个对话框，确认后，两层便叠放在一起，其余层也利用同样方法对齐。

④ Drill data。导入钻孔资料。同样通过格式调整调试图形正确性，通常情况下用自动导入(因为在 Cam350 软件中 D 码普遍都能自动识别)方式。

⑤ NC 钻孔转换为 Gerber。用鼠标单击主菜单 Tools→NC Editor，进入 NC 编辑器，然后执行主菜单命令 Utilities→NC Data To Gerber，确定后，软件就会自动增加一层即 Gerber 钻孔或者新增一层(Add layer)；最后拷贝 NC 钻孔到新增层，这时 NC 钻孔自动转换为 Gerber 钻孔。

⑥ SMT 焊盘化。将前后线路层及阻焊层中的 PAD 变为 Flash，执行主菜单 Utilities→Draws→Flash→Automatic(自动)或 Interactive(通常选择后者)，选择后用鼠标左键选择一个线化的 PAD，确定后再在对话框内选择要变成的形状或在列表中选择新的 D 码，确定后软件就会自动将同 D 码全转换为 Flash。不同 D 码以同样方法转换，一直将所有线

化的 PAD 转变完为止。如果线路上有不规则的线化 PAD，则需要在 PAD 位上加一个相应的焊盘(阻焊可不用)。

⑦ 生成测试点。新增加两层阻焊，首先打开一层阻焊，执行主菜单命令 Edit→Layers→Add Layers，输入要增加的层数，确定后软件就会自动增加几层空白的层次；然后选择执行 Edit→Copy 命令，按"Ctrl + A"键全部选择，再用鼠标单击屏幕所显示的"To Layers"，并在"复制到目的层"选项打"√"，最后确定。另外一层则以同样方法操作(请保留原阻焊层，作备份)。复制完成后将两层的阻焊 D 码变为 5～10 mil 的 ROUND，执行主菜单命令 EDIT→Chang→Dcode，然后按"Ctrl + A"快捷键全选，在列表里找到所需要的形状 D 码，确定后所有的 PAD 全变成小圆点(测试点)。

⑧ 防止漏点。最好将两层测试点分别复制到相对应的前后线路层，防止出现漏点。

⑨ 测试点优化。生成的测试点可能会出现一个网络内有多个测试点，为了节省测试时间，可以将中间点删除(但焊盘和钻孔不可删除)，只保留起点和终点进行测试，不会影响电路板的通断性。如图 7-19 所示 A 与 D 点必须保留，B 与 C 点可以删掉或不测试。处理测试点时一定要小心、细致，避免漏点。

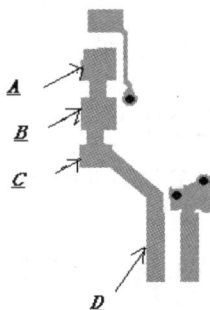

图 7-19 测试点

⑩ 确定不测的过孔。一般来说，过孔与上绿油(不开窗)的孔为不测的孔。首先看印制电路板上有几个不同 D 码的孔为不测的过孔，再将不同的 D 码变为一致。正常情况下，最小的孔为不测。有些印制电路板的过孔没有开窗，这时可以同时打开两层阻焊来对照，没有阻焊的则是不用测试的孔。如果这些孔有多个不同的 D 码，则需要变为同一 D 码，并将非金属化孔删除，若不删除可能会导致文件短路。如果有些印制电路板的过孔开窗有阻焊，则要同时打开所有线路层来对照。有时可能会出现一面开窗一面不开窗，但又是起点必须测的情况，这时可以在开窗面保留测试点，并将测试点移到孔的边缘，在不开窗面删除测试点。

⑪ 移零点位置。打开所有层，执行主菜单命令 Edit→Move，按"Ctrl + A"快捷键全部选中，将板子移到左下角坐标公制(mm)：$x = 10$，$y = 10$ 或英制(inch)：$x = 0.4$，$y = 0.4$ 的位置。注意，板的左下角坐标一定不能为负值。

⑫ 保存文件。执行菜单命令 File→Save，将文件命名保存。

⑬ 输出 Gerber 文件。执行主菜单命令 FILE→Export→Gerber Data，弹出对话框，选

择要输出的格式、路径。在 File Name 下面输入层次的标准文件名：

> 顶层：FRON.GBR；
> 内层：ILY02.GBR(正片)或 ILY02NEG.GBR(负片)；
> 内层：ILY03.GBR(正片)或 ILY02NEG.GBR(负片)；
> 底层：REAR.GBR；
> 顶层测试点：FRONMNEG.GBR；
> 底层测试点：REARMNEG.GBR；
> 钻孔：MEHOLE.GBR(通孔)；

MET01-02.GBR：盲孔只通第 1 层至第 2 层。

(3) 网络转换，生成能被机器识别的测试文件。

① 打开专业软件 Ediapv，具体操作如下：

> 导入 Gerber 文件：在主菜单 File 命令下用鼠标单击"Load all layers (standard names)"，导入已输出的 Gerber 文件，同时系统会自动生成*.apv 图形文件，并检查导入的文件层次是否齐全。

> 第一步转换：检查无误后，在命令栏选择 Net Annotation Of Artwork，系统就会自动进行网络转换，第一步转完后单击"Exit"按钮退出。

> 第二步转换：在命令栏选择 Make Test Programs，弹出对话框，按回车键后，输入过孔 D 码，单击"OK"按钮，系统会自动进行第二步转换，生成*.lst 测试文件。转换完成后同样单击"Exit"按钮退出。

> 更改图形文件名：如果测试是在 DOS 系统环境下操作，必须保存图形文件(APF 文件)，也可以在命令栏用鼠标单击保存图标，系统就会自动保存，自动生成 APF 文件，并对前后线路层更改文件命名，即执行命令 FRON.APF→FRONPIN.APF 和 REAR.APF→REARPIN.APF，使其成为能被 DOS 识别的图形文件。在 Options 菜单中，选中"Save also APF when saving APV"选项。

② 测试点的检查。检查每个网络的 PAD 上是否都有测试点，如有漏点，需查明原因(在 Cam350 软件中查看是否有阻焊或是网络断开)。注意：孔位的测试点如不经过特殊处理只会产生一个测试点，具体测试 TOP 面还是 BOTTOM 面由 Ediapv 软件转换网络时自动转换生成，我们可根据测板的需要将阻焊点移到孔的边缘去测试，就可以对孔的两面都加以测试，确保孔的通断性。需要注意，独立孔的测试必须经过特殊处理，把测试点移到孔的边缘去测，才能测试出孔的通断。

14. 分板包装

将 PCB 用 DNC 成型机切割成所需的外形尺寸，再使用包装机完成 PCB 出厂前的打包。

[例 7-1] 用 Cam350 软件打印底片(基于单面板底层的设计)。

步骤 1：用 Cam350 软件导入 Gerber 文件。

在 File 菜单中，选择 Import，如图 7-20 所示。

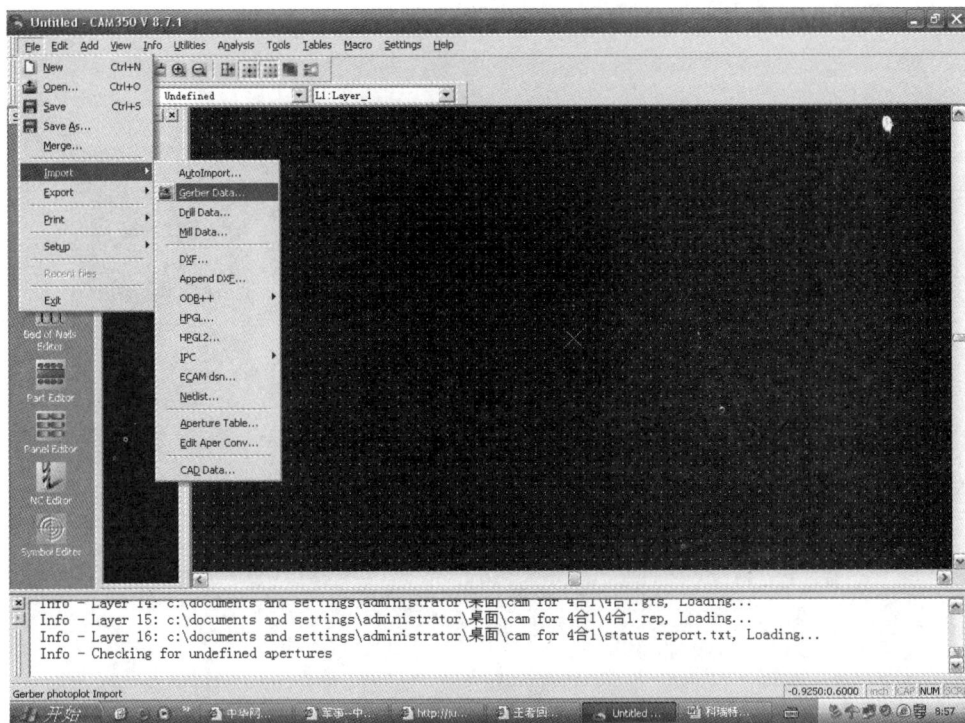

图 7-20　Gerber 文件导入窗口

导入文件后，出现的层选择窗口如图 7-21 所示。

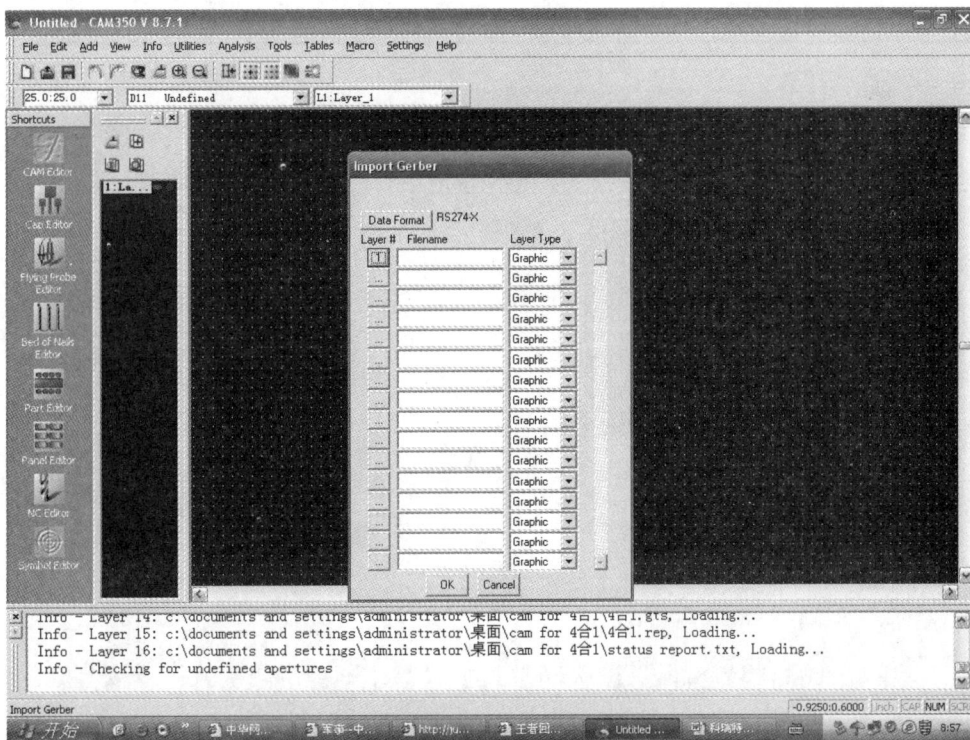

图 7-21　层选择窗口

在层选择窗口的弹出框中选择 1，弹出如图 7-22 所示的打开面板。

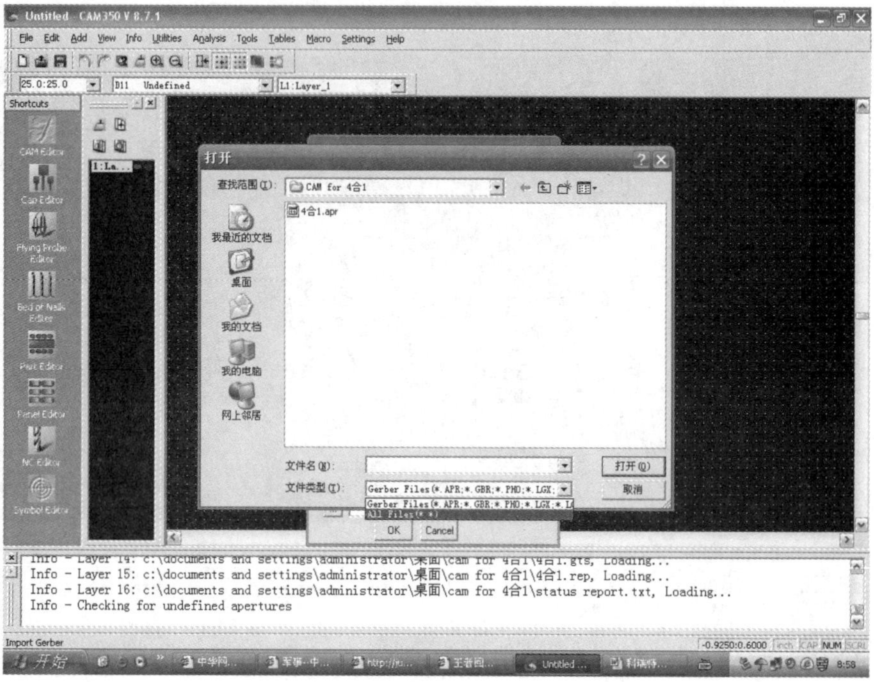

图 7-22　打开面板

在弹出的打开面板文件类型下拉列表中选择 All Files，找到文件，如图 7-23 所示。

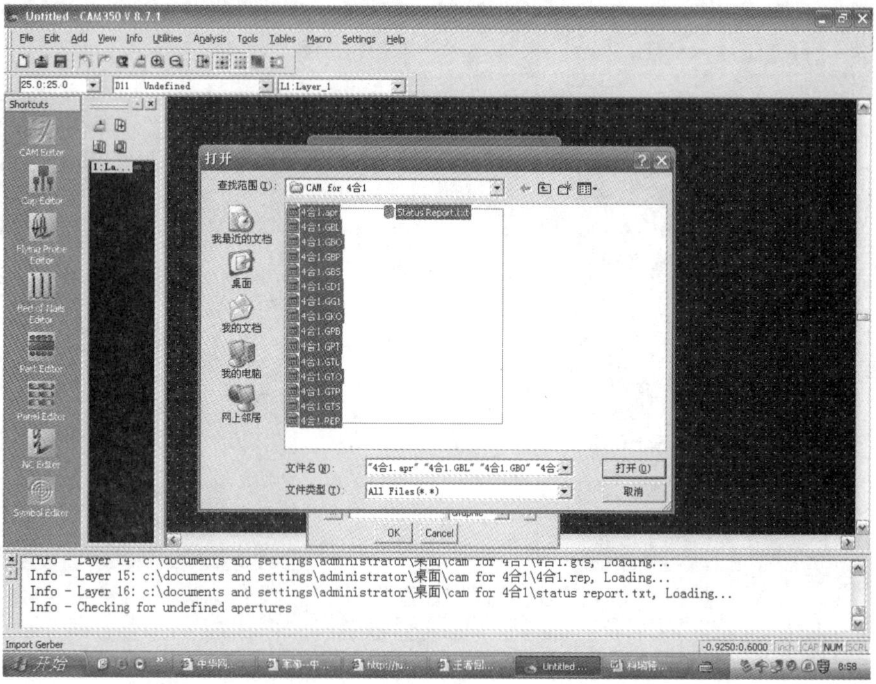

图 7-23　文件选择

用鼠标单击打开所选文件名，弹出 Import Gerber 对话框，选择对应的层文件，如图

7-24 所示。

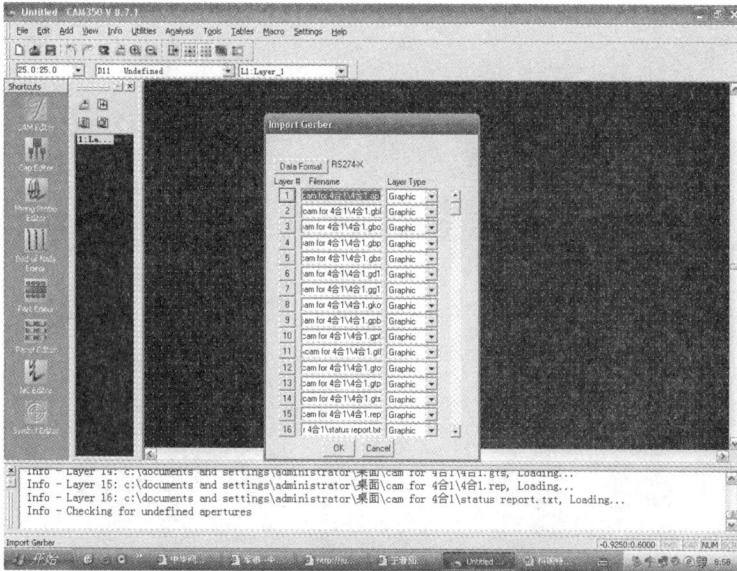

图 7-24　导入的 Gerber 层文件选择

单击"OK"按钮，弹出如图 7-25 所示导入单位是否需要调整对话框，选择"是"。

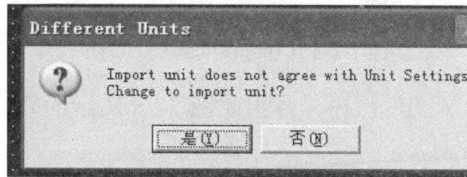

图 7-25　导入单位调整选择对话

步骤 2：选择层文件，复合形成 composites 层，具体操作如下：

(1) 菜单选择。在菜单 Tables 的下拉菜单中选择 Composites...，如图 7-26 所示。

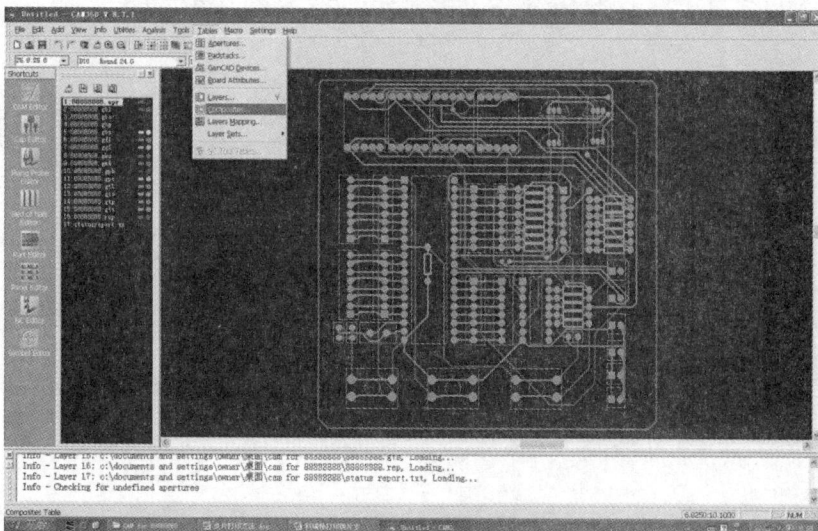

图 7-26　Composites 下拉菜单选择

此时，弹出如图 7-27 所示的 Composites 选择面板。

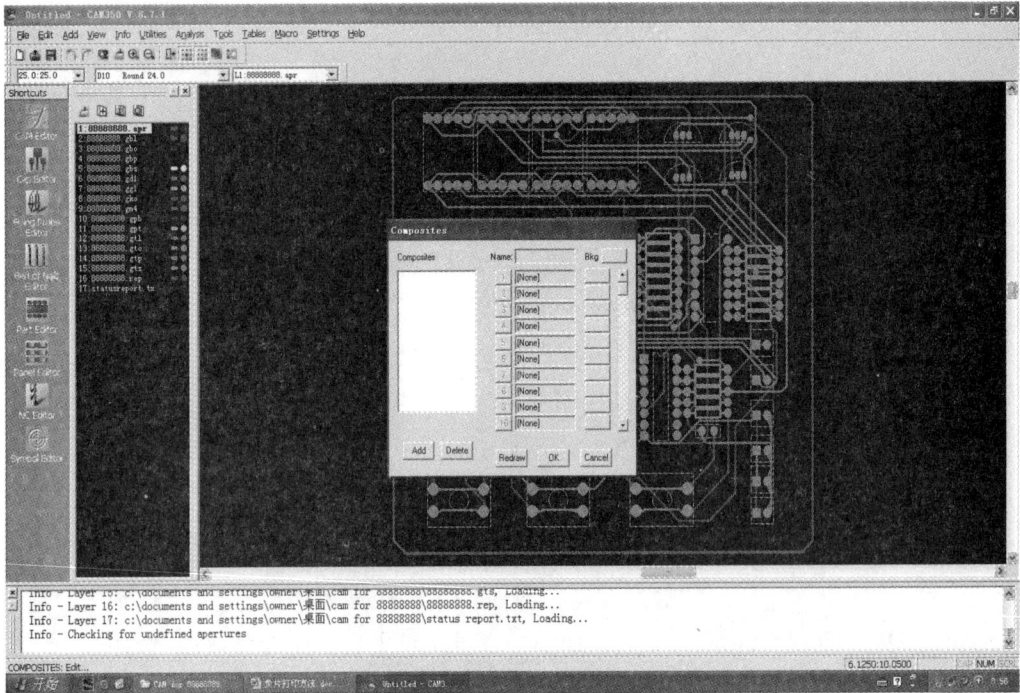

图 7-27　Composites 选择面板

(2) 文件复合。单击"Add"按钮，弹出如图 7-28 所示的 Composites 文件夹列表。

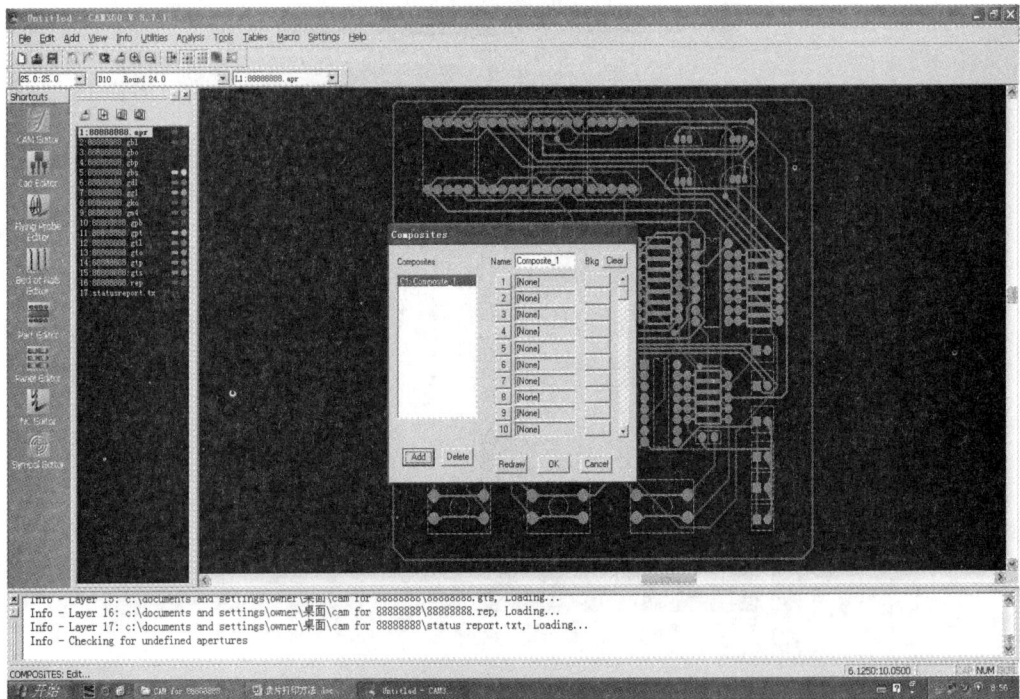

图 7-28　Composites 文件夹列表

再单击文件列表中间的"1"按钮，弹出层文件列表对话框，如图 7-29 所示。

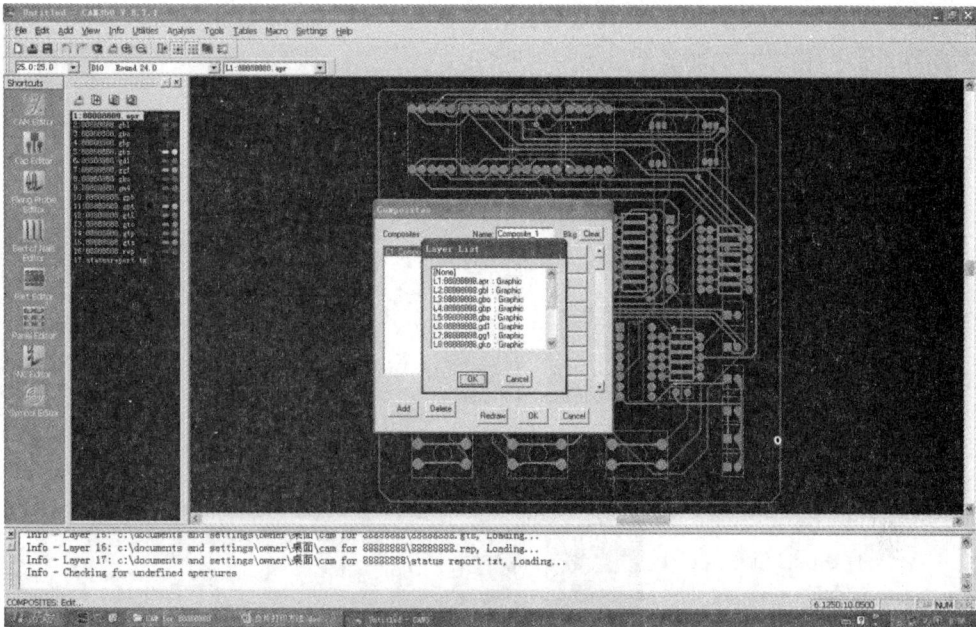

图 7-29　层文件列表对话框

然后找到顶层线路.gbl 文件，选中后出现如图 7-30 所示对话框。

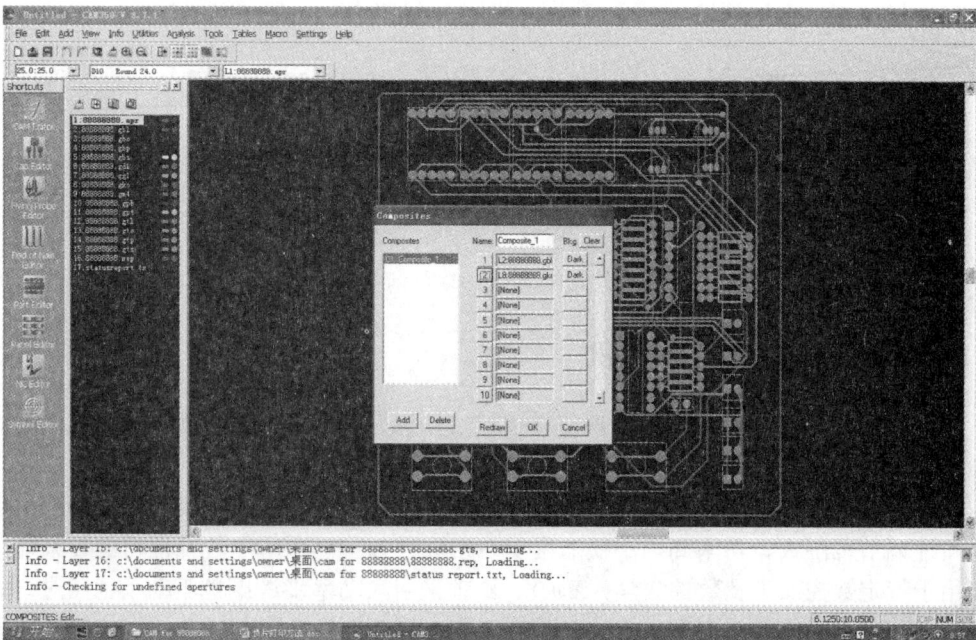

图 7-30　层文件选中对话框

最后单击"OK"按钮，底片文件复合过程完成。

步骤 3：打印底片。

操作如图 7-31 所示，在 File 菜单下拉菜单中，选择 Print，从下拉条找到 C1，用鼠标双击加进来，然后点击"平铺"。如果比例是 1.0 的灰色字体，说明图比 A4 纸小可以直接点击"绘图"。

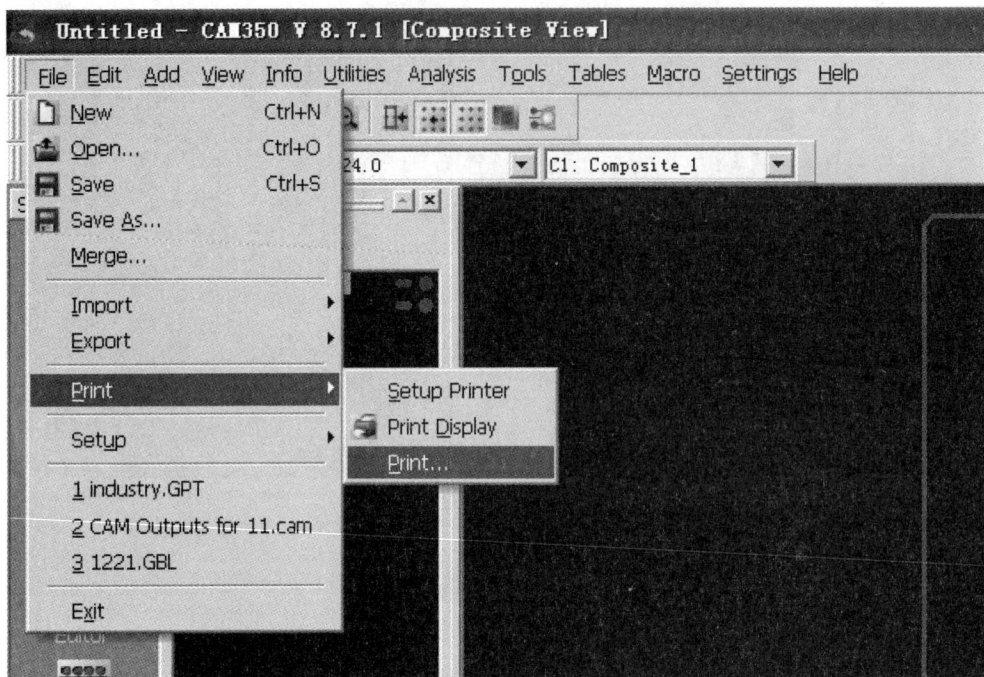

图 7-31 底片打印选择

7.3 PCB 制板常见设备

本小节介绍采用化学蚀刻制作法制作 PCB 中用到的重要设备及其使用方法。

7.3.1 全自动换刀钻铣雕一体机

本书以 SUNY-ZDK360 型自动换刀钻铣雕一体机为例，介绍全自动换刀钻铣雕一体机的使用方法。

SUNY-ZDK360 型全自动换刀钻铣雕一体机具有以下特点：主轴电机采用自冷变频电机，转速调节范围大、功率高，不仅适用于线路板雕刻，也适用于各种板材的二维雕刻，还可用于特定数控加工及数控教学；X、Y、Z 轴采用大功率步进电机驱动及德国进口紧密丝杆传动，具有极高的精度和可靠性；具有刀尖及主轴电机冷却系统，能有效延长刀具和主轴电机的使用寿命，提高雕刻精度；具有多功能数据转换软件，适合多种 PCB 设计软件；可以直接读取 U 盘上的文件，能进行脱机操作；可以加工任意大小的 G 代码或者 PLT 文件，具有加工文件预检查能力，防止 G 代码书写错误，防止物料摆放位置超出加工范围；具有良好的自我诊断能力，可以诊断输入、输出参数，发出脉冲、回零信号等，提高了远程维护能力；可以全自动动态升级，选择行号加工部分文件，进行更可靠的掉电保护和恢复；加工过程更平稳、匀速，有效降低机械振动；支持高细分，确保高精度、高速度的加工；直接支持直线、圆弧和样条曲线插补。

钻铣雕一体机的主要组成如下：

1. 执行部件

执行部件示意图如图 7-32 所示。

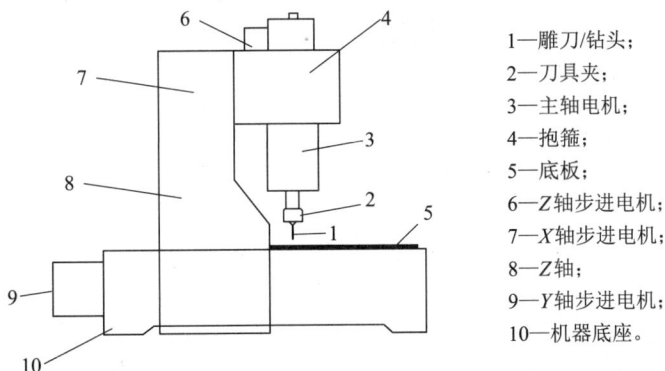

1—雕刀/钻头；
2—刀具夹；
3—主轴电机；
4—抱箍；
5—底板；
6—Z 轴步进电机；
7—X 轴步进电机；
8—Z 轴；
9—Y 轴步进电机；
10—机器底座。

图 7-32　钻铣雕一体机执行部件示意图

2. 控制手柄

控制手柄的接口如图 7-33 所示。

PC接口

U盘接口

信号输出接口

图 7-33　控制手柄接口

控制手柄的各项功能说明如下：

(1) X+/1/▲：X 轴右移/输入数值 1/光标上移；X-/4/▼：X 轴左移/输入数值 4/光标下移。

(2) Y+/2：Y 轴后移/输入数值 2/增加雕刻速度；Y-/5：Y 轴前移/输入数值 5/减慢雕刻速度。

(3) Z+/3：Z 轴上移/输入数值 3/增加主轴运行速度；Z-/6：Z 轴下移/输入数值 6/减慢主轴运行速度。

(4) X/Y→0/7：将 X/Y 轴当前坐标清零/输入数值 7。

(5) 轴起/停/8：启动/停止主轴电机运转/输入数值 8。

(6) Z→0/9：将 Z 轴当前坐标清零/输入数值 9。

(7) 回原点/0：回机器原点，输入数值 0。

(8) 高速/低速：切换手动模式下 X、Y、Z 三轴移动的速度。

(9) 菜单：设置机器内的各参数。

(10) 回零点/0：回机器零点。

(11) 速度设置：设置加工速度、空行速度、手动高速和手动低速的值。

(12) 手动步进：X、Y、Z 三轴手动调整步进量。

(13) 确定：确定当前设置项及当前操作项。

(14) 运行/暂停/删除：运行雕刻文件/暂停雕刻进度/删除输入数值。

(15) 停止/取消：停止当前雕刻进度，取消当前设置项。

注：回机器原点，指 X、Y 轴向负方向、Z 轴向正方向移动至最大极限位置。回机器零点，指 X、Y 轴移动到坐标 0.000 位置，Z 轴移动至正方向最大极限位置。加工速度，指刀具接触工件，对工件进行雕刻切削时的速度。空行速度，指刀具未接触工件，寻找加工位置时的速度。

3. 显示界面

显示界面如图 7-34 所示。

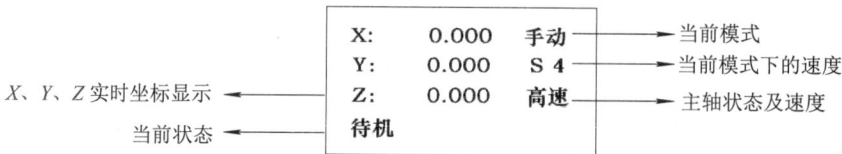

图 7-34　显示界面

4. 软件说明

采用雕刻工艺制作双面电路板时，需要通过 PCB-ZXD 软件处理生成 4 种文件：钻孔文件、定位文件、雕刻文件和割边文件。其中，雕刻有隔离雕刻和镂空雕刻两种方式。

PCB-ZXD 软件可打开 Protel99 软件输出的 Gerber 和 NC Drill 格式文件，并可将 NC Drill 和 Gerber 转换为钻孔 U00 文件、隔离雕刻 U00 文件、PLT 格式文件(注意：只有在使用镂空雕刻工艺时才需要生成 PLT 文件)。

当第一次安装 PCB-ZXD 软件时，需要对 PCB-ZXD 软件中的刀具进行设置，具体操作如下：

(1) 设置刀具。用鼠标单击设置→刀具管理，然后按图 7-35 所示进行设置。

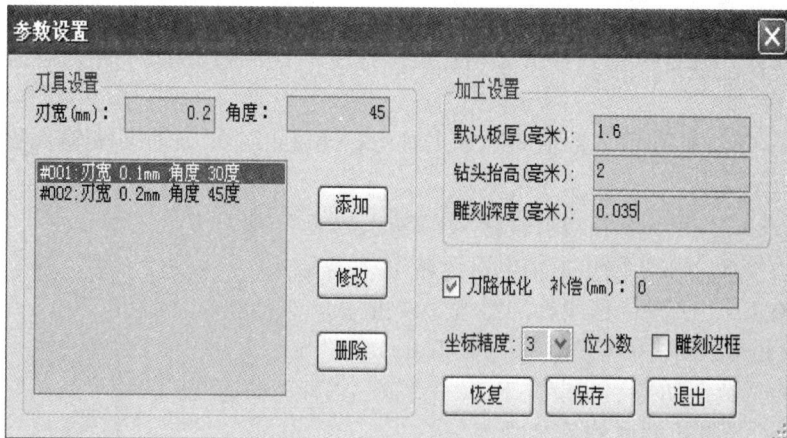

图 7-35　刀具参数设置

(2) 输入刀具参数。在刀具设置栏中输入雕刀的参数，图 7-35 所示的是几种常用的刀具的设置，参数为 0.1 mm 30° 和 0.2 mm 45° 的刀具，输入完成后，用鼠标单击"添加"按钮。

(3) 输入加工参数。在加工设置栏中输入加工参数，默认板厚是指常用 PCB 的厚度；钻头抬高是指加工时从 A 点移动到 B 点，钻头抬高的值，用绝对坐标来表示；在雕刻深度输入 PCB 铜箔厚度；选中刀具优化，坐标精度选择 3 位小数。加工参数设置完成后用鼠标单击"保存"按钮退出。

5. 文件处理(以双面电路板制作为例)

隔离雕刻工艺文件处理流程如图 7-36 所示。

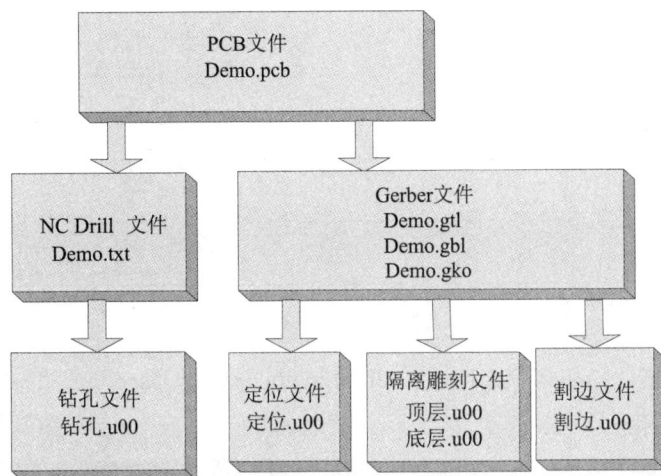

图 7-36　文件处理流程

1) 输出 Gerber 文件和 NC Drill 文件

用 Protel99 软件或 DXP 软件打开需加工的 PCB 图，按下列步骤导出 Gerber 格式文件。

第一步：定零点。

在导出 Gerber 格式文件之前，需设置 PCB 的最左下角(keepout layer 的左下角顶点)为零点，即指定机床加工的起始位置。执行命令 Edit→Origin→Set，设置零点，如图 7-37 所示。

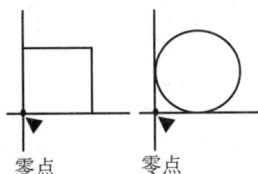

图 7-37　设置零点示意图

第二步：导出 Gerber 文件和 NC Drill 文件。

(1) 执行命令 File→Fabrication Outputs→Gerber Files…，弹出一个 Gerber Setup 对话框，在 General 选项下输入单位和格式，如图 7-38 所示。

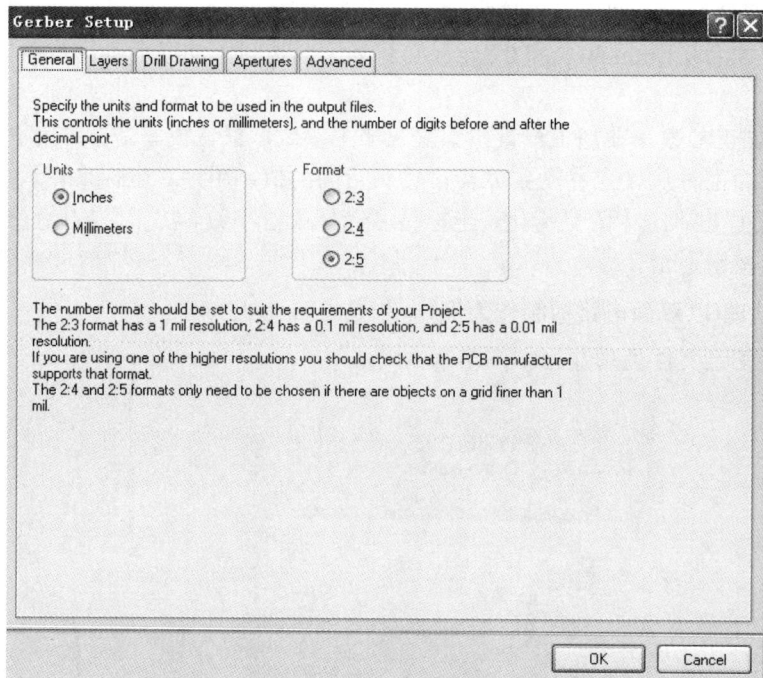

图 7-38　文件格式

(2) 用鼠标单击"Layers"选项，在 Plot Layers 下选择 Used On，选中图中用到的层，如图 7-39 所示。

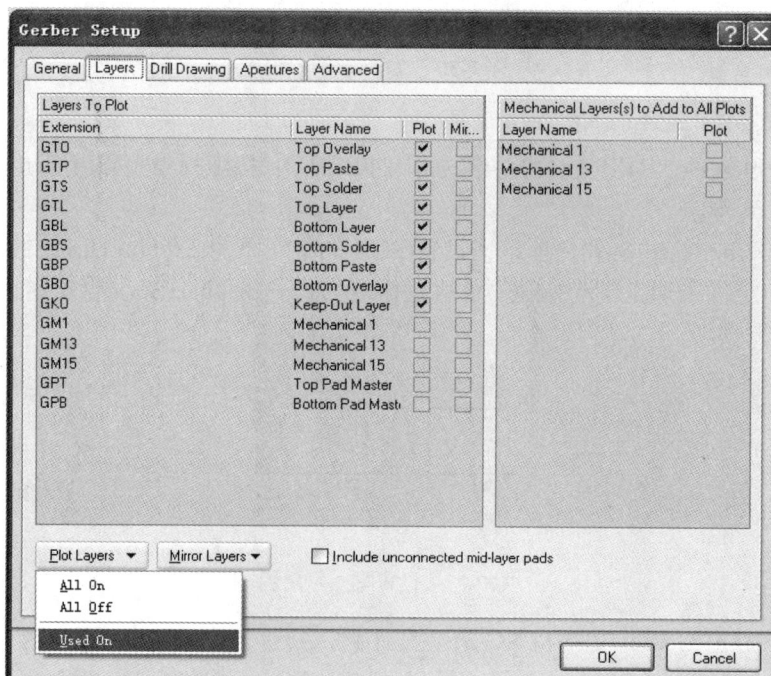

图 7-39　选择层

(3) 其他项按默认设置即可，如图 7-40～图 7-42 所示。

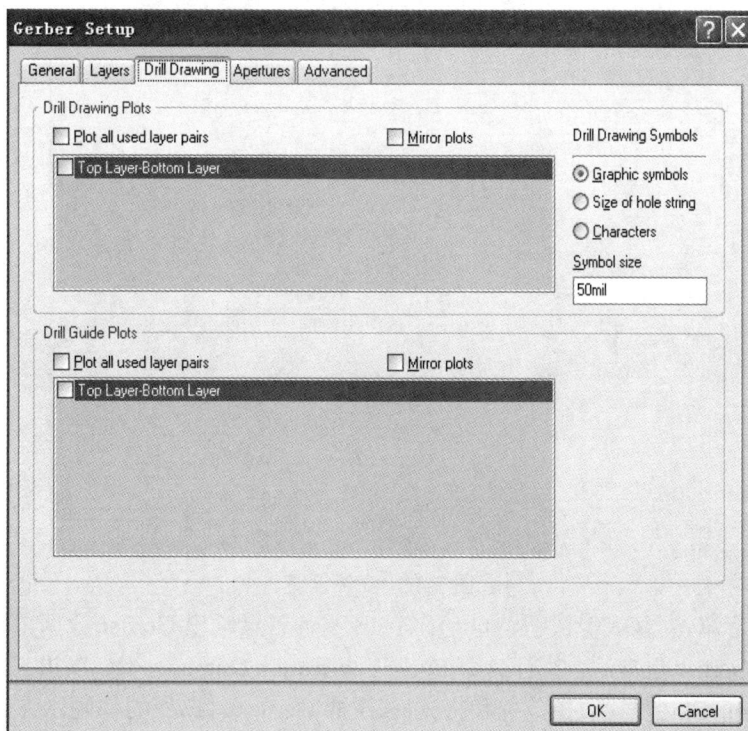

图 7-40　钻孔

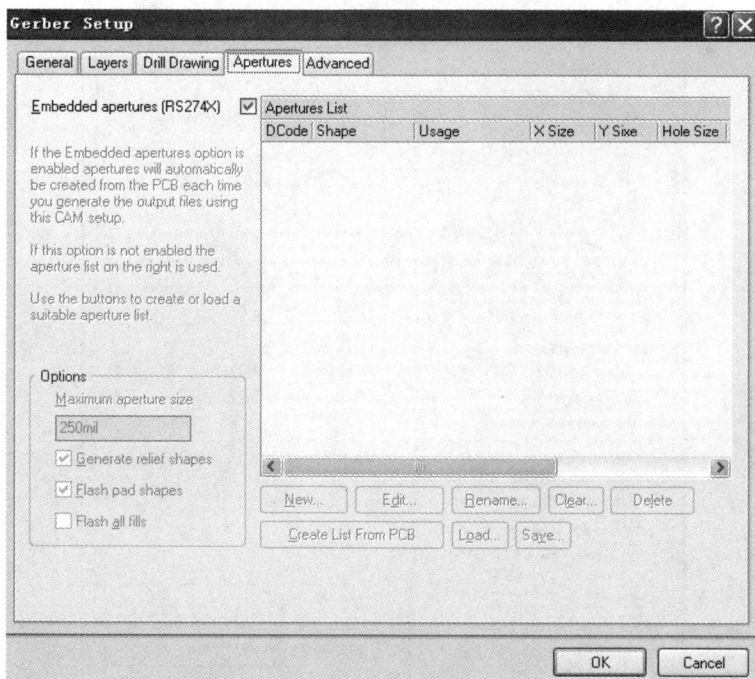

图 7-41　孔径

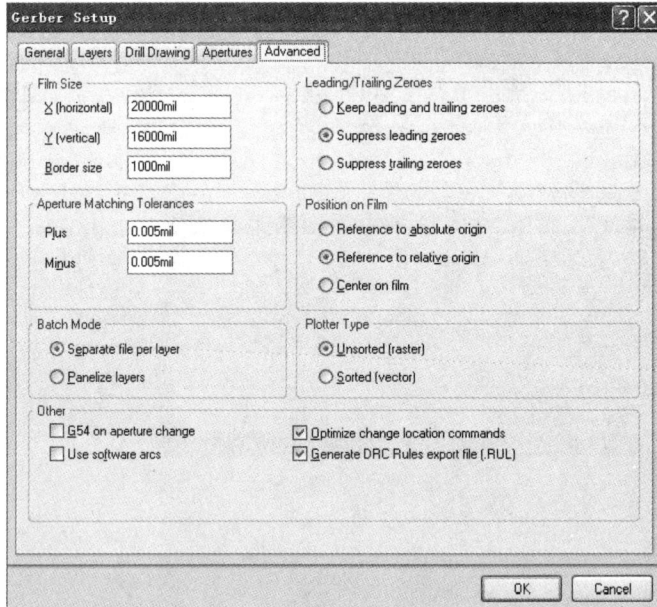

图 7-42　高级设置

最后用鼠标单击"OK"按钮，自动在 PCB 文件目录输出 Gerber 数据。

(4) 生成 Gerber 数据后，执行命令 File→Fabrication Outputs→NC Drill Files…，弹出一个 NC Drill Setup 对话框，选择单位和格式(和生成 Gerber 时选择的相同)，最后用鼠标单击"OK"按钮即可，如图 7-43 所示。

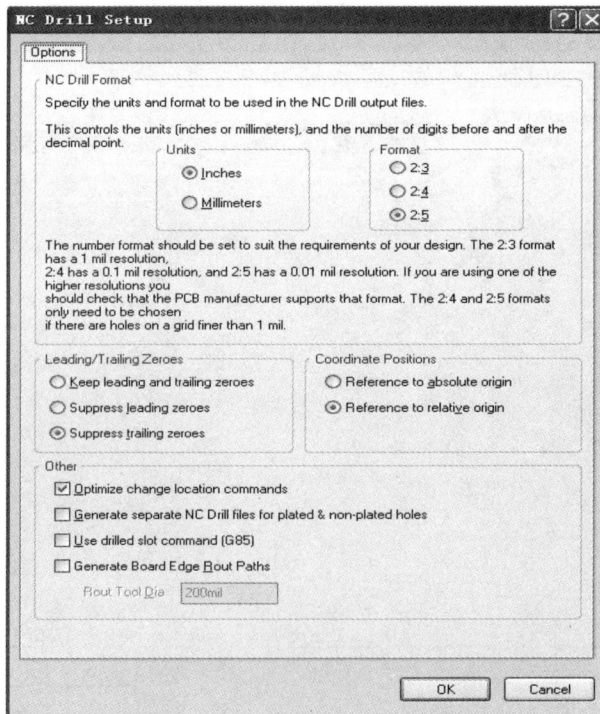

图 7-43　NC Drill Setup 界面

在弹出的如图 7-44 所示的界面，用鼠标单击"OK"，生成 NC Drill 文件。

图 7-44　生成 NC Drill 文件

打开 PCB 文件所在目录，生成的 Gerber 和 NC Drill 文件如图 7-45 所示。

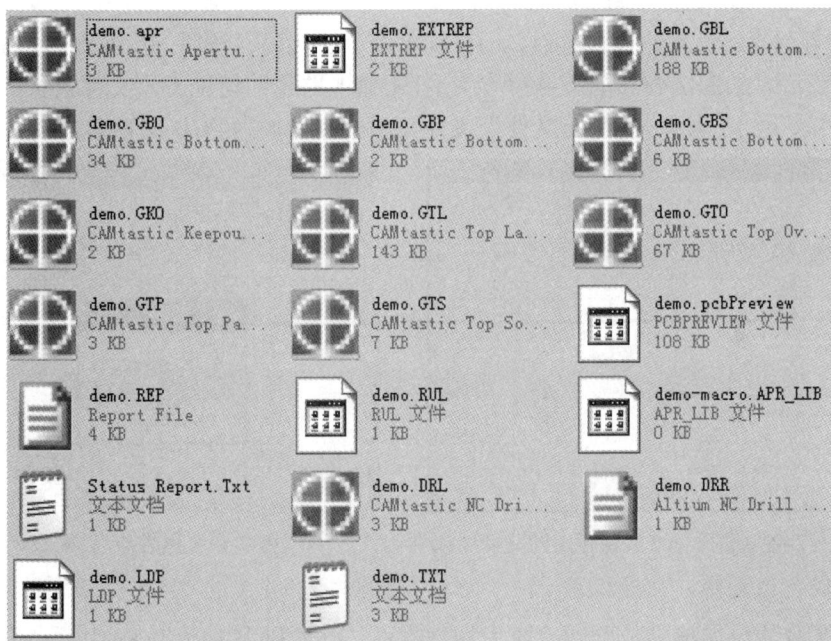

图 7-45　Gerber 和 NC Drill 文件

2) 生成钻孔文件

(1) 启动 PCB-ZXD 软件。单击打开按钮，指向生成的 Gerber 文件的路径，选择任意一个 Gerber 文件，用鼠标单击确定。

(2) 刀具选择。单击钻孔按钮，出现钻孔刀具选择界面，如图 7-46 所示，选择底面加工。

注意：顶面加工和底面加工的区别在于，选择顶面加工时，钻孔是从顶层钻到底层，选择底面加工时，钻孔是从底层钻到顶层，可根据需要进行设置。

(3) 根据当前文件孔径，选择钻孔刀直径。用鼠标单击"»"按钮，输出至已选好刀具。如需重新设置钻孔刀直径，可单击"«"按钮重新设置。根据覆铜板的厚度修改板厚，如图7-47所示。

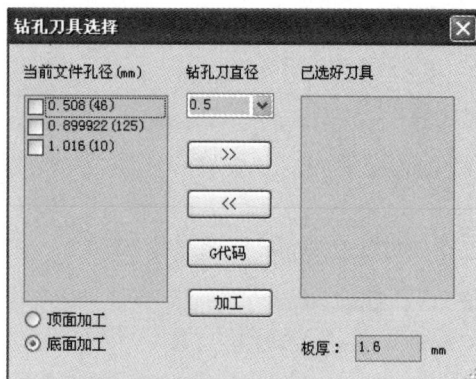

图 7-46　钻孔刀具选择

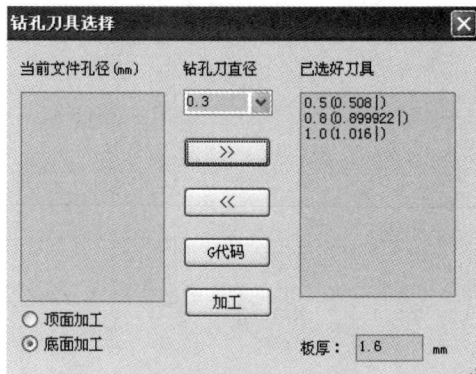

图 7-47　钻孔刀具设置

(4) 文件保存。设置钻孔刀具后，用鼠标单击"G代码"按钮，在弹出的"另存为"框中点击"保存"，如图7-48和图7-49所示。在不修改路径的情况下，文件默认保存在PCB文件所在目录下的"×××_输出文件"文件夹中。×××为PCB文件名。

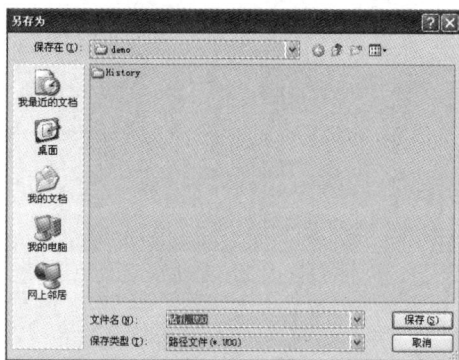

图 7-48　选择 U00 文件输出的路径

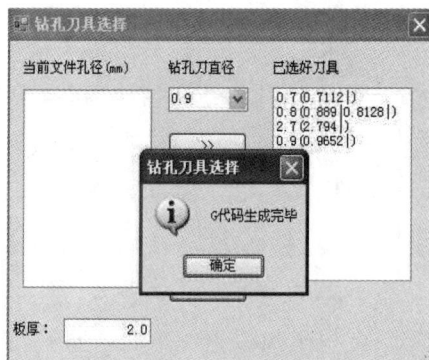

图 7-49　生成 G 代码

3) 生成定位文件

由于PCB正反面雕刻是以同一原点为参考点，因此PCB贴板时必须保证正反面一致。通常以定位孔作为参考点，定位孔生成方法如图7-50所示，具体操作如下：用鼠标单击 按钮，弹出如图7-50所示对话框，选择定位栓，并设置深度。

图 7-50　生成定位文件

4) 生成隔离雕刻文件

用鼠标单击 按钮，弹出刀具选择对话框，在对话框中选择合适的刀具后，再分别选择顶层、底层，最后单击"G 代码"按钮，分两次输出顶层和底层 G 代码到指定的路径，如图 7-51 所示。

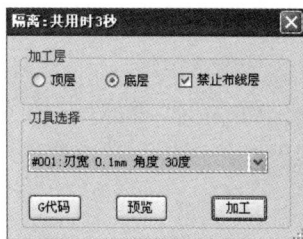

图 7-51　生成隔离雕刻文件

5) 生成割边文件

用鼠标单击 按钮，弹出割边设置对话框，在"当前文件刀径"下列出 PCB 图中切割线的宽度，选择铣刀直径后，点击"»"按钮，选择底面加工；然后确认板厚值是否正确，最后用鼠标点击"G 代码"按钮生成割边代码，如图 7-52 所示。

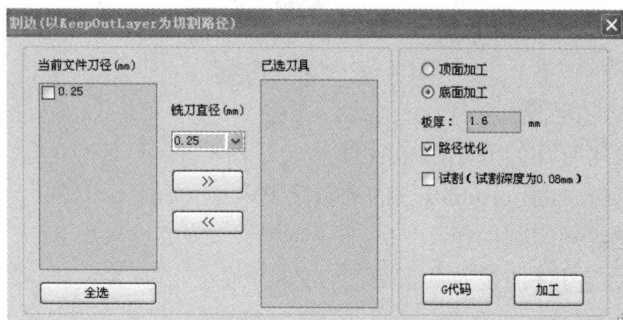

图 7-52　生成割边文件

注意：选择铣刀直径时，铣刀直径可大于当前文件刀径，但要注意，在 PCB 图设计过程中，需将割边线远离 PCB 线路 N mm，通常 N 为铣刀直径。

底面加工是指割边加工面在底面。加工面可根据工艺顺序进行选择，比如雕刻时是先雕顶层，后雕底层，则割边加工面应选择底层，否则，选择顶层。

6) 文件介绍

打开 PCB 文件所在目录，再打开"×××_输出文件"，弹出在加工文件夹下的输出文件列表，如图 7-53 所示。

图 7-53　输出文件列表

文件钻孔 0_5.U00 表示孔径为 0.5 mm，按照钻孔→定位→雕刻→割边的顺序选择合适的刀具，最后对 PCB 进行加工。"定位"加工时，选择 3 mm 的钻头。

7.3.2 丝印机

本小节以 SUNY-ZSY300 型丝印机为例，介绍丝印机的使用方法。SUNY-ZSY300 型丝印机采用高强度的 PVC 工作台以及喷烤漆钣金和钢架结构，主要用于 PCB 制作过程中的油墨印刷及丝印制作等。

1. 设备结构

如图 7-54 所示，丝印机由四部分组成。

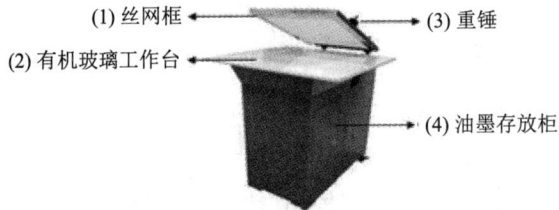

图 7-54 丝印机的外形

丝印机四部分的功能说明如下：

(1) 丝网框，丝印时均匀分配感光油墨。

(2) 有机玻璃工作台面，10 mm 厚的高强度 PVC。

(3) 重锤，方便丝网印刷操作。

(4) 油墨存放柜，方便油墨及刮刀等的存放。

2. 操作说明

以感光字符油墨丝印为例简要介绍丝印机操作方法，其他油墨印刷类似。操作方法如下：

(1) 表面清洁。将丝印机有机玻璃工作台面清洗干净。

(2) 固定丝网框。感光字符油墨印刷推荐选用 100T 丝网框(1T = 2.54 目，目指在 1 inch^2 面积内的网孔数，T 指每平方厘米内的网孔数)，通过固定旋钮拧紧丝网框。

(3) 油墨调配。按照油墨使用配置说明调制适量感光字符油墨，感光字符油墨：固化剂=3：1。

(4) 油墨印刷。将 L 形垫架置于丝网框下合适位置，按照待印板件大小调整直形垫架；放好待印板件后，将丝网框压下来，在有图形区域均匀上一层丝印油墨，一手拿刮刀，一手压紧丝网框，刮刀以 45° 倾角顺势刮，然后揭起丝网框，即完成了一次油墨印刷。

7.3.3 过孔机

本小节以 SUNY-ZGK300 型过孔机为例，介绍过孔机的结构及使用方法。

在双面及多层线路板制作中，孔金属化工艺是必需且非常关键的一个工艺步骤，它直接影响印制板的层间互连质量。

SUNY-ZGK300 型过孔机是一款集沉铜工艺与镀铜工艺于一体的集成制板设备，它引用先进的物理环保沉铜工艺，彻底解决了化学沉铜带来的污染问题，并且大大提高了沉铜效率，保证了制板工艺中孔金属化的成功率与可靠性，是成功制作双面及多层线路板的基础。

1. 设备结构

如图 7-55 所示，过孔机由四部分组成。

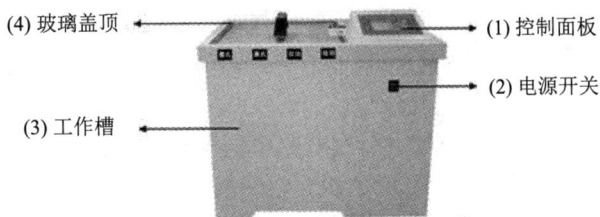

图 7-55　过孔机的外形

过孔机四部分的功能说明如下：

(1) 控制面板，采用彩色触摸液晶屏作为人机界面，主要完成设备工艺流程控制、工艺参数设置及设备状态显示。控制面板外形美观大方，操作简单便捷。

(2) 电源开关，控制整机的电源。

(3) 工作槽，"整孔""黑孔""微蚀""镀铜"等为 SUNY-ZQK300 型过孔机主要工作槽，可完成相应工艺流程。

(4) 玻璃顶盖，主要完成整机的液体保护、带开盖检测功能。当设备处于开盖时，自动禁止加热和运行，以保护操作者安全。

2. 过孔工艺流程

接钻孔及抛光工序→整孔→水洗→黑孔→通孔→烘干→微蚀→镀铜→水洗→抛光→烘干。

工艺参考参数：整孔 45℃，5 min；黑孔 3 min。烘干使用线路板烘干机烘干，烘干参考参数：75℃烘 3 min。微蚀参考参数：室温浸泡微蚀 20～60 s，依环境温度和药液新旧酌情调整微蚀时间，以完全去除表面黑孔碳粉为佳。镀铜：根据覆铜板的表面积，按照 2 A/dm^2 确定电镀电流的大小，电镀时间为 20 min。

3. 操作说明

1) 机器上电

首次使用过孔机时，需先给各个工作槽内添加相应的药液，然后接好电源线，开启电源开关，液晶显示开机界面。开机后先运行自检程序，自检完毕进入待机界面。

2) 参数设置

(1) 在待机界面，按下"设置"按钮，进入参数设置界面。

(2) 参数设置。在参数设置界面直接选中需设置的参数项，通过"↑↓"键调整参数值。同样操作依次完成所有参数设置后，按"退出"键，保存本次设定的参数，并退出设置状态，返回到待机界面。

各级工艺参考参数如下：整孔：45℃，5 min；各级市水洗：30 s；黑孔：30℃，3 min；

烘干：外置烤箱 75℃，3 min；微蚀：25℃，30 s；镀铜：2 A/dm^2，20 min。

3) 设备运行

在待机界面下，当槽内温度达到设定温度后，戴好防护手套，用各槽内盖夹具夹好板件，然后盖好内盖及顶盖，按"运行"键即可。

运行完毕，蜂鸣器报警提示，按"停止"键可解除报警，然后取出板件，即可进行下一工艺。

注意：过孔机运行中，如果打开顶盖，过孔机将停止工作。

4) 镀铜说明

将待镀覆铜板用电镀夹具夹好，挂在阴极(中间架)上，设置好电流和运行时间后，按"运行"键开始电镀。镀铜完成后，取出板件，进行水洗、抛光、烘干，备用。电镀完成后在所有孔壁均可看见一层具有光亮铜颜色的镀层。

5) 查看帮助

初次使用过孔机或者出现异常情况时，可查看过孔机的帮助功能。在待机界面按下 🔘 键，即可进入帮助界面。在帮助界面，按 ⬆ 或 ⬇ 键可以上下翻页，按 🔘 键可退出帮助界面。

7.3.4　线路板抛光机

板材抛光是制作高精密线路板必需的一个工艺步骤。板材抛光是利用物理方法刷去铜面的氧化物和杂物，以及钻孔后孔周围产生的钉头、毛刺，并使光滑铜面变得粗糙，增加铜面摩擦和吸附能力。

如果板材没有经过抛光工艺，有可能影响线路的制作，在印刷油墨或覆干膜时会出现气泡或毛刺，从而给后续的工艺制作带来相当大的困难。因此，抛光设备是制板工艺中必备的覆铜板预处理设备，是保证精密线路板制作成功的关键。

本小节以 SUNY-ZPG300 型线路板抛光机为例，介绍抛光机的结构及其使用方法。

1. 部件结构

SUNY-ZPG300 型线路板抛光机的构成如图 7-56 所示。

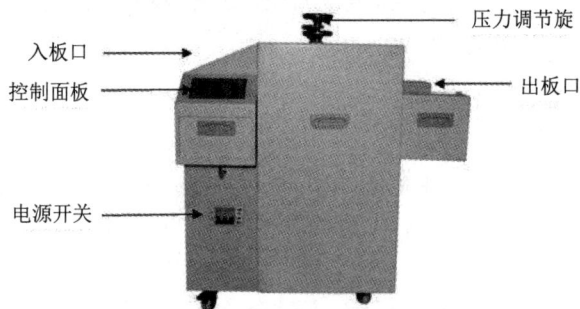

图 7-56　线路板抛光机的外形

2. 操作说明

抛光机的操作步骤如下：

(1) 准备工件(如 PCB)。

注意：如果材料表面有胶质材料、油墨、机油和出现严重氧化现象等，先人工对材料进行预处理，以免损坏机器。

(2) 连接线路板抛光机的电源线，并打开进水阀门。

(3) 按控制面板上"抛光""传动"按钮，抛光机开始运行。

(4) 调节抛光机上侧压力调节旋钮，增大压力时旋钮顺时针方向旋转，减小压力时旋钮逆时针方向旋转。

(5) 进料，将工件平放在送料台上，轻轻用手推送到位，随后转动组件自动完成传送。

注意：多个工件加工时，相互之间要保留一定的间隙。

(6) 抛光。抛光完成后，线路板抛光机后部有出料台，工件会自动传送到出料台。

注意：出料后请及时取回工件。

7.3.5　喷淋脱膜机

干膜工艺中的脱膜是将已完成线路蚀刻后的线路抗蚀层(即经曝光而固化的掩孔干膜)去除，露出线路，利于后续的阻焊制作。

本小节以 SUNY-ZTM300 型喷淋脱膜机为例，介绍喷淋脱膜机的结构及其使用方法。

1. 部件结构

SUNY-ZTM300 型喷淋脱膜机的结构如图 7-57 所示。

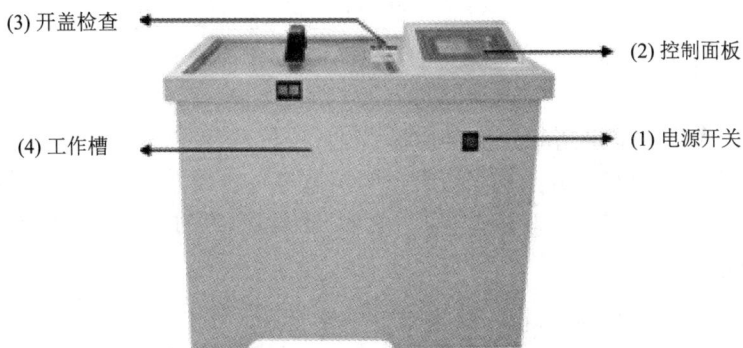

图 7-57　喷淋脱膜机的外形

脱膜机各组成部分的功能说明如下：

(1) 电源开关：主要用于控制整机的电源。

(2) 控制面板：采用彩色触摸液晶屏作为人机界面，主要用于设备工艺流程控制、工艺参数设置及设备状态显示。人机界面外形美观大方，操作简单便捷。

(3) 开盖检查：当处于开盖时，脱膜机自动停止加热和喷淋运行，以保护操作者安全。

(4) 工作槽："脱膜"为脱膜机主要的工作槽，用于完成脱膜工艺。

2. 操作说明

1) 脱膜液配制

首次使用脱膜机时，需先配制脱膜液。打开玻璃盖及内盖，加入 20 L 水，然后倒入 1000 g 脱膜粉(溶液浓度控制在 3%~5%)，并盖好玻璃盖及内盖。

2) 机器上电

接好电源线，开启电源开关，液晶显示开机界面。脱膜机开机后先运行自检程序，自检完毕进入待机界面。

3) 参数设置

(1) 在待机界面，按"设置"键，进入参数设置界面。

(2) 参数设置：在参数设置界面，直接选中需设置的参数项，通过"⬆"" ⬇"键调整参数值。同样操作依次完成所有参数设置后，按"退出"键，保存本次设定的参数，并退出设置状态，返回到待机界面。

脱膜参考参数：50℃，脱膜 2 min。

4) 设备运行

在待机界面下，当工作槽内温度达到设定温度后，戴好防护手套，用内盖自带的夹具夹好板件，盖好内盖及玻璃顶盖，按"运行"键即可。

运行完毕后进行沥水，待沥水完毕后，蜂鸣器会报警提示，这时按"停止"键解除报警，然后取出板件，进行水洗，完成脱膜工艺。

注意：脱膜机运行中，如果打开玻璃顶盖，脱膜机将停止工作。

5) 查看帮助

初次使用脱膜机或者脱膜机出现异常情况时，请查看设备的帮助功能。

在待机界面，按 🔵 键，即可进入帮助界面。

7.3.6　喷淋显影机

显影是将感光膜中未曝光部分的活性基团与稀碱溶液反应，生成亲水性的基团(可溶性物质)而溶解下来，而曝光部分经由光聚合反应不被溶胀，成为抗蚀层保护线路。

本小节以 SUNY-ZXY300 型喷淋显影机为例介绍显影机的结构及其使用方法。

1. 部件结构

SUNY-ZXY300 型喷淋显影机的结构如图 7-58 所示。

图 7-58　SUNY-ZXY300 型喷淋显影机的外形

显影机各组成部分的功能说明如下：

(1) 电源开关：主要用于控制整机的电源。

(2) 控制面板：采用彩色触摸液晶屏作为人机界面，主要用于设备工艺流程控制、工艺参数设置及设备状态显示。控制面板外形美观大方，操作简单便捷。

(3) 开盖检查：当处于开盖时，显影机自动禁止加热和喷淋运行，以保护操作者安全。

(4) 工作槽："显影"为喷淋显影机的主要工作槽，用于完成显影工艺。

2. 操作说明

1) 显影液配制

首次使用显影机时，需先配制显影液。打开玻璃盖及内盖，加入 20 L 水，然后倒入 200 g 显影粉(溶液浓度控制在 0.8%～1.2%)，并盖好玻璃盖及内盖。

2) 机器上电

接好电源线，开启电源开关，液晶显示开机界面。显影机开机后首先运行自检程序，自检完毕进入待机界面。

3) 参数设置

(1) 在待机界面，按"设置"键进入参数设置界面。

(2) 参数设置：在参数设置界面，直接轻触选中需设置的参数项，通过"⬆""⬇"键调整参数值。同样操作依次完成所有参数设置后，按"退出"键，可保存本次设定的参数，并退出"设置"状态，返回到待机界面。

显影参考参数：45℃，显影 1 min。

4) 设备运行

在待机界面下，当工作槽内温度达到设定温度后，用内盖自带的夹具夹好板件，再盖好内盖及玻璃顶盖，按"运行"键即可。

运行完毕，进行沥水，沥水完成后蜂鸣器会报警提示，这时按"停止"键可解除报警，然后取出板件，进行水洗，完成显影工艺。

注意：显影机运行中，如果打开玻璃顶盖，显影机将停止工作。

5) 查看帮助

初次使用显影机或者显影机出现异常情况时，请查看设备的帮助功能。

在待机界面按 🔘 键，即可进入帮助界面，如图 7-59 所示。

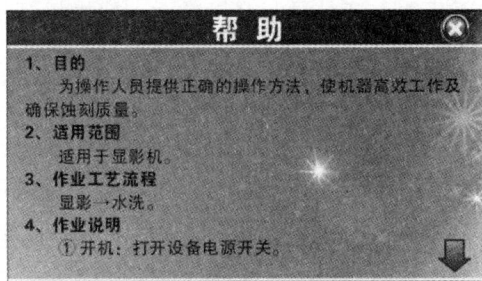

图 7-59　帮助界面

在帮助界面，按下 ⬆ 或 ⬇ 键可以上下翻页，按 🔘 键可退出帮助界面。

7.3.7　喷淋腐蚀机

腐蚀是将前工序(覆膜、曝光、显影等)制作的、有图形的线路板上的、未受保护的非导体部分铜蚀刻去除，从而完成线路制作。腐蚀机是实现高精度、快速制板的必配设备。

本小节以 SUNY-ZFS300 型喷淋腐蚀机为例，介绍腐蚀机的结构及其使用方法。

1. 部件结构

SUNY-ZFS300 型喷淋腐蚀机的结构如图 7-60 所示。

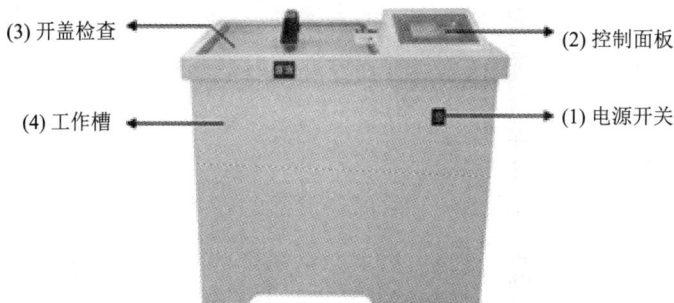

图 7-60 SUNY-ZFS300 型喷淋腐蚀机的外形

腐蚀机各部分功能说明如下：

(1) 电源开关：主要用于控制整机的电源。

(2) 控制面板：采用彩色触摸液晶屏作为人机界面，主要用于设备工艺流程控制、工艺参数设置及设备状态显示。控制面板外形美观大方，操作简单便捷。

(3) 开盖检查：当处于开盖时，腐蚀机自动停止加热和喷淋运行，以保护操作者安全。

(4) 工作槽："腐蚀"为腐蚀机的主要工作槽，用于完成腐蚀工艺。

2. 操作说明

1) 腐蚀液配制

首次使用腐蚀机时，需先配制腐蚀液。打开玻璃盖及内盖，站在上风位，加入标准配置的腐蚀液 20 L，然后盖好内盖及玻璃盖。

2) 机器上电

接好电源线，开启电源开关，液晶显示开机界面。腐蚀机开机后先运行自检程序，自检完毕进入待机界面。

3) 参数设置

(1) 在待机界面，按"设置"键，进入参数设置界面。

(2) 参数设置：在参数设置界面，直接轻触选中需设置的参数项，通过"🔼"键和"🔽"键调整参数值。同样操作依次完成所有参数设置后，按"退出"键，保存本次设定的参数，并退出"设置"状态，返回到待机界面。

腐蚀参考参数：55℃，腐蚀 45 s。

4) 设备运行

在待机界面下，当工作槽内温度达到设定温度后，戴好防护手套，用内盖自带的夹具夹好板件，然后盖好内盖及玻璃顶盖，按"运行"键即可。

运行完毕，进行沥水，沥水完毕后，蜂鸣器会报警提示，这时按"停止"键可解除报警，然后取出板件，进行水洗，完成蚀刻工艺。

注意：腐蚀机运行中，若打开玻璃顶盖，腐蚀机将停止工作。

5) 查看帮助

初次使用腐蚀机或者腐蚀机出现异常情况时，请查看帮助功能。

在待机界面下，按 ⬤ 键，即可进入帮助界面。

7.3.8　覆膜机

感光干膜由聚酯薄膜、光致抗蚀剂膜及聚乙烯保护膜三部分组成，适用于各种蚀刻、电镀(铜、镍、金、锡、锡/铅等)以及掩孔工艺。

本小节以 SUNY-ZFM300 型覆膜机为例，介绍覆膜机的构成及其使用方法。SUNY-ZFM300 型覆膜机专为在覆铜板上双面均匀压贴感光干膜而设计，压辊的温度可调，压力可调，速度可调。压辊选用特种合金辊芯，加热快且均匀压辊表面特殊硅胶，压膜均匀、平实，无气泡。

1. 部件结构

SUNY-ZFM300 型覆膜机的正视图和后视图如图 7-61 所示。

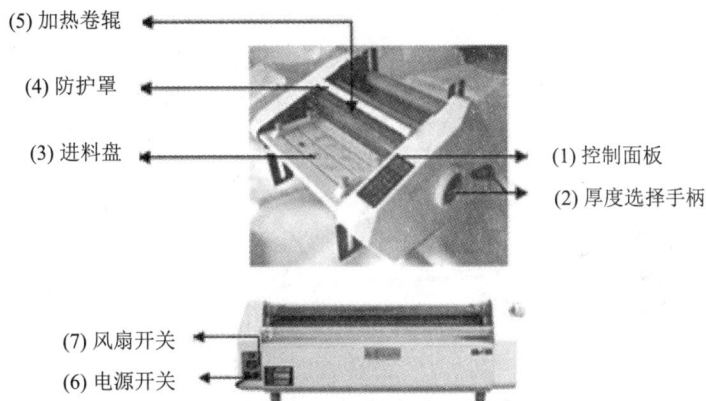

图 7-61　SUNY-ZFM300 型覆膜机的结构

覆膜机各部分的功能说明如下：

(1) 控制面板：工艺流程控制、工艺参数的设置及设备状态的显示。

(2) 厚度选择手柄：根据被覆件的厚薄选择合适的挡位和最高位空挡(此时胶辊停止运行)。

(3) 进料盘：支撑被覆件，移动上面的限位块可作进料导向。

(4) 防护罩：防止操作者手被烫伤及衣服被缠绕。

(5) 加热卷辊：硅树脂橡胶包在铁管外，能够使膜加热并贴在被覆材料表面。热卷辊的热度由一个内部发热装置提供，电机驱动，上新膜快。

(6) 电源开关：控制整机电源。

(7) 风扇开关：控制风扇开启。

2. 控制面板按键功能说明

显示屏：显示当前温度、胶辊运行速度、工作状态(如恒温、冷却等)。

模式 125：温度设置自动达到 125℃，速度设置达到 5 挡。

模式 130：温度设置自动达到 130℃，速度设置达到 4 挡。

模式 135：温度设置自动达到 135℃，速度设置达到 3 挡。

模式 150：温度设置自动达到 150℃，速度设置达到 2 挡。

温度＋/－：越过以前设置的温度直接升至预期温度。

C/F 键：华氏度和摄氏度之间的转换。

测温键：测量当前温度。

速度＋/－：速度提升/下降至预期速度。

反转键：长按此键，胶辊倒转，方便清理碎屑和裹覆物。

冷压键：胶辊继续运行，加热停止，风扇启动。

运行键：加热启动温度升至设定温度，胶辊运转。

停止键：胶辊停止运行，加热停止。

3. 操作说明

(1) 安装干膜。按图 7-62 所示安装干膜。

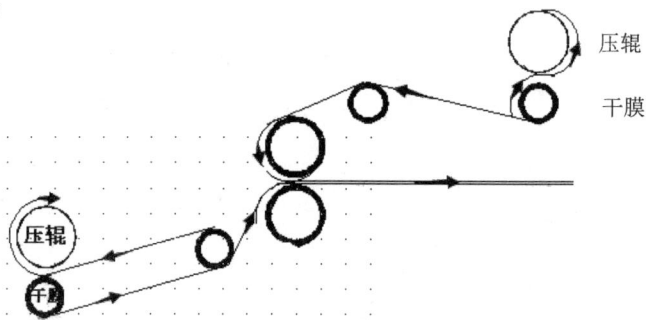

图 7-62　干膜安装示意图

(2) 设定温度和速度。开机后按模式功能键"38"(38 代表干膜的厚度)，再按"温度-"键调整温度到 120℃，按"速度-"键调整速度到 3 挡，最后按"启动"键。此时机器屏幕左上角"准备"在闪烁，等到"准备"不闪烁后可以开始工作——压干膜。

(3) 装入覆铜板。调整卷辊与被覆膜的位置，将覆铜板放在进料盘上，等预热完成后压下卷辊压力手柄，然后将覆铜板推进至卷辊的挤压点，覆膜逐张完成。若有异物阻塞，可按"停止"键，然后抬起卷辊压力手柄至最高点清除或按"反转"键退出清除。

(4) 停止传送。所有材料完成覆膜后按"停止"键，且抬起卷辊压力手柄至最高点。停机后请不要急于断电，等到卷辊温度下降了再断电。

(5) 切齐出口干膜。使用剪刀或刀片，均匀地切断干膜。

(6) 取下干膜并保存。直接取下干膜进行冷藏，然后把卷膜杆装回。完好的贴膜应是表面平整、无皱褶、无气泡、无灰尘颗粒等夹杂。

注意：为保持工艺的稳定性，贴膜后应经过 15 min 以上的冷却及恢复期后再进行曝光。

4. 干膜使用说明

(1) 干膜使用原理。经紫外光照射发生聚合反应，生成体型聚合物，感光部分不溶于显影液，而未曝光部分可通过显影液除去，从而形成抗蚀图像。

(2) 贴膜方法。干膜覆膜时，先从干膜上剥下聚乙烯保护膜，然后在加热、加压的条件下，将干膜抗蚀剂粘贴在覆铜箔板上。干膜中的抗蚀剂层受热后变软，流动性增加，再借助热压辊的压力和抗蚀剂中黏结剂的作用完成覆膜。SUNY-ZFM300 型覆膜机可以实现贴膜的连续贴，也可以实现单张贴。

连续贴膜时，要注意在上、下干膜送料辊上装干膜时要对齐，一般膜的尺寸要稍小于板面，以防抗蚀剂粘到热压辊上。连续贴膜生产效率高，适合于大批量生产。

贴膜时要掌握好的三个要素：压力、温度、传送速度。

压力：对于新安装的贴膜机，首先要将上下热压辊调至轴向平行，然后通过逐渐加大压力的办法进行压力调整，最后根据印制板厚度调至使干膜易贴、贴牢，不出皱褶。一般压力调整好后就可固定使用，如果生产的线路板的厚度差异过大时，则需重新调整，一般线压力为 0.5～0.6 kg/cm。

温度：根据干膜的类型、性能、环境温度和湿度的不同，贴膜温度设定略有不同，如果膜涂布较干且环境温度低，湿度小时，贴膜温度要高些，反之可低些。另外，暗房内良好稳定的环境及设备完好是贴膜良好的保证。

通常情况下，如果贴膜温度过高，干膜图像会变脆，导致耐镀性能差；贴膜温度过低，干膜与铜表面黏附不牢，在显影或电镀过程中，膜易起翘甚至脱落。贴膜温度通常控制在 100℃左右。

传送速度：与贴膜温度有关，温度高，传送速度可快些，温度低则将传送速度调慢。通常传送速度为 0.9～1.8 m/min。

通常大批量生产时，在要求的传送速度下，热压辊难以提供足够的热量，这时可以给要贴膜的板子进行预热，即在烘箱中干燥处理后稍加冷却便可贴膜，或以减慢贴膜速度来保证有足够的热量。

(3) 曝光。由于每个客户所用的曝光机不同，即光源、灯的功率及灯距不同，因此干膜生产厂家很难推荐一个固定的曝光时间。国外生产干膜的公司都有自己专用的或推荐使用的某种光密度尺，干膜出厂时都标出推荐的成像级数，而国内的干膜生产厂家没有自己专用的光密度尺，通常推荐使用瑞斯顿(Riston)17 级或斯图费(Stouffer)21 级光密度尺。

瑞斯顿 17 级光密度尺第一级的光密度为 0.5，以后每级以光密度差 ΔD 为 0.05 递增，到第 17 级光密度为 1.30。斯图费 21 级光密度尺第一级的光密度为 0.05，以后每级以光密度差 ΔD 为 0.15 递增，到第 21 级光密度为 3.05。在用光密度尺进行曝光时，光密度小的(即较透明的)等级，干膜接受的紫外光能量多，聚合得较完全；光密度大的(即透明程度差的)等级，干膜接受的紫外光能量少，不发生聚合或聚合得不完全，这样在显影时会被显掉或只留下一部分。针对这一特性可选用不同的时间进行曝光，便可得到不同的成像级数。

瑞斯顿 17 级光密度尺的使用方法如下：

① 进行曝光时药膜向下；

② 在覆铜箔板上贴膜后放 15 min 再曝光；

③ 曝光后放置 30 min 显影。

任选一曝光时间作为参考曝光时间，用 T_n 表示，显影后留下的最大级数叫作参考级数。

将推荐的使用级数与参考级数进行比较，并按表 7-6 计算曝光时间。

表 7-6　曝光参考系数

级数差	系数 K	级数差	系数 K
1	1.122	6	2.000
2	1.259	7	2.239
3	1.413	8	2.512
4	1.585	9	2.818
5	1.778	10	3.162

当使用级数与参考级数相比较后需增加曝光时间时，使用级数的曝光时间 $T = KT_n$；当使用级数与参考级数相比较后需减少曝光时间时，使用级数的曝光时间 $T = T_n/K$。这样只需进行一次试验便可确定最佳曝光时间。在无光密度尺的情况下也可凭经验进行观察，用逐渐增加曝光时间的方法，结合显影后干膜的光亮程度、图像是否清晰、图像线宽是否与原底片相符等来确定适当的曝光时间。

严格地讲，以时间来计量曝光是不科学的，因为光源的强度往往随着外界电压的波动及灯的老化而改变。光能量定义公式 $E = IT$，其中 E 表示总曝光量，单位为毫焦耳／平方厘米；I 表示光的强度，单位为毫瓦／平方厘米；T 为曝光时间，单位为秒。从光能量定义公式可以看出，总曝光量 E 随光强 I 和曝光时间 T 而变化，当曝光时间 T 恒定时，光强 I 改变，总曝光量也随之改变。尽管严格控制了曝光时间，但实际上干膜在每次曝光时所接受的总曝光量并不一定相同，因而聚合程度也就不同。为了使每次曝光能量相同，使用光能量积分仪来计量曝光。光能量积分仪的原理是当光强 I 发生变化时，能自动调整曝光时间 T，以保持总曝光量 E 不变。

(4) 显影。显影液为 1%～2% 的无水碳酸钠溶液，液温 30～40℃。当显影速度在合适范围内时，会随温度增高而加快，但是温度过高会使膜缺乏韧性而变脆。

(5) 脱膜。脱膜溶液为 40～80 g/L NaOH，温度 45～55℃，脱膜时间为 3 min。

(6) 保存。干膜应水平放置干燥冷暗之场所(5～20℃、60%RH 以下)，包装状态避免阳光直接照射。

5. 干膜使用注意事项

(1) 干膜应在黄色灯光下或同类的安全灯光下使用，不能长时间放置在黄色灯光下，除非不得已时则需用黑膜等遮光后保存。

(2) 假如贴膜后的板需要放置 24 h 以上，需采用黑膜等遮光保存。

7.3.9　沉锡机

本小节以图 7-63 所示的 SUNY-ZCX300 型自动沉锡机为例，介绍沉锡机的结构及其使用方法。

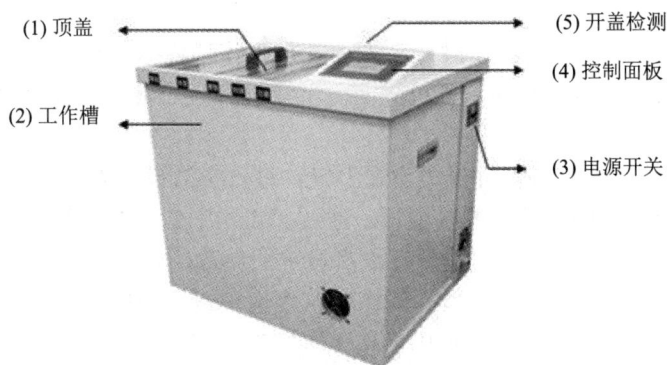

图 7-63 SUNY-ZCX300 型自动沉锡机的外形

沉锡机各部分的功能说明如下：

(1) 顶盖：保护整机的液体，使用时，将顶盖向上提起即可。

(2) 工作槽："除油""水洗""微蚀""预浸""沉锡"为沉锡机的主要工作槽，用于完成相应工艺流程。

(3) 电源开关：用于控制整机的电源。

(4) 控制面板：采用界面美观、操作便捷的彩色触摸液晶屏作为人机界面，用于设备工艺流程控制、工艺参数设置及设备状态显示。

(5) 开盖检测：当设备处于开盖时，各工作槽加热管即停止加热，确保操作者安全。

1. 沉锡工艺流程

沉锡工艺流程如下：除油→水洗 1→微蚀→水洗 2→预浸→沉锡→水洗 3→烘干。

(1) 除油。除油用于去除铜面上的轻度油脂、氧化物及手指印，使铜面清洁，增加铜面的润湿性。采用浸泡除油，并结合磁力驱动循环泵使除油液微动循环。除油工艺参考参数：45℃，3 min。

(2) 水洗 1。水洗 1 是在室温下进行水洗，目的是清洗表面和孔内多余残留液。水洗工艺可有效防止各工作槽内液体交叉污染，水洗 1、2、3 共用同一槽体。市水洗参考时间 30 s，以洗净板面且不污染后续药水槽为准。

(3) 微蚀。微蚀是对铜的表面进行轻微的蚀刻，确保完全清除铜箔表面的氧化物。通常采用浸泡微蚀，并结合磁力驱动循环泵使微蚀液微动循环。微蚀工艺参考参数：25℃，30 S。

(4) 水洗 2。同水洗 1。

(5) 预浸。预浸用于铜面活性调整以及防止水洗液带入化学镀锡液内。预浸工艺参考参数：30℃，2 min。

(6) 沉锡。沉锡通过改变铜离子的化学电位使镀液中的亚锡离子发生化学置换反应，被还原的锡金属沉积在基板铜的表面形成锡镀层。通常采用浸泡沉锡，并结合磁力驱动循环泵使沉锡液微动循环，确保沉锡均匀。沉锡工艺参考参数：55℃，10～15 min。

(7) 水洗 3。同水洗 1。

(8) 烘干。通常置于油墨固化机内烘干即可。烘干工艺参考参数：75℃，3 min。

2. 操作说明

(1) 机器上电。首次使用设备时，需先往各个工作槽内添加相应的药液，然后接电源线，开启电源开关，出现液晶显示开机界面。沉锡机开机后首先运行自检程序，自检完毕进入主界面。

(2) 参数设置。在开机界面轻触"设置"键，进入参数设置界面。

参数设置：直接选中需设置的参数项，通过"↑↓"键调整参数值。同样操作依次完成所有参数设置后，按"退出"键，保存本次设定的参数，并退出设置状态，返回主界面。

(3) 设备运行。在主界面下，当各工作槽温度达到设定温度后，用内盖自带的夹具夹好板件，按照工艺流程，浸入除油槽中，按"运行"键即可。

运行完毕，蜂鸣器会报警提示，按"停止"键，可停止运行并解除报警，这时取出板件。同样操作，依次完成所有工艺流程。

(4) 查看帮助。初次使用沉锡机或者沉锡机出现异常情况时，可查看设备的帮助功能。在待机界面按 ⬤ 键，即可进入帮助界面。

在帮助界面，按 ⬆ 或 ⬇ 键可以上下翻页，按 ⬤ 键退出帮助界面。

3. 液体维护

1) 除油液

当沉锡机的除油液液位不足时，按原液位添加即可。沉锡机一般不需维护，当处理量达到 $20 \sim 25 \ m^2/L$ 时，或者溶液很脏、除油效果不好时需重新配制除油液。

2) 微蚀液

当沉锡机的微蚀液液位不足时，按原液位添加即可。

3) 预浸液

当工作槽液混浊或处理板量达到 $15 \sim 20 \ m^2/L$ 时，需要换槽，即换预浸液。

4) 沉锡液

沉锡液使用一段时间后会出现液位不足、浓度降低、镀速减慢等问题，可直接添加沉锡液补充。当液体使用时间过长或老化，其有效成分降低，这时不需再添加，要重新配置新液。

4. 注意事项

(1) 沉锡液是酸性腐蚀性液体，操作时请戴好防护手套，不要用手或身体其他部位直接接触各反应槽的液体，以免加热的化学液体伤害皮肤。

(2) 万一药液沾到眼睛时，要用清水冲洗 15 min 以上，并到医院眼科或眼科诊所就诊。

(3) 在阻焊和字符显影时，务必确保显影效果，不能有油墨残留在焊盘上，以免影响沉锡效果。

(4) 除油、微蚀、沉锡三槽的标准液位：保证液位浸没内盖夹具的螺丝处。

(5) 各工作槽液体、内盖夹具严禁混合使用，以免药液被污染。

(6) 定期对各工作槽液体进行检查，根据实际生产过程中的损耗，按照液体维护办法，进行相应处理。

(7) 设备长时间闲置时，要关闭总电源开关，并将液体灌装密封保存。

(8) 排液时，在每一个工作槽液排完后需对排液管进行充分水洗，然后再进行下一个工作槽液的排放，以免药液交叉污染。

(9) 药液存储时需置于阴凉处，防止日晒，以防止产品变质。

7.3.10　曝光机

印制电路板制板中的曝光工艺，是通过光化学反应，将底片上的图像精确地印制到感光板上，从而实现图像的转移。本小节以 SUNY-ZBG300 型曝光机为例，介绍曝光机的结构和使用方法。

SUNY-ZBG300 型曝光机的结构如图 7-64 所示。

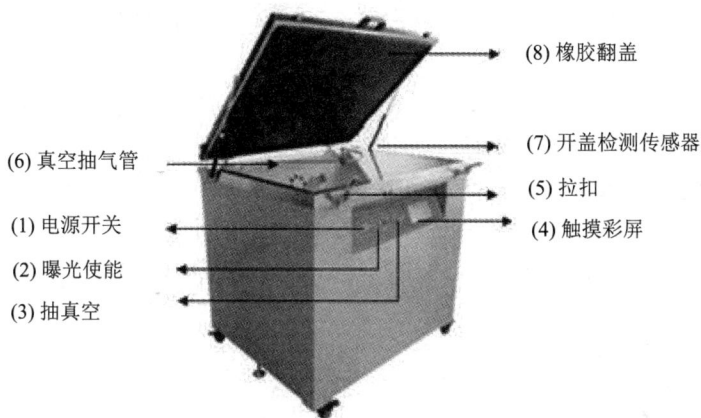

图 7-64　SUNY-ZBG300 型曝光机的结构

1．功能说明

(1) 电源开关：控制整机电源。

(2) 曝光使能：为保护曝光灯管，程序设定了曝光灯管恢复时间。指示灯亮，表示曝光灯管已经过恢复时间，可以启动曝光灯。

(3) 抽真空：抽真空状态指示灯亮，真空环境下避免侧曝光，可保证曝光精度。

(4) 触摸彩屏：设置机器参数，控制机器运行。

(5) 拉扣：锁紧橡胶翻盖，避免橡胶翻盖在工作过程中意外打开。

(6) 真空抽气管：连接真空泵。

(7) 开盖检测传感器：为避免意外曝光，设计此传感器，需待翻盖完全盖好后方可曝光。

(8) 橡胶翻盖：密封、防尘。

2．操作说明

(1) 清洁玻璃平面。打开曝光机翻盖，检查玻璃平面是否干净，若有污点，应用毛巾蘸酒精擦洗干净。

(2) 通电。接好电源插头，开启电源开关，曝光机进入待机界面。

(3) 参数设置。在待机界面，按"设置"按钮，进入参数设置界面，如图 7-65 所示。

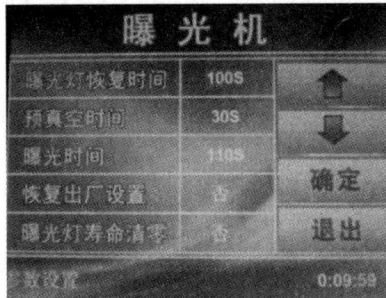

图 7-65 曝光机参数设置界面

在参数设置界面，通过█、█按钮对当前参数值进行修改，修改完毕后，按"确定"键，可以保存参数并进入下一参数项的设置。全部设置完成后按"退出"键，即可返回待机界面。

若需恢复出厂设置，或者进行曝光灯寿命清零，可在参数设置界面，通过"确定"按钮，选中对应项，长按█或█键即可。

曝光参考参数：曝光灯恢复时间：100 s；预真空：10 s；线路干膜曝光：45 s；阻焊及字符油墨曝光时间：180 s。

(4) 曝光操作。将待曝光的板件或丝网框贴好光绘底片，平放在玻璃平面上，等待曝光使能灯点亮。

(5) 曝光机的使用步骤：

① 打开电源(顺时针旋转)。

② 设定参数：曝光使能，50 s；真空时间，20 s；曝光时间，根据需要调整。

③ 打开紫外线灯(点曝光灯)。

④ 打开曝光机盖放好需要曝光的 PCB。

⑤ 合上盖打开真空(点真空)。

⑥ 当紫外线灯光线变成紫色(操作③④⑤步大约 30 s)时，紫外线灯光强最稳定。

⑦ 点曝光(曝光机开始工作)。

⑧ 开盖拿出曝光完成的板，放入需要曝光的板并合盖，点击一键曝光。

(6) 机器关机：关闭紫外线曝光灯，等待 5 min 以上关闭电源。

注意：机器长时间工作后，会在曝光完毕时强制关闭紫外线灯。这时紫外线灯是点不亮的，需要等待几分钟冷却曝光灯后才可以点亮重新工作。

第8章 电子产品的组装流程与调试工艺

8.1 电子产品的组装流程

电子产品的组装包括准备阶段、组装阶段和检查及表面处理阶段。本章主要介绍电子产品组装的具体过程。

8.1.1 准备阶段

在电子产品组装之前，需要清点所需资料及工具，包括原理图、元器件清单(BOM 表)、装配图和产品作业指导书(包含所需工具清单)。

1. 准备元器件清单(BOM 表)

电子产品在进入生产车间组装之前，工人需要知道具体使用了哪些物料/器件。这部分内容通常需要设计电路的工程师给出，具体到每一件元器件的名称、型号及数量，并将其归纳汇总为一张元器件清单，简称 BOM(bottom of materials)表。

BOM 表既是采购元器件的依据，也是装配工人组装产品前清点及核对物料的单据。

BOM 表可直接从绘制原理图的软件中导出。在前面的章节中，我们学习了如何使用 Altium Designer 22 设计原理图，设计完成后就可以根据已经完成的原理图导出所需的 BOM 表，具体步骤如下：

(1) 首先打开绘制完成的原理图，点击工具栏中的"报告"→"Bill of Materials"，打开原理图窗口，如图 8-1 所示。

(2) 点击 Bill of Materials 选项后会出现选项卡，在选项卡窗口中可以看到图 8-1 所示原理图上用到的所有元器件，以及该元器件的相关信息，如图 8-2 所示。

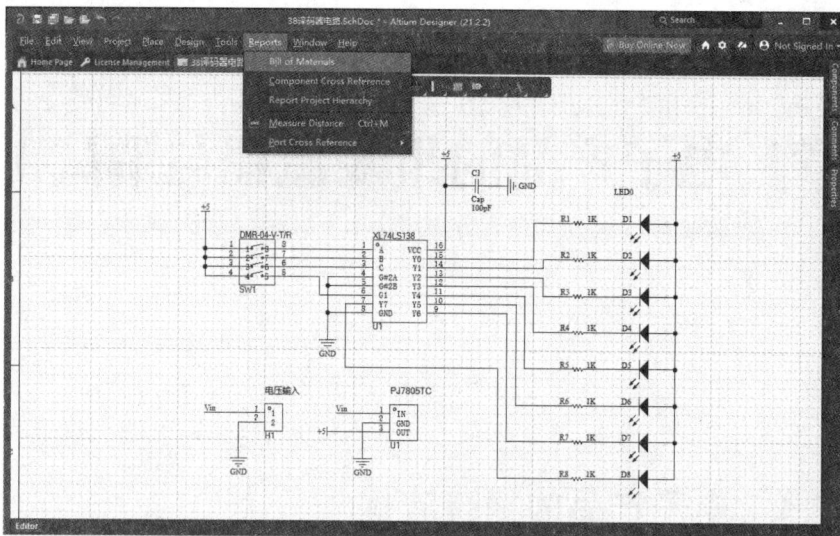

图 8-1　原理图窗口

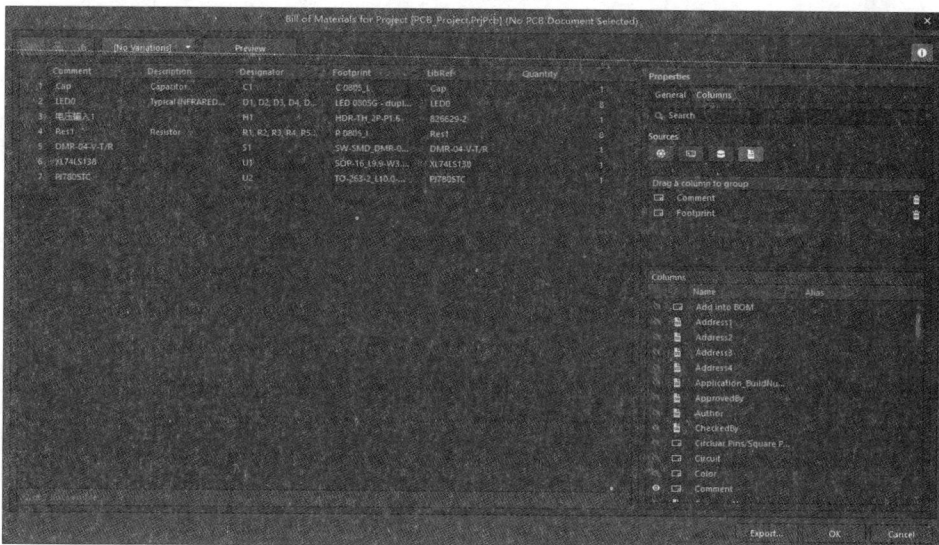

图 8-2　Bill of Materials 选择窗口

在电子产品装配中，最需要关心的元器件信息如表 8-1 所示。

表 8-1　元器件信息

信　息	英文表述	含　义
名称	Command	元器件的名称
描述	Description	对元器件类型的描述，如电容、电阻或者芯片
指示	Designator	元器件编号，一般用油墨印于 PCB 的丝印层，指引该元器件安装的位置
封装	Footprint	元器件的封装方式。同一种元器件也会有不同的封装方式，这在绘制 PCB 时就已确认
数量	Quantity	元器件所需数量

（3）在选项卡右侧的 Columns 栏中，需要将最重要的元器件信息，如名称(Comment)、描述(Description)、指示(Designator)、封装(Footprint)、数量(Quantity)全部勾选，共 5 项，其他信息非必要则可以删除，以免干扰，如图 8-3 所示。

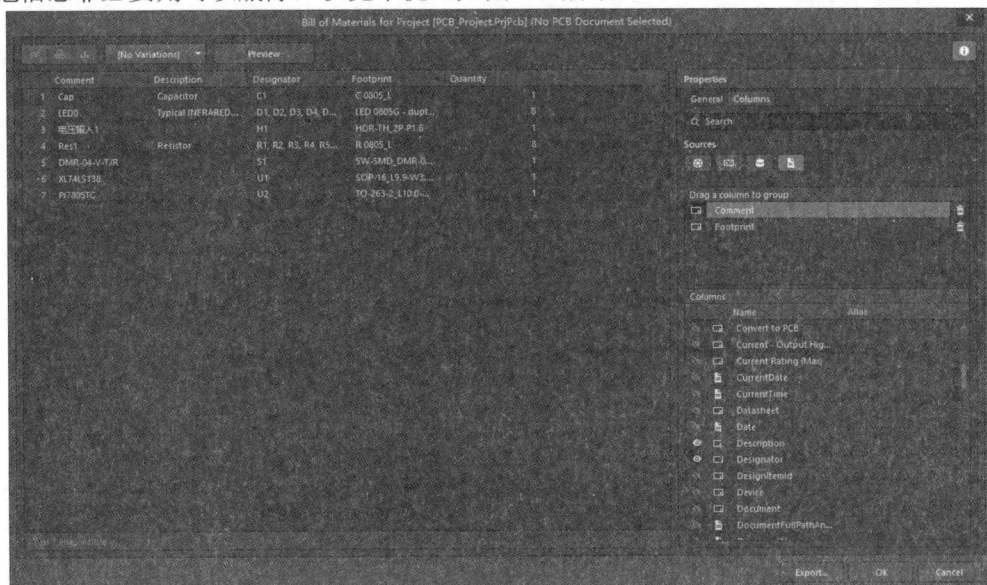

图 8-3　元器件信息选择

这时在 Columns 栏中，选中项的"眼睛"图标亮起，而被取消的项目则由一条斜杠划掉"眼睛"。左边的窗口只显示已勾选信息，这相当于 BOM 表的预览。

确认无误后，选中 Columns 栏左侧的"通常"(General)选项，在 General 下方设置导出选择"Export Options"为 Excel 表，再用鼠标单击右下方的"Export"按钮，在弹出的文件目录中选择需要保存的地址，最后单击保存，即可导出 BOM 表，如图 8-4 所示。

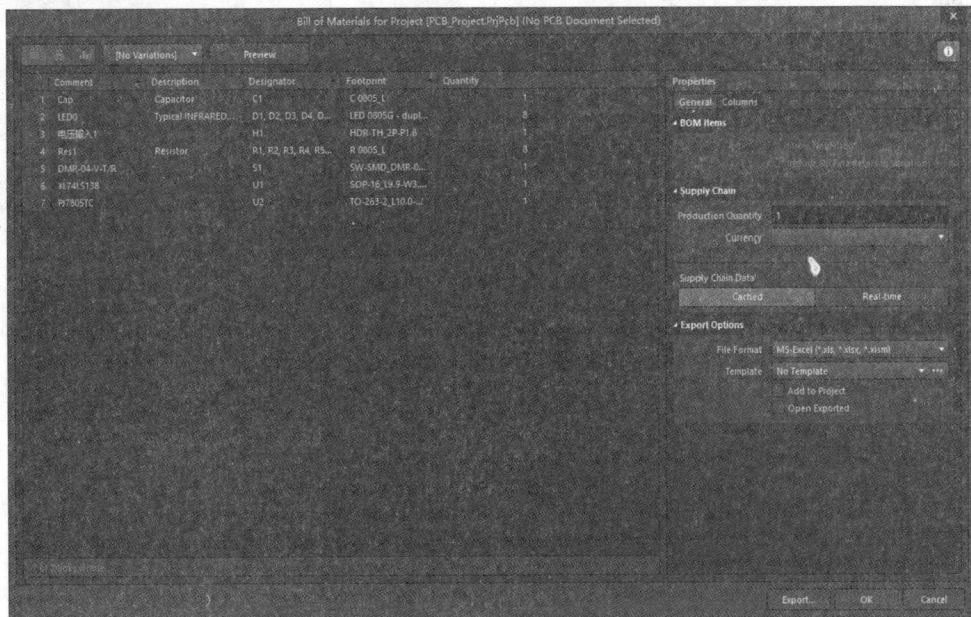

图 8-4　BOM 表导出

导出的 Excel 表如表 8-2 所示,表中的信息均来自原理图中所使用的元器件模型所包含的信息。若导出时发现有空白信息,则可以用鼠标双击点开 Altium Designer 22 原理图中的元器件,如图 8-5 所示,查看该元器件的描述是否完整。

表 8-2　导出的 Excel 表

Comment (名称)	Description (描述)	Designator (指示)	Footprint (封装)	Quantity (数量)
DMR-04-V-T/R	拨码开关	S1		1
XL74LS138	芯片	U1	SOP-16	1
Cap	Capacitor 电容	C1	C0805	1
LED0	Typical INFRARED GaAs LED 灯	D1,D2,D3,D4, D5,D6,D7,D8	LED-0805	8
Res1	Resistor	R1,R2,R3,R4, R5,R6,R7,R8	0805	8

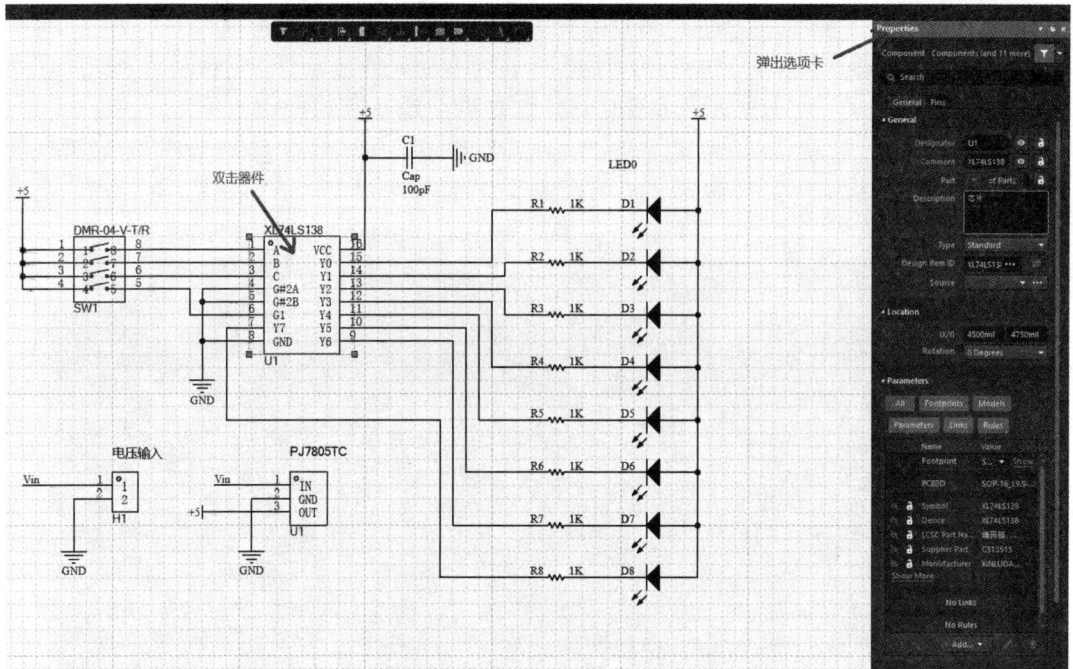

图 8-5　原理图中元器件的描述

从绘制原理图软件 Altium Designer 22 中导出的 BOM 表一般只包含 PCB 上使用的元器件,不包含 PCB 本身,以及板上可能用到但在原理图设计时未体现的辅助元器件,如跳线、测试线等。因此,工程师在导出 BOM 表后,应在 BOM 表中手动添加缺失的 PCB 以及其他元器件,最后形成的 BOM 表如表 8-3 所示。

表 8-3　手动补充元器件后的 BOM 表(1)

Comment (名称)	Description (描述)	Designator (指示)	Footprint (封装)	Quantity (数量)
DMR-04-V-T/R	拨码开关	S1		1
XL74LS138	芯片	U1	SOP-16	1
Cap	Capacitor 电容	C1	C0805	1
LED0	Typical INFRARED GaAs LED 灯	D1, D2, D3, D4, D5, D6, D7, D8	LED-0805	8
Res1	Resistor	R1, R2, R3, R4, R5, R6, R7, R8	0805	8
电压输入	1P 插针，直插式	—	—	3
PCB	FCR-4	—	—	1

　　修改后的 BOM 表应包含组装该电子产品需要用到的所有元器件以及各元器件的准确信息。但有时在绘图时不能确定某些元器件的数值，而工程师又未将其标在原理图中，比如电阻的阻值，那么软件导出的 BOM 表中关于电阻的信息就是不完整的，需要在清单中手动添加具体的阻值信息及电阻精度，如表 8-4 中 Res1 所示。

表 8-4　手动补充元器件信息后的 BOM 表(2)

Comment (名称)	Description (描述)	Designator (指示)	Footprint (封装)	Quantity (数量)
DMR-04-V-T/R	拨码开关	S1		1
XL74LS138	芯片	U1	SOP-16	1
Cap	Capacitor 电容	C1	C0805	1
LED0	Typical INFRARED GaAs LED 灯	D1, D2, D3, D4, D5, D6, D7, D8	LED-0805	8
Res1	Resistor $2 \times (1 + 5\%)$kΩ	R1, R2, R3, R4, R5, R6, R7, R8	0805	8
电压输入	1P 插针，直插式	—	—	3
PCB	FCR-4	—	—	1

　　有些元器件在型号固定后，只有一种封装形式，如表 8-4 中拨码开关，此时封装可不注明。但有些元器件即使是同型号也可能有多种封装形式，如芯片、电容、电阻等，因此必须在封装(Footprint)一栏中注明。

　　修改完善后的 BOM 表可以帮助商家在采购时精准定位到某一个具体的元器件，不会买到不符合要求的元器件。

2. 清点元器件

　　当元器件选购完毕后，装配者应按 BOM 表(见表 8-5)中所列的元器件进行清点，核对元器件的型号、封装以及数量是否与所需的一致，并目测元器件是否有明显损坏。对于一些易损或易变形的元器件，如绕线电感、变压器等，一般在组装之前要测试其参数是否正常。

表 8-5　BOM 表中的元器件

名　称	描　述	封装	数量	实物图
DMR-04-V-T/R	拨码开关		1	
XL74LS138	芯片	SOP-16	1	
Cap	Capacitor 0.1μF	C0805	1	
LED0	Typical INFRARED GaAs LED 灯	LED-0805	8	
Res1	Resistor $2 \times (1 + 5\%)$kΩ	0805	8	
电压输入	1P 插针，直插式	—	3	
PCB	FCR-4	—	1	

3. 准备产品作业指导书

由于不同的元器件组装方式不同，因此，工程师在元器件选型过程中，应事先确定电子产品的组装方式，并写好电子产品作业指导书。一份电子产品作业指导书应包含的内容如表 8-6 所示。

表 8-6　电子产品作业指导书

序号	描述	内容	示　例
1	电子产品生产环境要求	描述产品组装时对所处环境的要求	生产车间必须保持环境整洁、通风……
2	设备要求	列出组装电子产品所需的设备及数量	回流焊机一台、电烙铁一台……
3	耗材要求	装配过程中会使用到的耗材	锡膏、焊锡丝……
4	工艺流程	组装的顺序及方法	先根据 BOM 表找出所有封装为表面贴装的元器件，再在 PCB 上相应的元器件焊盘涂抹锡膏……
5	完成后自检	初步检查产品是否合格	使用目测及万用表点测方法检查焊接质量……

8.1.2　组装阶段

电子产品的组装应根据作业指导书要求进行。

1. 查看电子产品生产环境是否符合要求

(1) 场所必须保持环境整洁、通风、无腐蚀性气体，符合"5S"(Sort，Set in order，Shine，Standardize，Sustain)管理要求。

(2) 电源电压与功率应符合所用设备要求，电源为市电 220 V，50 Hz。

(3) 车间需具备静电防护条件，包括工作台面铺防静电桌布，人员配备静电手环等。若当地环境过于干燥，应使用加湿器等设备保持空气湿度。

(4) 车间内应配备基础防护用具，如隔热手套、口罩等。

2. 清点设备是否符合要求

需要回流焊机一台，电烙铁一台，电风枪一台，镊子一个，毛刷一把，吸锡枪一把，万用表一台，直流电源一台，示波器一台，LCR 电桥一台。

3. 清点耗材是否符合要求

需要锡膏、焊锡丝、助焊剂、纸胶带、洗板水、三防漆。

4. 根据指导书中的工艺流程和要求，逐步进行装配

焊接是电子产品组装中的主要操作。焊接方式有手工焊接和回流焊接两种，其中回流焊只能焊接表面贴装元器件，而插件式元器件一般需要手工焊接。

1) 回流焊操作步骤及注意事项

(1) 根据 BOM 表找出所有封装为表面贴装的元器件，然后在 PCB 上相应元器件焊盘涂抹锡膏。

表面贴装器件(SMD)可以使用表面贴装技术(SMT)，使用回流焊机将器件直接贴在印制电路板上。回流焊与焊直插式元器件相比，可以采用更小的元器件，而且只使用 PCB 的一面，提高了 PCB 的集成度。因此，如果条件允许，在原理图设计时可尽量使用贴片元器件，以提高集成度，降低成本。由于贴片元器件拆卸很方便，因此使用贴片器件也可以降低调试的难度，提高调试效率。

(2) 将贴片元器件按其编号(Designator)放置在相应的位置，放置时需注意有极性元器件的正负极，以及芯片的正反。根据 PCB 上的丝印层所示定位点(见图 8-6)，可判断芯片正反，二者对齐后的位置即为正确方向。

图 8-6　PCB 上的定位点

(3) 放置表面贴片元器件后,将板子送入回流焊机,并根据回流焊机的使用手册以及芯片的数据手册,编写加热程序。若芯片无特殊要求,可使用如图 8-7 所示回流焊机自带的典型加热曲线进行加热。

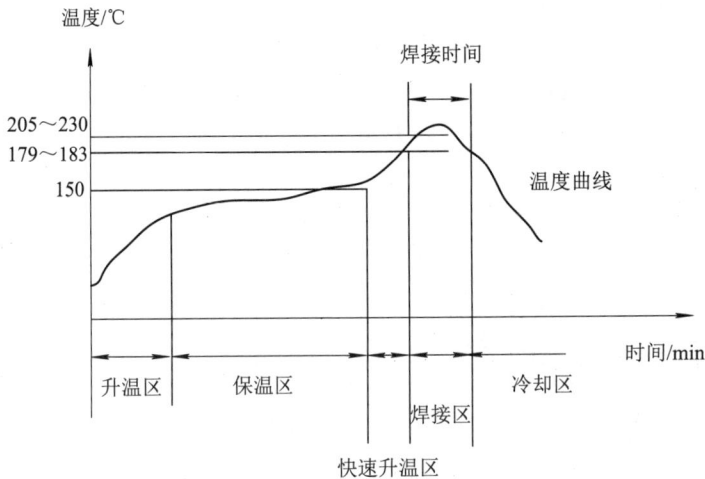

图 8-7　回流焊机加热曲线

对于一些高温下有损坏风险的芯片,工程师在原理图设计时应注明焊接的最高温度,在设置回流焊程序时焊接温度及时间不可超过芯片手册上注明的允许范围,如图 8-8 所示。

LL 电压 ....15 V
最高焊接温度(Notes 2,3) ....125℃
储存温度范围 ....−55～125℃
焊料体峰值温度 ....245℃

图 8-8　焊接温度允许范围

(4) 回流焊完成后,需等到内部冷却,才能将电子产品取出。然后使用目测及万用表点测方法检查电子产品的焊接质量,判断是否有虚焊、漏焊、短路等情况,若有,则需要手工补焊。

(5) 将其他元器件(一般多为直插式元器件)使用烙铁手工焊接在板子上。

先将元器件引脚插入相应的孔位中。设计原理图时,如果元器件有多个引脚,一般将方形焊盘作为第一个引脚,其他引脚使用圆形焊盘,并以引脚 1 为基准顺次排列。因此,对于有正反要求的元器件,可先找到元器件的 1 脚,将其对准方形焊盘孔,如图 8-9 所示。

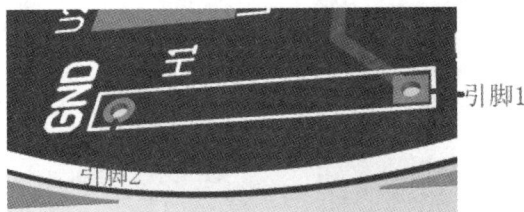

图 8-9　引脚排序

元器件对齐并将引脚插稳后,将电烙铁通电,温度调至焊锡丝的熔化温度,一般为

400℃，将烙铁头以 45°角倾斜点在焊盘上，并将焊锡丝放于焊盘之上，等待其熔化。

注意：烙铁是通过加热焊盘，间接使焊锡丝熔化的，如果将锡丝直接与烙铁接触而不通过焊盘，熔化的锡会直接挂在烙铁上，这时需要将烙铁头在海绵上擦拭干净后重新焊接。

如果锡丝熔化不易，可以使用松香助焊(非必需)，如图 8-10 所示。

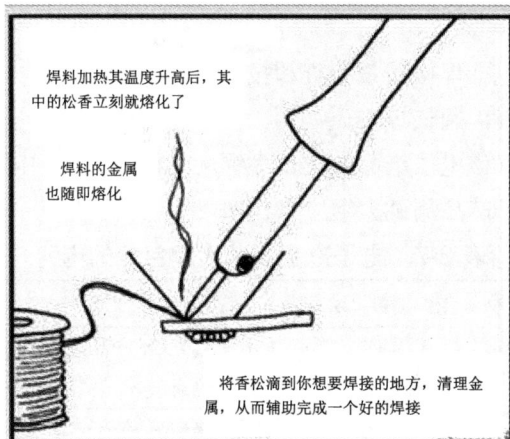

图 8-10　电烙铁焊接

(6) 其他元器件焊接完成后，使用目测及万用表点测的方法检查焊接质量，判断是否有虚焊、漏焊、短路等情况，若有，也需要手工补焊。

2) 手工焊接操作步骤及注意事项

(1) 根据 BOM 表找出所有封装为表面贴装的元器件，然后在 PCB 相应元器件焊盘上涂抹锡膏。

(2) 将元器件按照指示(Designator)的位置放好，放置时注意焊接点要放在焊盘中央，同时注意有方向的元器件要按正确方向摆放。摆放方法与回流焊中相同。

(3) 摆放好贴片元器件后，将热风枪温度调到锡膏的熔化温度，一般为 300～400℃，手持风枪使枪嘴垂直于 PCB，且距元器件约 1 cm，操作中可视锡膏熔化程度微调高度。初学者可先在板边缘较空旷的位置，找一单独元器件进行练习，以掌握风枪垂直熔化锡膏的感觉。

可能遇到的情况及产生的原因有：元器件被热风吹飞，可能是枪嘴倾斜；锡膏不熔化或熔化太慢，可能是温度过低或枪嘴距离过远；元器件表面焦糊，可能是温度过高或枪嘴距离过近。

(4) 手工焊接好其余的直插式器件。

8.1.3　检查及表面处理阶段

检查及表面处理应根据作业指导书要求进行，具体操作如下：

(1) 完成组装的电路板需要使用洗板水进行清洗，以去除表面的锡珠、碎屑、灰尘、油渍等污染物。

(2) 清洁完毕后需目测检查是否有明显的漏焊、虚焊、元器件引脚粘连等情况，如有需手工补焊。

8.2　电子产品的调试工艺

电子产品调试主要包括焊接质量检查和技术指标检测两个部分。首先，要在未上电的条件下进行焊接质量检查，确认焊接无误后，再上电对电子产品按技术指标进行检测。电子产品调试前应先准备好该电子产品的测试大纲，并根据大纲中附带的测试工具清单准备所需测试工具。一份电子产品测试大纲应包含如表 8-7 所示的几个部分。

表 8-7　电子产品测试大纲包含的内容

序号	描述	内　容	示　例
1	测试依据	各项测试指标的来源文件	《XXX 产品技术规格书》，GB/T 18220—2012《信息技术　手持式信息处理设备通用规范》……
2	测试对象	测试的主要设备	译码器一个
3	测试环境	测试对环境的要求	环境温度：15～30℃；相对湿度：30%～50%；环境气压：86～106 kPa
4	仪器仪表	测试中使用的仪器及其型号	可编程直流稳压电源 GPD-3303D……
5	测试连接图	图示设备与仪器如何连接	
6	测试项目	逐条列出需要测试的项目	外观检查，开关延时……

8.2.1　调试前期检查准备

在电子产品调试前，应根据电子产品测试大纲中的测试依据、测试对象及测试环境进行检查，检查内容主要包括：

(1) 检查测试对象译码器是否就绪。

(2) 检查实验室环境是否符合大纲要求。检查项目包括：环境温度 15～30℃；相对湿度 30%～50%；环境气压 86～106 kPa。

(3) 检查仪器仪表是否准备好。检查项目包括：可编程直流稳压电源 GPD-3303D，1 台；数字存储示波器Ⅱ GDS-1104B，1 台；DDS 函数信号发生器 AFG-2225，1 台。

(4) 目测检查电路板是否进行过表面清洁，确保无锡珠、金属碎屑等残留于电路板上。

(5) 目测检查电路板是否有漏焊、虚焊、短路等情况。

(6) 使用万用表的蜂鸣功能，检查电路的输入及输出端口是否有短路或低阻的情况。一个正常电路的输入及输出端应是高阻态，否则上电时会导致电流过大而烧毁设备。

(7) 使用万用表检查各元器件引脚是否有虚焊、短路。

8.2.2　技术指标检测——电气性能

设计实验记录表格，并进行各项电气性能指标的检测，如表 8-8 所示。

表 8-8　实验数据记录表格

检查项目	检查内容	应有功能	检查结果	备注
外观检查				
功能检查				

若所测指标满足设计要求，则记录结果，判定合格。若所测指标不满足设计要求，则根据原理图对电路各模块进行排查，找出故障点并进行排除。

8.2.3　技术指标检测——环境适应性

根据电子产品测试大纲设计实验记录表格中的内容，进行环境适应性检测。

若所测指标满足设计要求，则记录结果，判定为合格。若所测指标不满足设计要求，则根据原理图对电路各模块进行排查，找出故障点并进行排除。

电子产品在完成组装并调试合格后，需在印制电路板表面刷三防漆，重点是各器件裸露的引脚部分，以防止磨损、短路等情况。上漆时要注意避开印制电路板上的电连接处(电源接口、金手指等)。

8.3　电子产品的组装与调试案例

本节将以如图 8-11 所示的 74LS138 芯片实现通道选择功能的电子模块为例，介绍电子产品的基本组装与调试方法。

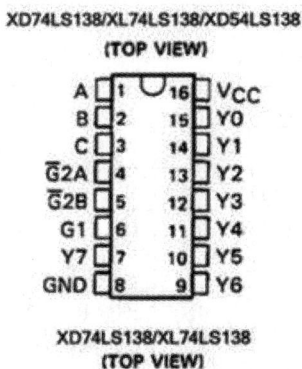

图 8-11　74LS138 芯片引脚示意图

8.3.1 电子产品组装前的准备(以 74LS138 为例)

1. 准备原理图

准备的电路原理图如图 8-12 所示。

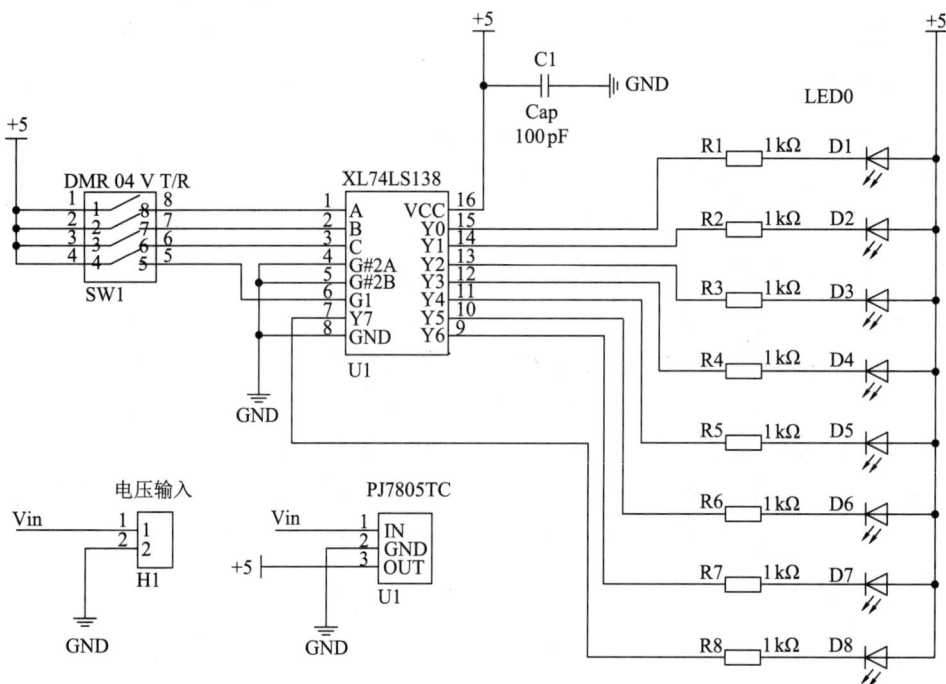

图 8-12   准备的电路原理图

2. 准备 BOM 表

从原理图中导出如表 8-9 所示 BOM 表，并根据表格清点核对元器件的型号、规格及数量。

表 8-9   BOM 表

译码器选择电路 BOM 表				
Comment (名称)	Description (描述)	Designator (指示)	Footprint (封装)	Quantity (数量)
DMR-04-V-T/R	拨码开关	1		1
XL74LS138	芯片	2	SOP-16	1
Cap	Capacitor 电容	C1	C0805	1
LED0	Typical INFRARED GaAs LED 灯	D1，D2，D3，D4， D5，D6，D7，D8	LED-0805	8
Res1	Resistor $1 \times (1 + 5\%)$kΩ	R1，R2，R3，R4， R5，R6，R7，R8	0805	8
电压输入	1P 插针，直插式	—	—	3
PCB	FCR-4	—	—	1

8.3.2　电子产品的组装过程

电子产品组装一般按以下步骤进行：

(1) 准备所需工具，包括电烙铁、热风枪、镊子、锡膏、焊锡丝、助焊剂、毛刷、洗板水。

(2) 将元器件按其编号焊接在相应的位置上，如图 8-13 所示。

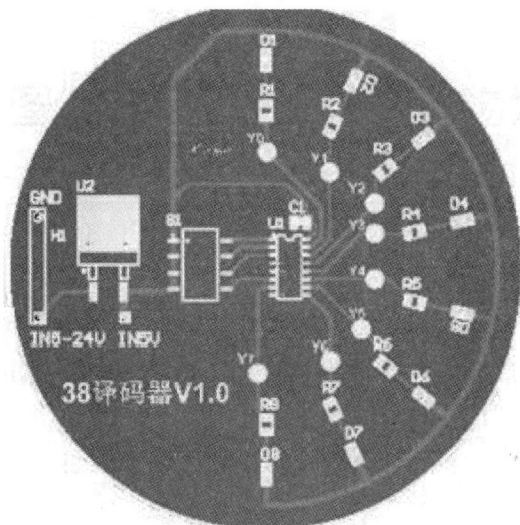

图 8-13　PCB 焊接图

(3) 用洗板水清洗并检查焊接情况。

8.3.3　电子产品的调试过程

(1) 检查测试对象译码器一个是否就绪。

(2) 检查实验室环境是否符合大纲要求。环境温度：15～30℃；相对湿度：30%～50%；环境气压：86～106 kPa。

(3) 检查以下仪器仪表是否准备好：台式万用表 UT801，1 台；可编程直流稳压电源 GPD-3303D，1 台；数字存储示波器Ⅱ GDS-1104B，1 台；DDS 函数信号发生器 AFG-2225，1 台。

(4) 使用万用表的蜂鸣功能检查电路的输入及输出端口是否有短路或低阻的情况。

(5) 按照图 8-14 所示的测试连接图，连接电路。

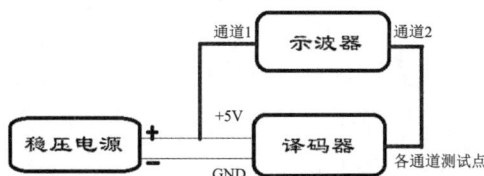

图 8-14　测试连线图

(6) 准备实验记录表，如表 8-10 所示。

外观检查：根据实验记录表格项目，目测检查产品外观质量。

输出延时检查：观察示波器上输入与输出信号的延时，看是否符合要求。

功能检查：拨动拨码开关检查其通道选择功能。

表 8-10 调试实验记录表

检查项目	检查内容	应 有 功 能	检查结果	备注
外观安装涂覆	外观质量	整洁，表面应无锈蚀、霉斑、镀层剥落及明显划痕等，塑料件无起泡、开裂、变形；文字、标志等应清晰，结构件及控制件应完整、无机械损伤		
	涂覆	覆层应平整、光洁、色泽一致，不得有气泡等缺陷		
	安装	结构符合，安装牢固可靠，无松动的零件、部件、紧固件		
电气装配	应符合 GJB-367A—2001 中 3.38 的要求	符合 GJB367A—2001《军用通信设备通用规范》中 3.38 的要求		
输出延时	信号延时	输入与输出延时不大于 100 μs		
通道选择功能	电路开关检查	拨码开关为 XXX0 时，电路不工作		
	通道 1	拨码开关为 0001 时，灯 D1 亮起，其他 LED 不亮		
	通道 2	拨码开关为 0011 时，灯 D2 亮起，其他 LED 不亮		
	通道 3	拨码开关为 0101 时，灯 D3 亮起，其他 LED 不亮		
	通道 4	拨码开关为 0111 时，灯 D4 亮起，其他 LED 不亮		
	通道 5	拨码开关为 1001 时，灯 D5 亮起，其他 LED 不亮		
	通道 6	拨码开关为 1011 时，灯 D6 亮起，其他 LED 不亮		
	通道 7	拨码开关为 1101 时，灯 D7 亮起，其他 LED 不亮		
	通道 8	拨码开关为 1111 时，灯 D8 亮起，其他 LED 不亮		

参 考 文 献

[1]　Altium 中国技术中心. Altium Designer PCB 设计官方指南(基础应用)[M]. 北京：清华大学出版社，2020.

[2]　郑振宇，黄勇，龙学飞. Altium Designer22(中文版)电子设计速成实战宝典[M]. 北京：电子工业出版社，2022.

[3]　王正勇. Altium Designer 10 实用教程[M]. 北京：高等教育出版社，2018.

[4]　田华. 电子测量技术[M]. 4 版. 西安：西安电子科技大学出版社，2022.

[5]　郭庆，黄新，陈尚松. 电子测量与仪器[M]. 5 版. 北京：电子工业出版社，2020.

[6]　张永瑞. 电子测量技术基础[M]. 4 版. 西安：西安电子科技大学出版社，2021.

[7]　74LS138 数据手册[Z].

[8]　DigiPCBA 入门用户指南[Z].

[9]　元器件资料与图片来源：立创商城[Z/OL] https://www.szlcsc.com/.

[10]　实验室检测现场 5S 管理：SLD 中检实验室技术[EB/OL]. https://baijiahao.baidu.com/ s?id= 1721552927859397015 &wfr=spider&for=pc.

[11]　王天曦，李鸿儒，王豫明. 电子技术工艺基础[M]. 2 版. 北京：清华大学出版社，2009.

[12]　吴建明，张红琴. 电子工艺与实训[M]. 北京：机械工业出版社，2012.

[13]　付家才. 应用电子工程实践技术[M]. 北京：化学工业出版社，2005.

[14]　魏德强，叶懋，王金辉，等. 电子工程训练与创新实践[M]. 北京：清华大学出版社，2016.

[15]　罗小华. 电子技术工艺实习[M]. 武汉：华中科技大学出版社，2003.

[16]　殷小贡，黄松，蔡苗. 现代电子工艺实习教程[M]. 2 版. 武汉：华中科技大学出版社，2013.

[17]　张春梅，赵军亚. 电子工艺实训教程[M]. 西安：西安交通大学出版社，2013.

[18]　李宗宝，王文魁. 电子产品工艺[M]. 北京：北京理工大学出版社，2019.

[19]　赵洪亮，卫永琴. 电子工艺与实训教程[M]. 北京：中国石油大学出版社，2010.

[20]　蔡建军. 电子产品工艺与品质管理[M]. 2 版. 北京：北京理工大学出版社，2019.